工业控制网络技术

主编　程　阔

中国科学技术大学出版社

内 容 简 介

本书主要介绍工业网络通信的基本知识、工业网络通信中的主流通信协议，并以西门子PLC为例对工业通信协议的使用作了介绍；通过工业以太网电缆接头制作实训、网络配置实训、单环冗余网络实训、虚拟网络VLAN实训、无线通信实训、实时通信实训对工业网络作了拓展性介绍。

本书可作为高职高专院校工业互联网专业、机电一体化专业、电气自动化专业的教材，也可供工业网络工程相关人员参考使用。

图书在版编目(CIP)数据

工业控制网络技术 / 程阔主编. -- 合肥 ：中国科学技术大学出版社，2025. 8. -- ISBN 978-7-312-06375-6

Ⅰ. TP273

中国国家版本馆CIP数据核字第2025426HX7号

工业控制网络技术

GONGYE KONGZHI WANGLUO JISHU

出版 中国科学技术大学出版社
安徽省合肥市金寨路96号，230026
http://press.ustc.edu.cn
https://zgkxjsdxcbs.tmall.com

印刷 合肥市宏基印刷有限公司

发行 中国科学技术大学出版社

开本 787 mm×1092 mm 1/16

印张 12.75

字数 315千

版次 2025年8月第1版

印次 2025年8月第1次印刷

定价 50.00元

前　　言

在工业控制的数字化、网络化、智能化发展过程中，传感器、PLC 等设备的通信能力和标准化程度不断提升，工厂操作运营技术（Operational Technology，OT）与信息技术（Information Technology，IT）日益融合，正在形成新一代企业数字化架构。在新的架构的形成过程中，工业控制网络的地位愈加重要，技术更新迅速，内涵日益丰富。

工业控制网络技术的应用与发展，对于现代工业企业实现网络化控制及网络制造具有重要的促进作用。本书介绍以西门子 S7-1200PLC 为主体的基本工业控制网络的实现，阐述了典型工业控制网络的基本模式，突出了工业控制网络技术的特点与优势。

本书遵循"以就业为导向，以能力为本位"的教育理念，根据专业职业能力培养的要求，采用理论与实践交融的教学方法进行内容设计，坚持"做中学"的教学方法。在项目内容的选取过程中力求深入浅出，且涵盖范围广，希望读者能够通过对各个项目的学习做到举一反三，触类旁通。

本书的主要内容如下：第 1 章重点介绍工业控制网络概述、数据通信基础、数据通信硬件、网络拓扑结构与传输介质访问控制方式；第 2 章重点介绍西门子 S7-1200PLC 支持的工业通信协议，分别是 Modbus 协议、OPC 协议、PROFINET 通信协议、S7 通信协议以及开放式以太网通信方式；第 3 章重点介绍基于西门子 S7-1200PLC 的通信实践内容，分别是 Modbus TCP 通信、S7-1200PLC S7 通信、S7-1200 与 S7-1200/S7-1500 TCP 通信、ISO on TCP 通信、UDP 通信、PROFINET 通信、S7-1200 通过网络视图建立开放式用户通信连接；第 4 章重点介绍人机界面的应用；第 5 章重点介绍工业网络通信实训，分别是工业以太网电缆接头制作实训、网络配置实训、单环冗余网络实训、虚拟网络 VLAN 实训、无线通信实训、实时通信实训（通过 PROFINET IO 系统）、组播实训、环间冗余网络实训、通信网络故障诊断实训、防火墙实训。

本书可作为高职高专院校电气工程及其自动化、机电一体化技术、应用电子技术和数控技术等专业的课程教材。建议学时为60学时，其中理论教学为20学时，上机实验和实训为40学时。不同专业选用本书作为教材时，可以根据实际需要对部分内容进行删减。

由于作者水平有限，书中难免有疏漏之处，望广大读者批评指正。

目　录

第1章　工业控制网络基础

1.1　工业控制网络概述

1.1.1　工业控制网络的发展

1. 集散控制系统

随着微电子技术、计算机技术以及通信技术的飞速发展，工业控制系统经历了不同的发展阶段：电动单元组合式模拟仪表控制系统、集中式数字控制系统、集散控制系统、现场总线控制系统、网络化控制系统等阶段。与此同时，工业控制网络作为控制系统的重要组成部分，也在不断地向前发展。

从20世纪60年代开始，控制室和现场仪表之间采用电气信号传输，电动组合仪表如控制器、显示仪表、记录仪开始大量使用，工厂自动化控制体系初步形成。严格地说，电缆上的电气信号传输还不能称为工业控制网络。

20世纪70年代中期出现的集散控制系统（Distributed Control System，DCS），是控制体系结构的一次大变革，同时，DCS也可以看作工业控制网络的雏形。几十年来，DCS已由以分散控制为主的早期产品发展到了以全面信息管理为特点的新型综合控制系统。电子信息产业的开放和现场总线技术的成熟与应用，造就了新一代DCS，其技术特点呈现信息化和全集成化的发展趋势，而且大量采用了通信网络技术的成果，使用了ODBC、COM/DCOM、OPC等开放网络接口技术。同时，DCS和现场总线、工业以太网相结合，进行信息互联，构成大规模的综合控制系统。DCS的不断发展赋予其很强的生命力，在今后相当长的时期内，DCS仍将作为一种重要的控制系统得到广泛应用。

2. 现场总线

现场总线控制系统（Fieldbus Control System，FCS），于20世纪80年代末、90年代初在欧洲被使用。国际电工委员会IEC 61158对现场总线（fieldbus）的定义是：安装在制造或过程区域的现场装置与控制室内的自动控制装置之间的数字式、串行、多点通信的数据总线。作为新一代控制系统，一方面，它突破了DCS系统采用通信专用网络的局限，采用了基于公开化、标准化的解决方案，克服了封闭系统所造成的缺陷；另一方面，它把DCS的集中与分散相结合的集散系统结构，变成了新型全分布式结构，把控制功能彻底下放到现场。

现场总线的出现，被誉为自动控制领域的一次革命。之所以有这样的评价，是因为现场总线不单单是一种通信技术,不仅仅在于用数字仪表代替模拟仪表,更重要的是对整个控制系统的结构产生了根本性的变革。和以往的控制系统相比,现场总线具有以下特点:

(1) 全数字通信

传统控制系统(如 DCS)采用 4～20 mA 的模拟信号通信,这种通信方式已成为控制系统的瓶颈,这是因为模拟信号的传输精度不高,且易受外界干扰;传统的 DCS 的通信网络存在于操作站与控制站之间,而现场仪表与控制站中的输入/输出单元之间采用的是点对点通信,现场仪表之间不能进行通信;无法通过现场仪表组成就地控制回路,建立真正的现场控制。

而现场总线是数字通信网络,在现场总线系统中,同层的或/和不同层的总线设备之间均采用数字信号进行通信。具体地说,现场底层的变送器/传感器、执行器、控制器之间的信号传输均用数字信号;中/上层的控制器、监控/监视计算机等设备之间的数据传送均用数字信号;各层设备之间的信息交换均用数字信号。

(2) 现场设备的互操作性与互换性

互操作性指来自不同厂商生产的符合同一现场总线协议的设备可以连接在一起,统一组态和协同工作。而互换性指来自不同厂家的相同类型的设备还可以互换,而无须专用的驱动程序。现场总线中现场设备的互操作性与互换性是传统 DCS 无法具备的,它彻底改变了传统控制系统的封闭性和专用性,保护了用户的利益,使用户有更多的选择。

(3) 现场总线是开放互联网络

现场总线通过一根通信线将分散在生产现场、具有数字通信能力的现场设备(如传感器/变送器、执行器、控制器)互相连接起来,构成了现场设备的互联网络,从而将传统 DCS、PLC 等控制系统复杂的控制任务进行分解,由现场变送器或执行机构构成控制回路,并实现各部分的控制。现场总线是公开、规范的通信协议,既可实现同层次网络互联,也可实现不同层次网络互联。

正是基于上述特点和优越性,从现场总线诞生起,广大用户就给予了高度关注,并强烈要求对现场总线的通信协议标准化。2003 年 4 月 IEC 61158 现场总线标准第三版正式成为国际标准,该标准由 IEC/SC65C/MT9 小组负责修订,它规定了 10 种类型现场总线:Type1 TS61158 现场总线、Type2 ControlNet 和 Ethernet/IP 现场总线、Type3 PROFIBUS 现场总线、Type4 P. NET 现场总线、Type5 基金会现场总线(FF)、Type6 SwiftNet 现场总线、Type7 WorldFIP 现场总线、Type8 INTERBUS 现场总线、Type9 FFHSE(FF 高速以太网协议)、Type10 PROFINET 现场总线。此外,还有几种现场总线尽管未能成为国际标准,仍然得到了一定的应用,如 HART、CAN、LonWorks、DeviceNet 等。目前,现场总线正逐步得到用户的认可,现场总线的产品也逐渐成熟和丰富,并开始广泛应用。

3. 工业以太网

现场总线的出现,是自动控制领域的一次变革。自 20 世纪 80 年代以来,现场总线的发展非常迅猛,但其中也暴露出许多不足,具体表现为:现有的现场总线标准过多,仅国际标准 IEC61158 就包含了 10 种类型,未能统一到单一标准上来;不同总线之间不能兼容,不能真正实现透明信息互访,无法实现信息的无缝集成;由于现场总线是专用实时通信网络,成本较高;现场总线的速度较低,支持的应用有限,不便和 Internet 信息集成。

为了突破现场总线控制系统发展中出现的瓶颈,适应企业管控一体化的要求,实现企业管理层、监控层和设备层的无缝连接，降低系统造价，提高系统性能，必须寻找一种新的控制系统网络技术。工业以太网是针对以上难题的一个有效的解决方法。一般来讲，工业以太网在技术上与商用以太网(即 IEEE 802.3 标准)兼容，但在产品设计时，在材质的选用、产品的强度和适用性方面应能满足工业现场的需要。

以太网由于通信速率高、成本低廉、支持的服务种类多、可选的应用程序多而成为事实上的办公室和商业网络标准。目前，以太网不仅垄断了办公自动化领域的网络通信，而且在工业控制领域管理层和监控层等中上层网络通信中也得到了广泛应用，并有直接向下延伸应用于工业现场设备间通信的趋势，已成为近年来工业控制网络新的研究热点。

以太网最初得到广泛应用是在办公自动化领域，它应用于工业控制领域时存在以下障碍：

(1) 通信存在不确定性，不能满足实时性要求

以太网采用 CSMA/CD 介质访问机制和退避算法处理冲突，和其他网络如令牌网、令牌环网等相比，这是一种非确定性或随机性通信方式，导致了网络传输延时和通信响应的不确定性。对于工业控制网络，以太网的这种通信不确定性会导致系统控制性能的下降，在有紧急事件发生时，还可能因报警信息不能得到及时响应而导致灾难事故的发生，这是以太网应用于工业控制领域的主要障碍。

(2) 不适用于恶劣的工业现场环境

由于工业现场环境与商业环境相比，条件恶劣，因此要求工业控制网络必须具备气候环境适应性，耐冲击、耐振动、防尘防水、抗腐蚀以及较好的电磁兼容性，并要求很高的可靠性。

(3) 安全性和总线供电

对于应用于工业现场的网络，还要求具有向现场仪表提供电源的能力，即总线供电；在易爆等危险场合，还需要解决防爆、隔爆、本质安全等问题。

目前工业以太网已经在企业综合自动化系统中的信息管理层、过程监控层中得到了广泛应用，并成为事实上的标准。它将在企业综合自动化系统中的现场设备之间的互联和信息集成中发挥越来越重要的作用。

总的来说，工业以太网的发展趋势将体现在以下两个方面：

一是工业以太网与现场总线相结合。当前，各现场总线组织纷纷将以太网引入其现场总线体系中的高速部分，利用以太网和 TCP/IP 技术，以及原有的低速现场总线应用层协议，构成了所谓的工业以太网协议。这种方式的典型应用主要有以下几种：FF 现场总线基金会开发的 HSE(High Speed Ethernet)、ControlNet International 组织开发的 Ethernet/IP、PROFIBUS International 组织开发的 PROFINET、Schneider Electric 开发的 Modbus TCP/IP 等。

二是工业以太网直接应用于现场设备层。这种方式舍弃了传统现场总线的专用协议，利用支持以太网通信的嵌入式模块，为工业现场提供底层 I/O 设备的以太网通信服务。简单地说，就是将支持 TCP/IP 协议并有标准以太网接口的嵌入式控制模块与传统传感器和执行机构整合构成基于以太网的智能 I/O 节点。

随着网络技术的普及应用，基于 TCP/IP 协议的以太网得到了飞速发展，特别是以太网传输速率的提高和交换技术的发展，为以太网技术注入了新的活力，并为以太网全面应用于工业控制领域奠定了基础。美国权威调查机构 ARC(Automation Research Company)指

出，今后以太网不仅将继续垄断商业计算机网络通信和工业控制系统的上层网络通信市场，也必将引领未来现场总线的发展。

1.1.2 工业控制网络的基本概念

工业控制网络是一种把整个工厂中各个生产流程和自动化控制系统通过各种通信设备组织为一个整体的一种通信网络。在这个通信网络中，可有各种不同结构、遵守各种不同通信协议的通信系统存在，其中主要是工业以太网和工业现场总线。

工业以太网(Industrial Ethernet)是按 IEEE 802.3 标准建立的开放的通信系统，用于传输大量数据，可与远程网络连接。工业现场总线是按现场总线标准建立的开放的通信系统，用于现场控制和数据交换。

1. 现场设备层

主要功能是连接现场设备，例如分布式 I/O、传感器、驱动器、执行机构和开关设备等，完成现场设备控制及设备间连锁控制。一般采用现场总线如 Profibus-DP，也可用 PtP。

2. 车间监控层

车间监控层又称单元层，用来完成车间主要生产设备之间的连接，实现车间级设备的监控。车间级监控包括生产设备状态的在线监控、设备故障报警及维护等。通常还具有生产统计、生产调度等车间级生产管理功能。

车间级监控一般要设立车间监控室，有操作员工作站及打印设备。车间级监控网络可采用工业以太网或现场总线，如 Profibus-FMS，这一级传输速度不是最重要的，但是应能传送大容量的信息。

3. 工厂管理层

车间操作员工作站通过集线器(hub)或交换器(switch)与车间办公管理网连接，将车间生产数据送到车间管理层。车间管理网又作为工厂主网的一个子网，通过交换机、网桥或路由器等网络设备连接到厂区骨干网，将车间数据集成到工厂管理层。工厂管理层又称信息层，一般使用以太网技术，这一层关注的焦点是高速的数据包传输和高容量的数据共享。

1.2 数据通信基础

1.2.1 数据通信系统的构成

数据通信是依照通信协议、利用数据传输技术在两个功能单元之间传递数据信息，计算机与通信相结合而产生的一种通信方式和通信业务。它包括两方面内容：数据传输和数据传输前后的处理。其数据通信系统模型如图 1.1 所示。

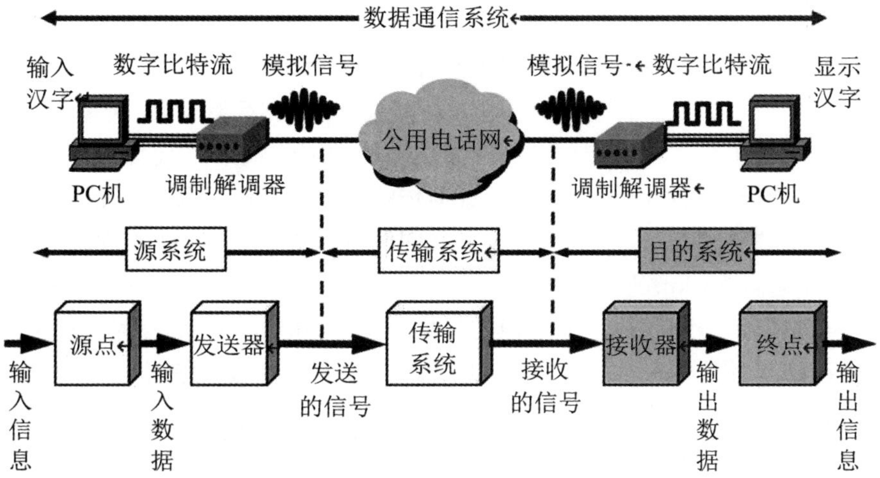

图 1.1　数据通信系统模型

数据通信系统涉及如下名称：

信息(message)：代表发送的消息；

数据(data)：代表运送消息的实体；

信号(signal)：代表数据的电气或电磁的表现；

模拟的(analogous)：代表消息的参数的取值是连续的、有单位的；

数字的(digital)：代表消息的参数的取值是离散的、无单位的，是一种表示；

码元(code)：在使用时间域(简称时域)的波形表示数字信号时，代表不同离散数值的基本波形。

1.2.2　数据通信技术

1. 通信方式

单向通信(单工通信)：只能有一个方向的通信而没有反方向的交互。例如，在家中收看电视节目，观众无法给电视台传送数据，只能由电视台单方向给观众传送画面数据。

双向交替通信(半双工通信)：通信的双方都可以发送信息，但不能双方同时发送(当然也就不能同时接收)。例如无线对讲机在甲方讲话时，乙方无法讲，需要等甲方讲完，乙方才能讲。

双向同时通信(全双工通信)：通信的双方可以同时发送和接收信息。例如，在日常生活中使用的电话，双方可以同时讲话。全双工通信效率高，控制简单，但造价高，适用于计算机之间的通信。

2. 数据的传输方式

(1) 按照数据传输的频带分类

基带传输:是指利用计算机或终端设备产生的数字脉冲信号在数字通信信道上直接传输数据的方式。基带信号的特点是频谱中含有直流、低频和高频分量,随着频率升高,其幅度相应减小,最后趋于零。基带传输多用在短距离的数据传输中,如近程计算机间数据通信或局域网中用双绞线或同轴电缆为介质的数据传输。基带传输的优点是信号按位流形式传输,整个系统不用调制解调器,传输介质较宽带网便宜,可以达到较高的数据传输速率,但其传输距离一般不超过 25 km,例如以太网(局域网)。

频带传输:数字信号调制成音频模拟信号后再传送,接收方需要解调。频带传输是一种采用调制、解调技术的传输形式。在发送端,通过调制手段将数字信号转换为具有一定频带范围的模拟信号,以适应在模拟信道上传输。在接收端,通过解调手段将模拟信号复原为数字信号。频带传输较复杂,传送距离较远,可以实现远距离的数据通信。例如,通过电话网络传输数据。

宽带传输:是一种通过将信道分成多个子信道,分别传送音频、视频和数字信号的方式。它具有较宽的频带宽度,通常在 300～400 MHz。宽带传输系统采用频带传输技术,将信道带宽分解成多个子信道,每个子信道可以传输不同频率范围的数据信号。通过这样的方式,宽带传输可以提供高质量的音视频数据传输,满足人们对多媒体信息的传输需求。把信号调制成频带为几十兆赫到几百兆赫的模拟信号后再传送,接收方需要解调。例如,闭路电视的信号传输。

(2) 按照数据传输方式

并行通信:并行通信传输中有多个数据位(一般为 8 个)同时在两个设备之间传输。发送设备将这些数据位通过对应的数据线传送给接收设备,还可附加一位数据校验位。接收设备可同时接收到这些数据,不需要做任何变换就可直接使用。并行方式主要用于近距离通信,最典型的例子是计算机和并行打印机之间的通信。这种方法的优点是传输速度快,处理简单。

串行通信:串行数据传输时,数据是一位一位地在通信线上传输的,先由具有几位总线的计算机内的发送设备,将几位并行数据经并/串转换硬件转换成串行方式,再逐位经通信线路到达接收站的设备中,并在接收端将数据从串行方式重新转换成并行方式,以供接收方使用。串行数据传输的速度要比并行传输慢得多,但对于覆盖面极其广阔的公用电话系统来说具有更大的现实意义。

1.2.3 数据的编码技术

不同类型的数据在不同类型的信道上传输有 4 种情况,其中用数字信号承载数字或模拟数据称作编码,用模拟信号承载数字或模拟数据称作调制,如图 1.2 所示。

编码:用数字信号承载数字或模拟数据;调制:用模拟信号承载数字或模拟数据,如图 1.3 所示。

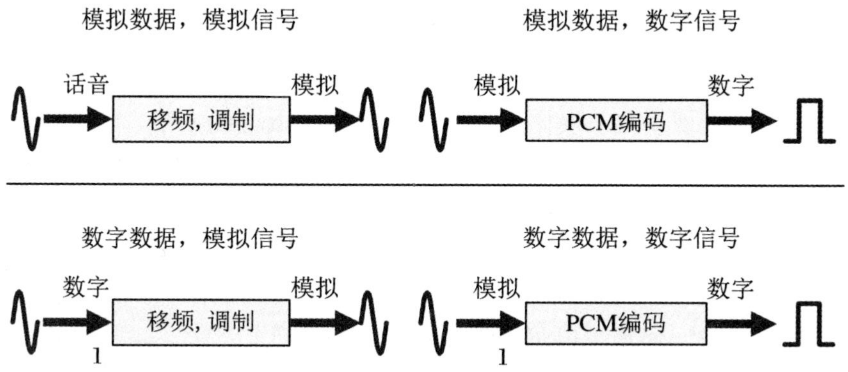

图 1.2　数据的编码分类

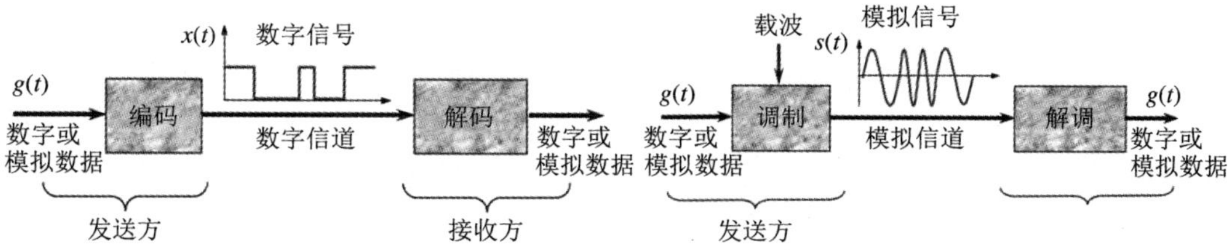

图 1.3　编码与调制

1. 数字数据的模拟信号调制

Internet 网络起步时，为了利用廉价的公共电话交换网实现计算机之间的远程通信，必须将发送端的数字信号变换成能够在公共电话网上传输的音频信号，经传输后再在接收端将音频信号逆变换成对应的数字信号。实现数字信号与模拟信号互换的设备称作调制解调器(Modem)。

模拟信号传输的基础是载波，载波具有三大要素：幅度、频率和相位，数字数据可以针对载波的不同要素或它们的组合进行调制。

数字调制的 3 种基本形式：移幅键控法(ASK)、移频键控法(FSK)、移相键控法(PSK)。如图 1.4 所示。

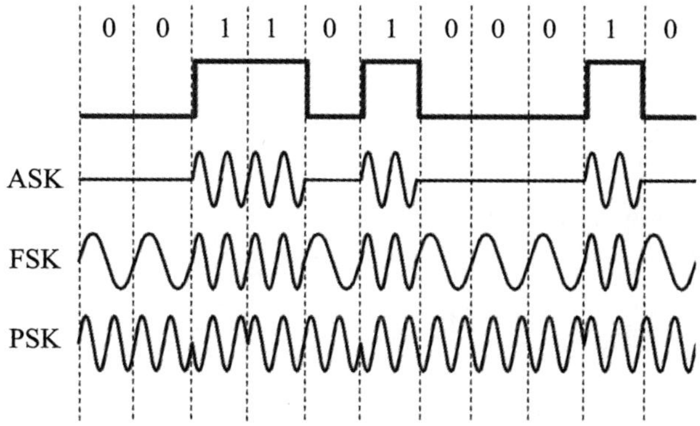

图 1.4　数字调制的 3 种基本形式

在 ASK 方式下，用载波的两种不同幅度来表示二进制的两种状态。ASK 方式容易受增益变化的影响，是一种低效的调制技术。在电话线路上，通常只能达到 1200 bit/s 的速率。

在 FSK 方式下，用载波频率附近的两种不同频率来表示二进制的两种状态。在电话线路上，使用 FSK 可以实现全双工操作，通常可达到 1200 bit/s 的速率。

在 PSK 方式下，用载波信号相位移动来表示数据。PSK 可以使用二相或多于二相的相移，利用这种技术，可以对传输速率起到加倍的作用。

由 PSK 和 ASK 结合的相位幅度调制 PAM，是解决相移数已达到上限但还要提高传输速率的有效方法。

公共电话交换网是一种频带模拟信道，音频信号频带为 300～3400 Hz，而数字信号频宽为 0 至几千兆 Hz。若不加任何措施利用模拟信道来传输数字信号，必定会出现极大的失真和差错。所以，要在公共电话网上传输数字数据，必须将数字信号变换成电话网所允许的音频频带范围（300～3400 Hz）。

调制器（modulator）：把要发送的数字信号转换为频率范围在 300～3400 Hz 的模拟信号，以便在电话用户线上传送。解调器（demodulator）：把电话用户线上传送来的模拟信号转换为数字信号。调制器就是个波形变换器，它把基带数字信号的波形变换成适用于模拟信道传输的波形；解调器就是个波形识别器，它将经过调制器变换过的模拟信号恢复成原来的数字信号。若识别不正确，则产生误码。在调制解调器中还要有差错检测和纠正的设施。

2. 数字数据的数字信号编码

数字信号可以直接采用基带传输。基带传输就是在线路中直接传送数字信号的电脉冲，它是一种最简单的传输方式，近距离通信的局域网都采用基带传输。在基带传输时，需要解决的问题是数字数据的数字信号表示及收发两端之间的信号同步两个方面。

（1）数字数据的数字信号表示

对于传输数字信号来说，最常用的方法是用不同的电压电平来表示两个二进制数字，即数字信号由矩形脉冲组成。

使数字数据能在数字信道上传输，即把数字数据转换成某种数字脉冲信号，常见的有两类：不归零码和曼彻斯特编码。

不归零码（Non. Return to Zero，NRZ）。二进制数字 0、1 分别用两种电平来表示，例如，用－5V 表示 1，＋5V 表示 0；缺点：存在直流分量，在传输中不能有变压器或电容；不具备自同步机制，传输时必须使用外同步。

曼彻斯特编码（Manchester Coding）用电压的变化表示 0 和 1。规定在每个码元的中间发生跳变：高→低的跳变代表 1，低→高的跳变代表 0。每个码元中间都要发生跳变，接收端可将此变化提取出来作为同步信号。这种编码也称为自同步码（Self-Synchronizing Code）。缺点：需要双倍的传输带宽（即信号速率是数据速率的 2 倍）。

差分曼彻斯特编码每个码元的中间仍要发生跳变。差分曼彻斯特编码用码元开始处有无跳变来表示 0 和 1，有跳变代表 0，无跳变代表 1。如图 1.5 所示。

（2）同步过程

同步分为位同步与群同步。位同步又称同步传输，即使接收端对每一位数据都要和发送端保持同步。实现位同步的方法可分为外同步法和自同步法两种。① 在外同步法中，接收端的同步信号事先由发送端送来，而不是自己产生也不是从信号中提取出来。即在发送

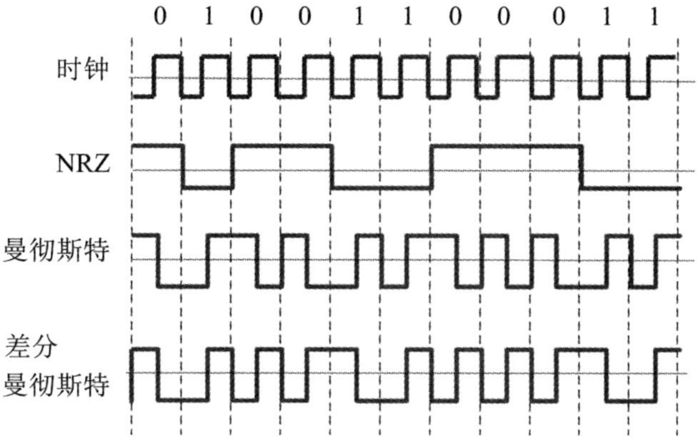

图 1.5 数字编码方式

数据之前，发送端先向接收端发出一串同步时钟脉冲，接收端按照这一时钟脉冲频率和时序锁定接收端的接收频率，以便在接收数据的过程中始终与发送端保持同步。② 自同步法是指能从数据信号波形中提取同步信号的方法。典型例子就是著名的曼彻斯特编码，常用于局域网传输。在曼彻斯特编码中，每一位的中间有一跳变，位中间的跳变既作时钟信号，又作数据信号；从高到低跳变表示“1”，从低到高跳变表示“0”。还有一种是差分曼彻斯特编码，每位中间的跳变仅提供时钟定时，而用每位开始时有无跳变表示“0”或“1”，有跳变为“0”，无跳变为“1”。

两种曼彻斯特编码是将时钟和数据包含在数据流中，在传输代码信息的同时，也将时钟同步信号一起传输到对方，每位编码中有一跳变，不存在直流分量，因此具有自同步能力和良好的抗干扰性能。但每一个码元都被调成两个电平，所以数据传输速率只有调制速率的1/2。

在数据通信中，群同步又称异步传输，是指传输的信息被分成若干“群”。在数据传输过程中，字符可顺序出现在比特流中，字符间的间隔时间是任意的，但字符内各个比特用固定的时钟频率传输。字符间的异步定时与字符内各个比特间的同步定时是群同步即异步传输的特征。群同步是靠起始和停止位来实现字符定界及字符内比特同步的。起始位指示字符的开始，并启动接收端对字符中比特的同步；而停止位则是作为字符间的间隔位设置的，没有停止位，下一字符的起始位下降沿便可能丢失。群同步传输每个字符由四部分组成：1位起始位，以逻辑“0”表示；5～8位数据位，即要传输的字符内容；1位奇偶校验位，用于检错；1～2位停止位，以逻辑“1”表示，用作字符间的间隔。如图1.6所示。

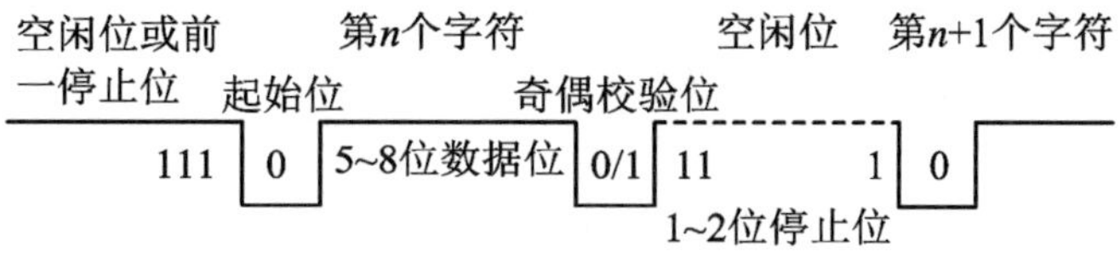

图 1.6 群同步的字符格式

(3) 模拟数据的数字信号编码

模拟数据要在数字线路上传输，必须将其转换成数字信号，模拟数据能在数字信道上传输使用脉码调制(Pulse Coded Modulation，PCM)。这个过程需要三个步骤：第一步是采样，按一定间隔对语音信号进行采样；第二步是量化，把每个样本舍入到最接近的量化级别上；

第三步是编码，对每个舍入后的样本进行编码，编码后的信号称为 PCM 信号。

如果模拟信号的最高频率为 F，若以不小于 $2F$ 的采样频率对其采样，则从采样得到的离散信号序列就能完整地恢复出原始信号。以采样定理为基础，对连续变化的模拟信号进行周期性采样，利用对有效信号最高频率或其带宽 2 倍的采样频率，通过低通滤波器从这些采样中重新构造出原始信号。PCM 原理如图 1.7 所示。

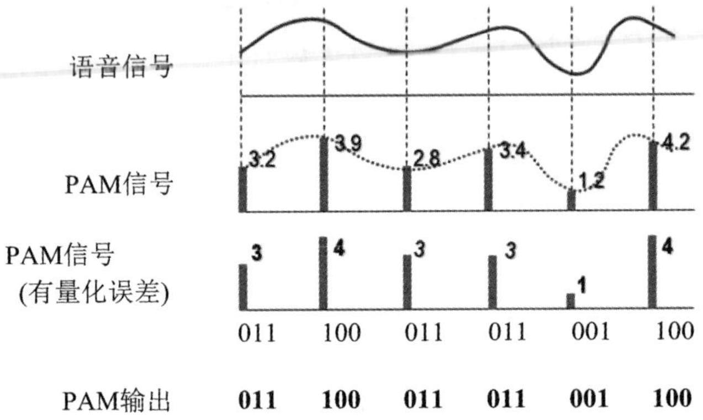

图 1.7 PCM 原理

采样定理表达公式为 $F_s(=1/T_s)\geqslant 2F_{max}$或 $F_s\geqslant 2B_s$，式中，T_s为采样周期，F_s为采样频率，F_{max}为原始信号的最高频率，$B_s(=F_{max}\cdot F_{min})$为原始信号的带宽。

(4) 多路复用技术

多路复用技术就是把许多个单个信号放在一个信道上同时传输的技术。根据划分子信道的方式不同，复用方法可分为：频分复用 FDM(Frequency Division Multiplexing，FDM)，按频率划分不同的信道，如 CATV 系统；时分复用 TDM(Time Division Multiplexing)，按时间划分不同的信道，目前应用最广泛；波分复用 WDM(Wave Division Multiplexing)，按波长划分不同的信道，用于光纤传输；码分复用 CDM(Code Division Multiplexing)，按地址码划分不同的信道，发展前景较好。频分多路复用 FDM 和时分多路复用 TDM 是两种最常用的多路复用技术。

① 频分多路复用 FDM 技术原理。在物理信道的可用带宽超过单个原始信号所需带宽情况下，可将该物理信道的总带宽分割成若干个与传输单个信号带宽相同(或略宽)的子信道，每个子信道传输一路信号，这就是频分多路复用。多路原始信号在频分复用前，先要通过频谱搬移技术将各路信号的频谱搬移到物理信道频谱的不同段上，使各信号的带宽不相互重叠，然后用不同的频率调制每一个信号，每个信号要一样以它的载波频率为中心的一定带宽的通道。为了防止互相干扰，使用保护带来隔离每一个通道。图 1.8 所示为频分多路复用原理。

② 时分多路复用 TDM 技术原理。如果媒体能达到的位传输速率超过传输数据所需的数据传输速率，可采用时分多路复用 TDM 技术，即将一条物理信道按时间分成若干个时间片轮流地分配给多个信号使用。每一时间片由复用的一个信号占用，这样，利用每个信号在时间上的交叉，就可以在一条物理信道上传输多个数字信号。时分多路复用 TDM 不仅局限于传输数字信号，也可同时交叉传输模拟信号。图 1.9 所示为时分多路复用 TDM 原理。

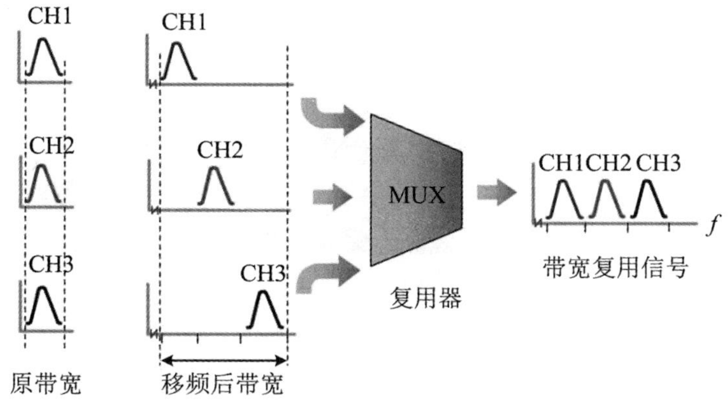

图1.8　频分多路复用FDM

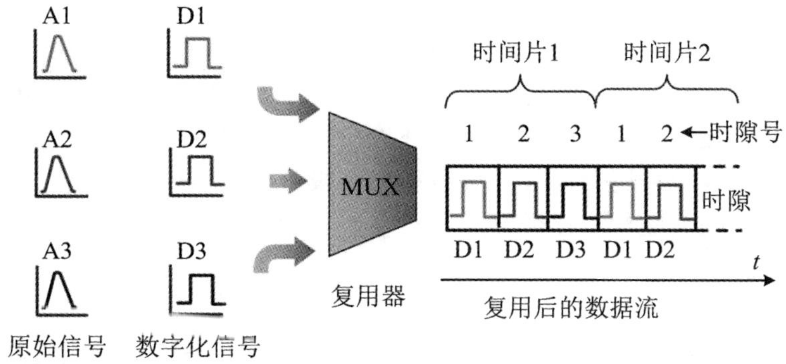

图1.9　时分多路复用TDM

由于每路数据使用每个时间片的时隙固定，所以这种时分复用也称为同步时分复用(STDM)。一个时间片内传输的多路数据称为帧。时分复用的典型例子有：PCM信号的传输把多个话路的PCM语音数据用TDM的方法装成帧，每帧在一个时间片内发送每个时隙承载一路PCM信号。

③ 波分复用——光的频分复用技术原理。整个波长频带被划分为若干个波长范围，每路信号占用一个波长范围来进行传输。图1.10所示为波分多路复用。

④ 码分复用技术原理。每个用户把发送信号用接收方的地址码序列编码(任意两个地址码序列相互正交)。不同用户发送的信号在接收端被叠加，然后接收者用同样的地址码序列解码。由于地址码的正交性，只有与自己地址码相关的信号才能被检出，由此恢复出原始数据。

地址码序列两两相互正交：码序列A、B，应满足 $A \bullet B=0$，$A \bullet B'=0$，$A \bullet A=1$，$A \bullet A'=1$ 其中“•”为内积运算。该技术在无线移动通信中应用广泛。

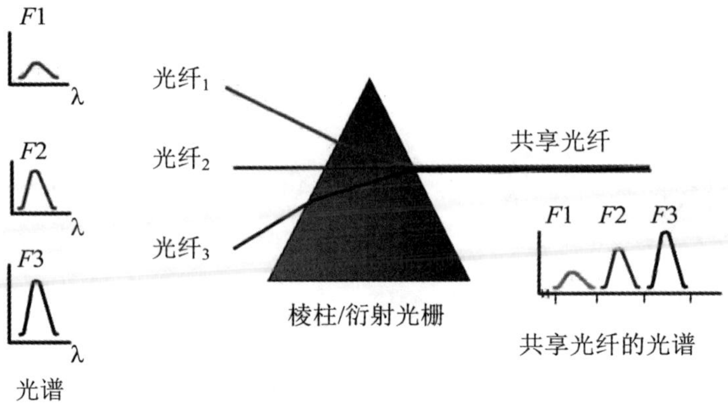

图 1.10 波分多路复用 WDM

1.2.4 数据交换技术

交换按某种方式动态地分配传输线路资源。如电话交换机在用户呼叫时为用户选择一条可用的线路进行接续。用户挂机后则断开该线路，该线路又可分配给其他用户。最初的交换为人工转接交换。采用交换技术可节省线路投资，提高线路利用率。实现交换的方法主要有：电路交换、报文交换和分组交换。

1. 电路交换

电路交换(Circuit Switching)是在通信双方之间建立一条临时专用线路的过程，可以是真正的物理线路，也可以是一个复用信道。特点是数据传输前需要建立一条端到端的通路。称为"面向连接的"，典型例子为电话。电路交换是在两个站点之间通过通信子网的结点建立一条专用的通信线路，这些结点通常是一台采用机电与电子技术的交换设备，例如程控交换机。也就是说，在两个通信站点之间需要建立实际的物理连接，其典型实例是两台电话之间通过公共电话网络的互联实现通话。过程为：建立连接→通信→释放连接。首先是建立连接，即建立端到端(站点到站点)的线路连接；其次是数据传送，所传输数据可以是数字数据，如远程终端到计算机，也可以是模拟数据，如声音；最后是拆除连接，通常在数据传送完毕后由两个站点之一终止连接。

电路交换的优点是实时性好，但将电话采用的电路交换技术用于传送计算机或远程终端的数据时，会出现下列问题：① 用于建立连接的呼叫时间大大长于数据传送时间，这是因为在建立连接的过程中，会涉及一系列硬件开关动作，时间延迟较长，如某段线路被其他站点占用或物理断路，将导致连接失败，并需重新呼叫；② 通信带宽不能充分利用，效率低，这是因为两个站点之间一旦建立起连接，就独自占用实际连通的通信线路，而计算机通信时真正用来传送数据的时间一般不到 10%，甚至可低到 1%；③ 由于不同计算机和远程终端的传输速率不同，因此必须采取一些措施才能实现通信，如不直接连通终端和计算机，而设置数据缓存器等。

2. 报文交换

以报文为单位进行“存储—转发”交换的技术。在交换过程中，交换设备将接收到的报文先存储，待信道空闲时再转发出去，一级一级地中转，直到目的地。这种数据传输技术称为存储-转发。传输之前不需要建立端到端的连接，仅在相邻结点传输报文时建立结点间的连接。“无连接的”典型例子为电报，数据传输单位是信息(message)，交换中传输数据的逻辑单元称为报文，其长度一般不受限制，可随数据不同而改变。一般它将接收报文站点的地址附加于报文一起发出，每个中间结点接收报文后暂存报文，然后根据其中的地址选择线路再把它传到下一个结点，直至到达目的站点。

实现报文交换的结点通常是一台计算机，它具有足够的存储容量来缓存所接收的报文。一个报文在每个结点的延迟时间等于接收报文的全部位码所需时间、等待时间，以及传到下一个结点的排队延迟时间之和。

报文交换的主要优点是线路利用率较高，多个报文可以分时共享结点间的同一条通道；此外，该系统很容易把一个报文送到多个目的站点。报文交换的主要缺点是报文传输延迟较长(特别是在发生传输错误后)，并且随报文长度变化，因而不能满足实时或交互式通信的要求，不能用于声音连接，也不适于远程终端与计算机之间的交互通信。

3. 分组交换

分组交换(packet switching)包括数据分组、路由选择与存储转发。它类似于报文交换，但它限制每次所传输数据单位的长度(典型的最大长度为数千位)，对于超过规定长度的数据必须分成若干个等长的小单位，称为分组(packets)。从通信站点的角度来看，每次只能发送其中一个分组。

各站点将要传送的大块数据信号分成若干等长而较小的数据分组，然后按顺序发送；通信子网中的各个结点按照一定的算法建立路由表(各目标站点各自对应的下一个应发往的结点)，同时负责将收到的分组数据存储在缓存区中(而不使用速度较慢的外存储器)，再根据路由表确定各分组下一步应发向哪个结点，在线路空闲时再转发；依此类推，直到各分组传到目标站点。由于分组交换在各个通信路段上传送的分组不大，故只需很短的传输时间(通常仅为ms数量级)，且传输延迟小，非常适合远程终端与计算机之间的交互通信，也有利于多对时分复用通信线路；此外由于采取了错误检测措施，故可保证非常高的可靠性；而在线路误码率一定的情况下，小的分组还可减少重新传输出错分组的开销；与电路交换相比，分组交换带给用户的优点则是费用低。根据通信子网的不同内部机制，分组交换子网又可分为面向连接(connect oriented)和无连接(connect less)两类。前者要求建立称为虚电路(virtual circuit)的连接，一对主机之间一旦建立虚电路，分组即可按虚电路号传输，而不必给出每个分组的显式目标站点地址，在传输过程中也无须为之单独寻址，虚电路在关闭连接时撤销。后者不建立连接，数据报(datagram)带有目标站点地址，在传输过程中需要为之单独寻址。

分组交换的灵活性高，可以根据需要实现面向连接或无连接的通信，并能充分利用通信线路，因此现有的公共数据交换网都采用分组交换技术。LAN局域网也采用分组交换技术，但在局域网中，从源站到目的站只有一条单一的通信线路，因此不需要公用数据网中的路由选择和交换功能。

数据报方式各分组独立地确定路由(传输路径),不能保证分组按序到达,所以目的站点需要按分组编号重新排序和组装。如图 1.11 所示。

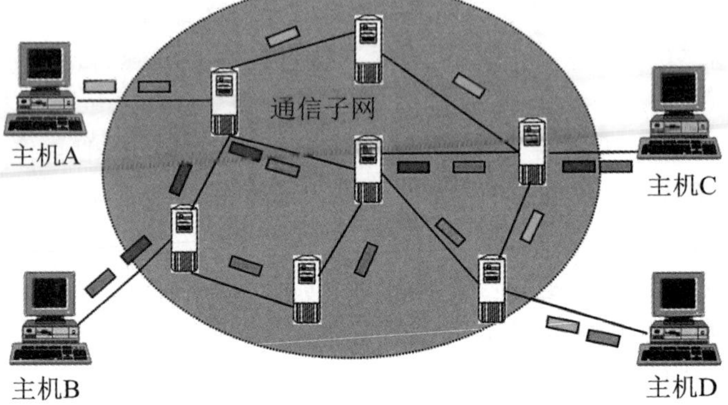

图 1.11 数据报方式

虚电路方式(virtual circuit)是通信前预先建立的一条逻辑连接;虚电路是由其路径上的所有交换机中的路由表定义的,类比铁路系统(旅客/列车:分组;铁路网:网络;火车站:节点),一个车次的条线路可以看成一条虚路径。也需要三个过程:建立—数据传输—拆除。建立虚电路时,交换机将预留传输时所需的所有资源。虚电路路由在建立时确定,传输数据时则不再需要。数据传输时只需指定虚电路号,分组即可按虚电路的路由穿越网络——数字管道。

这种"面向连接"的服务,却没有像电路交换那样始终占用一条端到端的物理通道,只是断续地依次占用传输路径上各个链路段——与铁路系统类比。可以看成采用了电路交换思想的分组交换,能够保证分组按序到达永久虚电路 PVC 和交换虚电路 SVC。

1.2.5 差错控制方法

差错控制(error control)是指在数字通信中利用编码方法对传输中产生的差错进行控制,以提高数字消息传输的准确性。在实际信道上传输数字信号时,由于信道传输特性不理想及加性噪声的影响,所收到的数字信号不可避免地会发生错误,从而产生差错控制编码。

常用的差错控制方式主要有三种:检错重发(简称 ARQ)、前向纠错(简称 FEC)和混合纠错(简称 HEC)。

差错监测和控制技术可在计算机通信系统产生差错以后,采取措施来监测和纠正错误,将错误控制在允许的最小范围内。传输中出现的错误种类有突发错和随机错。随机错是由信道固有的、持续存在的随机热噪声引起的,一般是孤立的,由它导致的错误通常较少。突发错通常是由外界特定瞬间的冲击噪声引起。常出现连续比特的错误,影响面较大,是传输中产生差错的主要原因。突发长度是从突发错发生的第一个码元到连续有错的最后一个码元间的所有码元的个数。突发错比随机错传输的效率高;突发错的检错和纠错要比随机错困难。

误码率(又称比特差错率)可用来衡量通信线路传输信息的质量,记为 P_e。它等于发生差错的码元数/接收的总码元数。在数据通信中不同业务、不同信道的误码率是不同的,例如,中速的电话系统误码率一般在 $10^{-4} \sim 10^{-6}$;广域网的误码率一般在 $10^{-7} \sim 10^{-8}$;而局域网的误码率一般在 $10^{-9} \sim 10^{-11}$。降低误码率的两种方法是:改善物理信道和降低通信线路自身的误码率,但受经济和技术上的限制难以得到理想的结果。

采取差错控制核心的技术是编码。差错控制编码将发送之前在数据块中加入冗余信息的过程。有两种基本策略,一是检错码使编码只具有检错的功能,即接收方只能判断收到的数据块中是否有错,但有错时不能确切知道错误的位置,因而不能纠正错误;二是纠错码使编码具有一定的纠错功能。即接收方不仅能知道收到的数据块中是否有错,而且能知道错在什么地方,然后将出错的二进制位按位取反。自动请求重发方式 ARQ 采用的是检错码,需有双向信道来传送收方的反馈信息,在发方要有数据缓冲区来存放已发出的数据,实现简单,传输效率高,是数据通信中常用的差错控制方式。前向纠错方式 FEC 采用的是纠错码,不需要反向信道和数据缓冲区,由于纠错码使用更多的冗余位,故纠错设备比检错设备复杂。

奇偶校验码是最基本、最简单的检错码。编码规则是在信源输出的信息码后面附加一个校验元,使得码组中"1"的个数是奇数或偶数;在接收端再检测"1"的个数,根据是否与发送端原则相符判断传送中是否出现错码。特点是奇偶校验能查出传输中任意奇数个错误,但不能发现偶数个错误。因此它适合用在信道干扰不严重和码长 n 不大时,尤其适用于检测随机偶发的错误。

二维奇偶校验码分为垂直奇偶校验(又称纵向奇偶校验、字符奇偶校验)和水平奇偶校验(又称横向奇偶校验)。

垂直奇偶校验的原理是把要发送的信息码元按定长 m 比特分为若干段,每段纵向排列,对每列的信息元进行奇偶校验,得到的校验元附在每列后面,传输时按列的次序传输。如表 1.1 所示。

表 1.1　垂直奇偶校验

小组	信　　息　　元				
1	1	1	0	1	1
2	0	1	1	0	1
3	1	1	0	0	0
4	1	1	0	0	0
5	1	0	0	1	0
校验元	0	0	1	0	0

编码效率为 $m/(m+1)$。这种方式的特点是能查出垂直列上的奇数数位差错,而不能查出偶数数位差错,由于突发错出现奇数位错误码元与出现偶数位错误码元的概率各半,因此垂直奇偶校验只能查出 50%的突发性错误。

水平奇偶校验的原理是把要发送的信息码元按定长 m 比特分为若干段,然后每段纵向排列,共计 n 行,对每行的信息元进行奇偶校验,得到的校验元附在每行后面,传输时也按列的次序传输。因此编码效率为 $n/(n+1)$。如表 1.2 所示。

表 1.2 水平奇偶校验

小组	码字					
	信息元					校验元
1	1	1	0	1	1	0
2	0	1	1	0	1	1
3	1	1	0	0	0	0
4	1	1	0	0	0	0
5	1	0	0	1	0	0

因此它的优点是检错能力强，不仅能检验出水平方向上每行的奇数位错，而且还能检测出突发长度不小于 m 位的所有突发错。缺点是发送方和接收方都必须设置缓冲区，且产生检验码、检查检验码的逻辑也比较复杂。

水平垂直奇偶校验的原理是水平和垂直两个方向的奇偶校验的结合，又称纵横奇偶检验和方阵奇偶校验。编码效率是 $mn/[(m+1)(n+1)]$。如表 1.3 所示。

表 1.3 水平垂直奇偶校验

小组	码字					
	信息元					校验元
1	1	0	1	1	0	
2	0	1	1	0	1	1
3	1	1	0	0	0	0
4	1	1	0	0	0	0
5	1	0	0	1	0	0
校验元	0	0	1	0	0	1

它的特点是可检测出所有 3 位或 3 位以下的错误、水平或垂直方向上的奇数个错误、突发长度小于 m 的突发性错误以及部分偶数位错误，即它可检测出除了互相补偿的偶数位错以外的所有差错，当差错位数为 1 位时能纠正差错。

循环冗余码(Cyclic Redundancy Code，CRC)又称多项式码，是一种在计算机网络和数据通信中使用最广泛的检错码。循环冗余码原理是给定一个 k 比特的帧或信息，发送装置产生一个 n 比特校验位，称为帧校验序列 FCS，使得产生的这个由 $k+n$ 比特组成的码字可被某个预定的整数相除，然后接收装置将收到的码字除以同样的数，当没有余数时，则认为没有错误。

基本运算规则为：模 2 运算，即异或运算，加法不进位，减法不借位。定义：T 是待传输的$k+n$ 比特信息位，一般 $n<k$；M 是k 比特，T 的前k 比特，是要传送的信息位；R 是n 比特，T 的后n 比特，是要传送的检验码；P 是$n+1$ 比特特征值，这是待除以的数，即特征多项式。求冗余码的方法为：令 $M\cdot 2^n$ 除以P 的余数为R，只需证明 T 是能被P 整除的，则基本原理成立；由定义可知，$T=M\cdot 2^n+R$；由于 $M\cdot 2^n$ 除以 P 的余数为R，则有$(M\cdot 2^n)/P=Q+R/P$(Q 为商，R 为余数)，且有 $T/P=(M\cdot 2^n)/P+R/P=Q+R/P+R/P$，因为

任何二进制数加上其本身的模 2 运算为 0，则有 $T/P=Q$。因此 T 是能被 P 整除的，即 R 可用作 FCS。推理：简单地将 k 比特信息 M 左移 n 个比特（即乘以 2^n），即 $M\cdot 2^n$，除以 P 得到的余数 R 即为帧校验序列 FCS。

执行过程为：在发送端由 M 和 R 构成传输信息 T；在接收端，接收装置再将收到的 T 除以 P，如无余数，即 $T=T$，则说明无误码，再将后 n 位 FCS 检验位去掉。

生成多项式 $P(x)$，形式如下：CRC-12：$P(x)=x^{12}+x^{11}+x^3+x^2+x+1$；CRC-16：$P(x)=x^{16}+x^{15}+x^2+1$；CRC. CCITT：$P(x)=x^{16}+x^{12}+x^5+1$。CRC 码的产生过程为：① 将数据 M 变成多项式 $M(x)$。例如，M 为 111001，则 $M(x)=x^5+x^4+x^3+1$。② 将 $M(x)$ 左移 n 位，得到一个新的多项式 $x^n\cdot M(x)$。③ 用模 2 除法，将 $x^n\cdot M(x)$ 除以 $P(x)$ 得到余数 $R(x)$，与②中的码 $x^n\cdot M(x)$ 和起来得到 $T(x)$，即 $T(x)=x^n\cdot M(x)+R(x)$。④ 接收方收到 $T(x)$ 后与 $P(x)$ 相除，若余数为 0，则表示无错码，同时去掉 $T(x)$ 后 n 比特检验位。⑤ 例如：M 为 11101，$G(x)=x^4+x^3+x^2+1$，求 $T(x)$。由题意得：$G=11101M\cdot 2^4=1100000$，用 1100000 除以 11101，商 Q 为 101，余数 R 为 1001，则 $R(x)=x^3+1$；而又有 $M(x)\cdot x^4=x^6+x^5$，则 $T(x)=M(x)\cdot x^4+R(x)=x^6+x^5+x^3+1$，相应的码为 1101001。

CRC 码的特点有：① 可以检验出所有单比特错误；② 可以检验出所有双比特错误[条件为 $P(x)$ 具有三项因式]；③ 可以检验出任何奇数个差错[条件为 $P(x)$ 包含因式 $(x+1)$]；④ 可以检验出任何长度小于 FCS 长度的突发错误；⑤ 可以检验出大多数较大的突发错误。

1.3　数据通信硬件

1.3.1　传输介质

传输介质是通信网络中发送方和接收方之间的物理通路。通信介质分为有线介质和无线介质两大类。网络中常用的有线介质是双绞线、同轴电缆和光纤；常用的无线介质是无线电波、微波和红外线等。

数据传输的质量除了与传送的数据信号及收发两端的设备特性有关外，还直接与通信线路本身的机械和电气特性有关。包括：① 物理特性：指传输介质的特征。② 传输特性：指传输信号调制技术、信道容量及传输的频带范围。③ 覆盖地理范围：指在不用中继设备的情况下，无失真传输所能达到的最大距离。④ 抗干扰特性：指防止噪声对传输信息影响的能力。⑤ 价格：指线路安装、维护等费用的总和。

1. 双绞线

局域网内组网所采用的网线，使用最广泛的是双绞线（Twisted Pair，TP），双绞线是由不同颜色的 4 对 8 芯线组成，每两条按一定规则绞织在一起，成为一个芯线对。双绞线作为网络连接的传输介质，将来网络上的所有信息都需要在这样一个信道中传输，因此其作用是十分重要的，如果双绞线本身质量不好，传输速率受到限制，即使其他网络设备的性能再好，传输速度再高又有什么用呢？因为双绞线已成为整个网络传输速度的一个瓶颈。双绞线一般有屏蔽双绞线(Shielded Twisted Pair, STP)与非屏蔽双绞线(Unshielded Twisted Pair, UTP)之分,屏蔽的在电磁屏蔽性能方面比非屏蔽的要好些,但价格也要贵些。

双绞线按电气性能划分的话,可以分为:三类、四类、五类、超五类、六类、七类双绞线等类型,数字越大,也就代表着级别越高、技术越先进、带宽也越宽,当然价格也越贵了。"类"的含义是指某一类布线产品所能支持的布线等级。目前在一般局域网中常见的是五类、超五类或者六类非屏蔽双绞线。屏蔽的五类双绞线外面包有一层屏蔽用的金属膜,其抗干扰性能好些,但应用的条件比较苛刻,它的屏蔽作用只在整个电缆均有屏蔽装置并且两端正确接地的情况下才起作用。所以,要求整个系统全部是屏蔽器件,包括电缆、插座、水晶头与配线架等,同时建筑物需要有良好的地线系统。事实上,在实际施工时,很难全部完美接地,从而使屏蔽层本身成为最大的干扰源,导致性能甚至远不如非屏蔽双绞线(UTP)。所以,除非有特殊需要,通常在综合布线系统中只采用非屏蔽双绞线。

一类线:主要用于传输语音(一类标准主要用于20世纪80年代初之前的线缆),不用于数据传输。

二类线:传输频率为1 MHz,用于语音传输与最高传输速率为4 Mbit/s的数据传输,常见于使用4 Mbit/s规范令牌传递协议的旧令牌网。

三类线:指目前在ANSI与EIA/TIA568标准中指定的线缆。该线缆的传输频率为16 MHz,用于语音传输与最高传输速率为10 Mbit/s的数据传输,主要用于10BASE-T。

四类线:该类线缆的传输频率为20 MHz,用于语音传输与最高传输速率为16 Mbit/s的数据传输,主要用于基于令牌的局域网与10BASE-T/100BASE-T。

五类线:该网线的导体直径为0.5 mm,每两个双绞线分为4组,每组8根线。绝缘颜色分为蓝色、橙色、绿色、棕色、白色、蓝色、白色、橙色、白色、绿色和棕色,相邻线对之间的绞合绞距不同。超五类网线和五类网线的区别在于,超五类网线的绞距比较紧,其绞距比五类网线小,且传输速度更快。

超五类线(CAT5e):传输频率为100 MHz,主要用于百兆或千兆位以太网。具有衰减小,串扰少,并且具有更高的衰减与串扰的比值(ACR)和信噪比(Structural Return Loss),更小的时延误差,性能得到很大提升。在实际项目中,超五类线虽然也能传输千兆,但只建议短距离传输千兆使用,长距离传输千兆可能会出现不稳定的情况,这也是项目中常出现的故障,而又容易忽略的问题。

六类线(CAT6):网线线径为0.57 mm,分为4对双绞线,用十字骨架隔开。六类网线的传输频率为1~250 MHz,六类布线系统的PS. ACR在200 MHz要有较大余量,提供两倍于五类的带宽。六类布线的传输性能远高于五类线,最适合传输速率高于1 Gbit/s的应用。六类和五类之间的一个重要区别是,六类线提高了串扰和回波损耗的性能。对于新一代全双工高速网络应用,出色的回波损耗性能极其重要。

超六类或6A(CAT6A):传输频率为500 MHz,最大传输速度也可达到1000 Mbit/s,主要应用于千兆位网络中。超六类线是六类线的改进版,同样是ANSI/EIA/TIA-568B.2和ISO 6类/E级标准中规定的一种非屏蔽双绞线电缆,在串扰、衰减和信噪比等方面有较大改善。

七类线(CAT7):传输频率至少可达600 MHz,传输速率可达10 Gbit/s,它主要是为了适应万兆位以太网技术的应用和发展。该线是ISO 7类/F级标准中最新的一种屏蔽双绞线,是一种8芯屏蔽线,每对都有一个屏蔽层(一般为金属箔屏蔽,Foil Shield),然后8根芯外还有一个屏蔽层(一般为金属编织丝网屏蔽,Braided Shield),接口与RJ45相同。

双绞线发挥作用时,先要做一个正确线序的连接线,首先要对双绞线每根线的作用有个了解,如果你拿着RJ45连接头对着自己,锁扣朝上,那么从左到右各插脚的编号依次是1到8。根据TIA/EIA568规范各插脚的用途如下:1输出数据(+),2输出数据(-),3输入数据(+),4保留为使用,5保留为使用,6输入数据(-),7保留为使用,8保留为使用。

2. 光纤

1870年,英国物理学家丁达尔到皇家学会的演讲厅讲光的全反射原理,他做了一个简单的实验,在装满水的木桶上钻个孔,然后用灯从桶上边把水照亮。人们看到,放光的水从水桶的小孔里流了出来,水流弯曲,光线也跟着弯曲,光居然被弯弯曲曲的水俘获了。这些现象引起了丁达尔的注意,经过他的研究,发现这是由于全反射的作用,由于水等介质密度比周围的物质(如空气)大,即光从水中射向空气,当入射角大于某一角度时,折射光线消失,全部光线都反射回水中。从表面上看,光好像在水流中弯曲前进。

后来人们造出一种透明度很高、粗细像蜘蛛丝一样的玻璃丝——玻璃纤维,当光线以合适的角度射入玻璃纤维时,光就沿着弯弯曲曲的玻璃纤维前进。由于这种纤维能够用来传输光线,所以称为光导纤维。

光纤通信的原理是在发送端,首先要把传送的信息(如话音)变成电信号,然后调制到激光器发出的激光束上,使光的强度随电信号的幅度(频率)变化而变化,并通过光纤发送出去;在接收端,检测器收到光信号后把它变换成电信号,经解调后恢复原信息。

光纤通信是现代通信网的主要传输手段,它的发展历史只有一二十年,却已经历三代:短波长多模光纤、长波长多模光纤和长波长单模光纤。采用光纤通信是通信史上的重大变革,美、日、英、法等20多个国家已宣布不再建设电缆通信线路,而致力于发展光纤通信。我国光纤通信也已进入实用阶段。

现代通信网的三大支柱是光纤通信、卫星通信和无线电通信,而其中光纤通信是主体,这是因为光纤通信本身具有许多突出的优点:① 频带宽,通信容量大。光纤可利用的带宽可为数万GHz,1987年投入使用的1.7 Gbit/s光纤通信系统,一对光纤能同时传输24192路电话;2.4 Gbit/s系统,能同时传输30000多路电话。频带宽,对于传输各种宽频带信息具有十分重要的意义,否则,无法满足未来宽带综合业务数字网发展的需要。② 损耗低,中继距离长。目前实用石英光纤的损耗可低于0.2 dB/km,比其他任何传输介质的损耗都低,若将来采用非石英系极低损耗光纤,其理论分析损耗可下降至10^9 dB/km。由于光纤的损耗低,所以能实现中继距离长,由石英光纤组成的光纤通信系统最大中继距离可达200多千米,由非石英系极低损耗光纤组成的通信系统,其最大中继距离则可达数千甚至数万千米,这对于降低海底通信的成本,提高可靠性和稳定性具有特别的意义。③ 抗电磁干扰。光纤是绝缘体材料,它不受自然界的雷电干扰、电离层的变化和太阳黑子活动的干扰,也不受电气化铁路馈电线和高压设备等工业电器的干扰,还可用它与高压输电线平行架设或与电力导体复合构成复合光缆。④ 无串音干扰,保密性好。光波在光缆中传输,很难从光纤中泄漏出来,即使在转弯处,弯曲半径很小时,漏出的光波也十分微弱,若在光纤或光缆的表面涂上一层消光剂会效果更好,这样,即使光缆内光纤总数很多,也可实现无串音干扰,在光缆外面,也无法窃取到光纤中传输的信息。⑤ 光纤线径细、重量轻、柔软。光纤的芯径很细,约为0.1 mm,它只有单管同轴电缆的百分之一;光缆的直径也很小,8芯光缆的横截面直径约为 10 mm，而标准同轴电缆为 47 mm。利用光纤这一特点，可减小传输系统所占空间，解决地下管道拥挤的问题，节约地下管道建设投资。此外，光纤的重量轻，光缆的重量比电缆轻得多，例如 18 管同轴电缆 1 m 的重量为 11 kg，而同等容量的光缆 1 m 重只有 90 g，这对于在飞机、宇宙飞船和人造卫星上使用光纤通信更具有重要意义。并且，光纤柔软可挠，容易成束，能得到直径小的高密度光缆。⑥ 光纤的原材料资源丰富，用光纤可节约金属材料。光纤的材料主要是石英(二氧化硅)，地球上有取之不尽、用之不竭的原材料，而电缆的主要材料是铜，世界上铜的储藏量并不多，用光纤取代电缆，则可节约大量的金属材料，具有合理使用地球资源的重大意义。光纤除具有以上突出的优点外，还具有耐腐蚀力强、抗核辐射、能源消耗小等优点。

光纤通信的缺点有：① 抗拉强度低。光纤的理论抗拉强度大于钢的抗拉强度。但是，由于光纤在生产过程中表面存在或产生微裂痕，光纤受拉时应力全都加于此，从而使光纤的实际抗拉强度非常低，这就是裸光纤很容易折断的原因。② 光纤连接困难。要使光纤的连接损耗小，两根光纤的纤芯必须严格对准。由于光纤的纤芯很细，加之石英的熔点很高，因此连接很困难，需要有昂贵的专门工具。③ 光纤怕水。水进入光缆后主要会产生三个方面的问题：会增加光纤的 OH· 吸收损耗，使信道总损耗增大，甚至使通信中断；会造成光缆中的金属构件氧化，使金属构件腐蚀，导致光缆强度降低；进入光缆中的水遇冷后结冰导致体积增大，可能会压坏光纤。为了保持光纤的特性不致劣化，在光纤和光缆的结构设计、生产、运输、施工、维护中应采取针对性的防水措施。

通常光纤与光缆两个名词会被混淆。多数光纤在使用前必须由几层保护结构包覆，包覆后的缆线即被称为光缆。光纤外层的保护层和绝缘层可防止周围环境对光纤的伤害，如水、火、电击等。光缆分为：缆皮、芳纶丝、缓冲层和光纤。光纤和同轴电缆相似，只是没有网状屏蔽层。中心是光传播的玻璃芯。

光纤由纤芯、包层和涂层组成，内芯一般为几十微米或几微米，中间层称为包层，通过纤芯和包层的折射率不同，从而实现光信号在纤芯内的全反射，也就是光信号的传输，涂层的作用就是增加光纤的韧性保护光纤。

单模光纤是指在工作波长中，只能传输一个传播模式的光纤，通常简称为单模光纤(Single Mode Fiber，SMF)。目前，在有线电视和光通信中，SMF 是应用最广泛的光纤。

将光纤按工作波长以其传播可能的模式为多个模式的光纤称作多模光纤(Multi Mode Fiber，MMF)。纤芯直径约为 50 μm，由于传输模式可达几百个，与 SMF 相比传输带宽主要受模式色散支配，曾用于有线电视和通信系统的短距离传输。

光缆(Optical Fiber Cable)是为了满足光学、机械或环境的性能规范而制造的，它是利用置于包覆护套中的一根或多根光纤作为传输媒质并可以单独或成组使用的通信线缆组件。光缆主要是由光导纤维(细如头发的玻璃丝)和塑料保护套管及塑料外皮构成，光缆内没有金、银、铜、铝等金属，一般无回收价值。光缆由一定数量的光纤按照一定方式组成缆心，外包有护套，有的还包覆外护层，用以实现光信号传输的一种通信线路，即由光纤(光传输载体)经过一定的工艺而形成的线缆。光缆的基本结构一般是由缆芯、加强钢丝、填充物和护套等几部分组成，另外根据需要还有防水层、缓冲层、绝缘金属导线等构件。

光纤连接器，也就是接入光模块的光纤接头，种类较多，且相互之间不可以互用。网络工程中常用的光纤连接器有：① FC 型光纤连接器：外部加强方式是采用金属套，紧固方式为螺丝扣。一般在 ODF 侧采用(配线架上用得最多)。② SC 型光纤连接器：连接 GBIC 光模块的连接器，它的外壳呈矩形，紧固方式是采用插拔销闩式，不需旋转，在路由器交换机上用得最多。③ ST型光纤连接器：常用于光纤配线架，外壳呈圆形，紧固方式为螺丝扣。对于10 Base-F连接来说，连接器通常是ST类型，常用于光纤配线架。ST、SC连接器接头常用于一般网络。ST头插入后旋转半周有一卡口固定，缺点是容易折断；SC连接头直接插拔，使用很方便，缺点是容易掉出来；FC连接头一般为电信网络所采用，有一螺帽拧到适配器上，优点是牢靠、防灰尘，缺点是安装时间稍长。

3. 无线介质

一般说来，无线传输介质的传输特性不如有线传输介质的传输特性稳定和可靠，易受干扰，通信中使用的技术也较复杂。但无线传输介质使用时无须物理连接，对通信者来说更加方便和灵活，因此被广泛使用。对于无线传输介质，发送信号的带宽对传输性能的影响起决定性作用。因为带宽不同，允许的数据传输速率也不同，带宽越宽，数据传输速率就越高。

常用的无线传输介质包括无线电波、地面微波、卫星通信、激光、红外线等。

无线电波即电磁波，在真空中的传播速度与光速相同，大约是300000 km/s。但在铜导线或者光纤中，传播速度大约降低到光速的2/3。无线电波通过5种不同的方式进行传播：地表传播、对流层传播、电离层传播、视距传播和空间传播。无线电技术将大气层分为两层：对流层和电离层。对流层是距地面大约50 km的大气层。电离层是在对流层之上而在太空以下的大气层，它高于平常我们所说的大气层，该层充满电离的离子，电离层也是由此而得名。① 在地表传播方式中，无线电波通过地表大气层传播，紧靠地球表面。地表波沿地球表面呈曲线向各个方向传播，传播距离取决于信号的能量，能量越大，传播越远。② 对流层传播以两种方式进行电波传播，一种方式是直线传播，另一种方式是电磁波到对流层后反射回地面。第一种方式要求收发双方在视线所及的范围之内，会受到地表曲度和天线度的限制；第二种方式可以覆盖更远的距离。③ 电离层传播是在距地面50～400 km的大气层，在电离层传播方式中，更高频率的无线电波由电离层反射回地面，这种传播方式能以较低的能量传播较远的距离。④ 在视距传播方式中，甚高频电磁波可以直接从一个天线传播到另一个天线，因此，天线必须有方向性，且二者相向。⑤ 空间传播采用卫星中继来代替空间大气折射。地球站向卫星发射信号，卫星将该信号向地面广播。卫星像一个高度极高的天线，从而扩大了信号的传播范围。

无线电波的传播特性与其频率有关，每种频率的电波通过大气的特定层次传播。① 甚低频(VLF)电波以地表面波方式传播，通常通过大气，但有时也通过海水做介质。VLF波在传播中衰减不大，但是对在近地表面高度活跃的大气噪声很敏感。VLF波常用于长距离的无线导航和海底通信，其频率范围为3～30 kHz。② 低频与甚低频相似，低频(LF)电波也以地表面波形式传播，它也用于无线电导航，其频率范围为30～300 kHz。③ 中频(MF)电波通过对流层传播，这种电波易被电离层吸收，因此，其覆盖范围与保证电波从电离层反射的发射角度有关。中频电波用于无线电广播等，其频率范围为300～3000 kHz。④ 高频(HF)电波通过电离层传播，电波到达电离层后被反射回地面。HF电波用于业余无线电通信、民用无线电、国际广播、军事通信等，其频率范围为3～30 MHz。⑤ 甚高频(VHF)电波采用视距传播方式，其频率范围为30～300 MHz。VHF电波用于电视广播、调频广播、航空通信导航等。⑥ 特高频(UHF)电波总是以视距传播，其频率范围为300 MHz～3 GHz，

UHF 电波用于电视广播、移动通信、微波通信等。⑦ 超高频(SHF)电波大多采用视距传播,也有采用空间传播方式的,其频率范围为 3～30 GHz。SHF 电波用于地面微波通信、雷达、卫星通信等。⑧ 极高频(EHF)电波采用空间传播方式,其频率范围为 30～300 GHz。EHF 电波可用于雷达、卫星及实验性通信等。

微波通信是指用微波频率作载波携带信息,通过空间传播进行通信的方式。微波频率比较高,相对带宽比较宽,所以信道容量大,数据传输速率高,在无线局域网技术中得到了广泛应用。微波的频率范围通常认为是 300 MHz～300 GHz,但微波通信中应用较多的是 2～40 GHz 的频率范围,这是典型的数字微波通信系统参数。

微波的特点是直线传播。由于地球表面的曲率和障碍物,在地面上的传播距离受到了限制,因此,微波天线通常位于非常高的地方。即使如此,微波的传播距离一般也不超过 50 km。如果在地面上进行远距离传输,必须通过多次中继接力来实现。微波信号传输方向固定,双向传输需要两个不同的频率,一个用于正向传输,另一个用于反向传输,同一副天线可以收发共用。中继的作用是为了增加传输距离。一个中继站的正反方向均装有天线,且相互隔离。一副天线用于正向收发,另一副天线用于反向收发。当一副天线接收到信号时,就转换成要求的发射信号形式,用另一副天线发给下一站。

卫星信道是无线通信的一种形式,它利用卫星作为中继站,转发无线电信号,可以实现远距离、大范围的两个或多个地球站之间进行通信。在地球上设立地球站,包括陆地上、海洋中和大气层内的通信站点。地球站的作用是向通信卫星发送信号或者接收卫星转发来的信号,可分为发送地球站和接收地球站。卫星通信是在地面微波通信技术上发展起来的,卫星通信信道也是利用微波频带,所以一颗通信卫星实际上就是一个微波中继站。

地球同步卫星运行于赤道上空,距地球表面约 35786 km,与地球表面相对静止。一颗同步卫星发射的电磁波大约覆盖地球表面的 1/3,3 颗分别相隔 120°的地球同步卫星可以覆盖除南北两极地区以外的整个地球的大部分有人居住区,实现全球通信。地球同步卫星相当于一个中继站,通过卫星转发可以实现地球站之间的通信。一颗卫星可以在多个频段上工作,每个频段称为一个转发信道。卫星在一个频段上接收信号,将信号放大和再生后从另一个频段上转发出去。

卫星距地球较远,信号传输延迟时间较长,从地球到卫星或者从卫星到地球信号单程延迟时间大约是 270 ms。同时,天气对卫星信号传输也会产生影响。虽然如此,由于卫星通信覆盖地域广,通信距离远、费用与通信距离无关、通信链路频带宽、通信容量大、可靠性高、不受地理条件的限制等优点,目前已成为国际干线通信的主要手段。

激光能在真空中直接传输信号,并能在长距离内聚焦,具有高度的方向性,采用激光通信无须申请频率分配。利用激光传输信号必须配置激光收发器,安装时需要它们处在视线范围内。激光通信用于不同建筑物局域网之间的连接,可避免敷设电缆的困难,这种通信方式也称为无线光通信(FSO)。

激光通信有很好的防窃听和抗干扰能力,但易受环境的影响。激光使用方便、工作稳定而且易于安装。负责发送和接收激光信号的装置通常安装在两幢建筑物的顶部,在两幢楼之间收发信号,并使用光纤连接每一建筑物内的网路。

红外线通信使用红外线作载波传送信息,它通过收发红外线脉冲来实现信息传输,其频率范围大约是 300～200000 GHz。红外线不受电磁干扰,也不受国家无线电管理委员会的限制。但是红外线穿透非透明物体的能力极差,不能穿透墙壁。红外线一般被限制在室内和近距离传输，其有效通信距离不超过 50 m。

红外线设备相对比较便宜，无须天线。发送器和接收器可任意安装在室内或室外，但需使它们之间处于视线范围内，即发送器和接收器都彼此能看到对方，中间不能有障碍物。此外，红外线具有很强的方向性，因此很难被窃听和干扰。红外技术的成本要比激光技术低得多，且设备寿命长，同时受天气的影响也小。

红外、激光和微波都是沿直线传播，它们都需要在收发之间有一条视线通路。三者对环境气候较为敏感，例如对雨、雾、雷电等。相对来说，微波对一般雨和雾敏感度要低一些。

1.3.2 网络通信设备

1. 网卡

又称网络接口卡（Network Interface Card，NIC）或网络适配器（adapter）。根据网络种类划分为 ATM 网卡、令牌环网网卡、以太网网卡等。以太网的连接比较简单，使用和维护起来比较容易，我们日常使用的网卡都是以太网网卡。按传输速率（即其支持的带宽）分为 10 Mbit/s 网卡、100 Mbit/s 网卡、10/100 Mbit/s 自适应网卡、千兆网卡（应用于服务器等产品领域）等。

2. 调制解调器

调制解调器是一个将数字信号与模拟信号进行互相转换的网络设备。调制是把数字信号转换为模拟信号的过程。解调是把模拟信号转换为数字信号的过程。

3. 中继器

在保证信号质量的前提下，双绞线的最大传输距离为 100 m。当两台电脑之间的距离超过 100 m 时，需要安装一个“中继器”，将已经衰减得不完整的信号经过整理，重新产生出完整的信号再继续传送。

4. 集线器

集线器的英文为 hub，即中心、枢纽的意思。集线器的主要功能是对接收到的信号进行再生整形放大，以扩大网络的传输距离，同时把所有结点集中在以它为中心的结点上。

5. 交换机

英文名为 switch，也叫交换式集线器，它通过对信息进行重新生成，并经过内部处理后转发至指定端口，具备自动寻址能力和交换作用。

由于交换机根据所传递分组的目的地址，将每一分组独立地从源端口送至目的端口，避免了和其他端口发生碰撞。广义的交换机就是一种在通信系统中完成信息交换功能的设备。交换机在同一时刻可进行多个端口组之间的数据传输，并且每个端口都可视为独立的网段，相互通信的双方独自享有全部的带宽，无须同其他设备竞争使用。

6. 路由器

路由器英文名称为 router,是一种连接多个网络或网段的网络设备。路由器能将不同网络、网段或 VLAN 之间的数据信息进行“翻译”,以使它们能够相互“读”懂对方的数据,从而构成一个更大的网络。

1.4 网络拓扑结构与传输介质访问控制方式

1.4.1 网络拓扑结构汇总

网络常见的拓扑结构如图 1.12 所示。

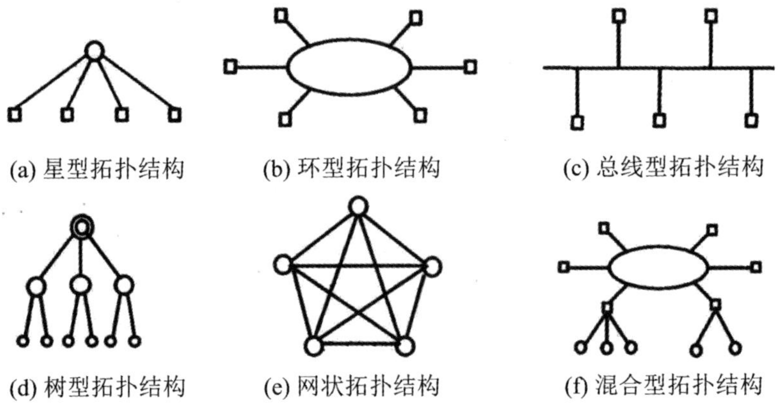

图 1.12 网络拓扑结构

星型拓扑结构是用一个节点作为中心节点,其他节点直接与中心节点相连构成的网络。中心节点可以是文件服务器,也可以是连接设备。常见的中心节点为集线器。

星型拓扑结构的网络属于集中控制型网络,整个网络由中心节点执行集中式通行控制管理,各节点间的通信都要通过中心节点。每一个要发送数据的节点都将要发送的数据发送到中心节点,再由中心节点负责将数据送到目的节点。因此,中心节点相当复杂,而各个节点的通信处理负担都很小,只需要满足链路的简单通信要求。

优点为:① 控制简单。任何一站点只和中央节点相连接,因而介质访问控制方法简单,致使访问协议也十分简单,易于网络监控和管理。② 故障诊断和隔离容易。中央节点对连接线路可以逐一隔离进行故障检测和定位,单个连接点的故障只影响一个设备,不会影响全网。③ 方便服务。中央节点可以方便地对各个站点提供服务和网络重新配置。缺点为:① 需要耗费大量的电缆,安装、维护的工作量也骤增。② 中央节点负担重,形成“瓶颈”,一旦发生故障,则全网受影响。③ 各站点的分布处理能力较低。

总的来说,星型拓扑结构相对简单,便于管理,建网容易,是目前局域网普遍采用的一种拓扑结构。采用星型拓扑结构的局域网,一般使用双绞线或光纤作为传输介质,符合综合布线标准，能够满足多种宽带需求。

尽管物理星型拓扑的实施费用高于物理总线拓扑，然而星型拓扑的优势却使其物超所值。每台设备通过各自的线缆连接到中心设备，因此某根电缆出现问题时只会影响到那一台设备，而网络的其他组件依然可以正常运行。这个优点极其重要，这也正是所有新设计的以太网都采用物理星型拓扑的原因所在。

如果星型网络扩展到包含与主网络设备相连的其他网络设备，这种拓扑就称为扩展星型拓扑。纯扩展星型拓扑的问题是：如果中心点出现故障，网络的大部分组件就会被断开。

环型拓扑结构由网络中若干节点通过点到点的链路首尾相连形成一个闭合的环，这种结构使公共传输电缆组成环型连接，数据在环路中沿着一个方向在各个节点间传输，信息从一个节点传到另一个节点。

这种结构的网络形式主要应用于令牌网中，在这种网络结构中各设备是直接通过电缆来串接的，最后形成一个闭环，整个网络发送的信息就是在这个环中传递，通常把这类网络称为“令牌环网”。

实际上大多数情况下这种拓扑结构的网络不会是所有计算机真的要连接成物理上的环型，一般情况下，环的两端是通过一个阻抗匹配器来实现环的封闭的，因为在实际组网过程中因地理位置的限制不方便真的做到环的两端物理连接。

环型拓扑结构的网络主要有如下特点：① 这种网络结构一般仅适用于IEEE802.5的令牌网(Token Ring Network)，在这种网络中，“令牌”是在环型连接中依次传递的，所用的传输介质一般是同轴电缆。② 这种网络实现也非常简单，投资最小。可以从其网络结构示意图中看出，组成这个网络除了各工作站就是传输介质、同轴电缆，以及一些连接器材，没有价格昂贵的节点集中设备，如集线器和交换机。但也正因为这样，这种网络所能实现的功能最为简单，仅能当作一般的文件服务模式。③ 传输速度较快。在令牌网中允许有16 Mbit/s的传输速度，它比普通的10 Mbit/s以太网要快许多。随着以太网的广泛应用和以太网技术的发展，以太网的速度也得到了极大提高，目前普遍都能提供100 Mbit/s的网速，远比16 Mbit/s要高。④ 维护困难。从其网络结构可以看到，整个网络各节点间是直接串联的，这样任何一个节点出了故障都会造成整个网络的中断、瘫痪，维护起来非常不便。此外，因为同轴电缆所采用的是插针式的接触方式，所以容易造成接触不良、网络中断，而且这样查找起来非常困难，这一点相信维护过这种网络的人都会深有体会。⑤ 扩展性能差。正是因为它的环型结构，决定了其扩展性能远不如星型结构好，如果要新添加或移动节点，就必须中断整个网络，在环的两端做好连接器才能连接。

总线型拓扑结构是指各工作站和服务器均挂在一条总线上，各工作站地位平等，无中心节点控制，公用总线上的信息多以基带形式串行传递，其传递方向总是从发送信息的节点开始向两端扩散，如同广播电台发射的信息一样，因此又称广播式计算机网络。各节点在接受信息时都进行地址检查，看是否与自己的工作站地址相符，相符则接收网上的信息。

这种结构具有以下几个方面的特点：① 组网费用低，从示意图可知这样的结构根本不需要另外的互联设备，是直接通过一条总线进行连接，所以组网费用较低。② 这种网络因为各节点是共用总线带宽的，所以传输速度会随着接入网络的用户的增多而下降。③ 网络用户扩展较灵活。需要扩展用户时只需要添加一个接线器即可，但所能连接的用户数量有限。④ 维护较容易。单个节点失效不影响整个网络的正常通信。但是如果总线一断，则整个网络或者相应主干网段就断了。⑤ 这种网络拓扑结构的缺点是一次仅能一个端用户发送数据，其他端用户必须等待到获得发送权。

树型拓扑结构是分级的集中控制式网络，与星型结构相比，它的通信线路总长度短，成本较低，节点易于扩充，寻找路径比较方便，但除了叶节点及其相连的线路外，任一节点或其相连的线路故障都会使系统受到影响。

优点有：① 易于扩充。树型结构可以延伸出很多分支和子分支，这些新节点和新分支都能容易地加入网内。② 故障隔离较容易。如果某一分支的节点或线路发生故障，很容易将故障分支与整个系统隔离开来。缺点是各个节点对根节点的依赖性太大。如果根发生故障，则全网不能正常工作。

在网状拓扑结构中，网络的每台设备之间均有点到点的链路连接，这种连接不经济，只有每个站点都要频繁发送信息时才使用这种方法。它的安装也复杂，但系统可靠性高，容错能力强，有时也称为分布式结构。

网状拓扑的优点有：① 网络可靠性高，一般通信子网中任意两个节点交换机之间，存在着两条或两条以上的通信路径，这样，当一条路径发生故障时，还可以通过另一条路径把信息送至节点交换机。② 网络可组建成各种形状，采用多种通信信道，多种传输速率。③ 网内节点共享资源容易。④ 可改善线路的信息流量分配。⑤ 可选择最佳路径，传输延迟小。缺点有：① 控制复杂，软件复杂。② 线路费用高，不易扩充。网状拓扑结构一般用于 Internet 骨干网上，使用路由算法来计算发送数据的最佳路径。

1.4.2 传输介质访问控制

介质访问控制（Medium Access Control，MAC）是用于解决当局域网中共用信道的使用产生竞争时，如何分配信道的使用权问题。

数据链路层位于 IOS 参考模型的第二层，是在物理层提供的服务的基础上，向网络层提供服务。其中，数据链路层最基本的服务就是将源机网络层获取的数据可靠地传输到位于相邻节点的目标机网络层中去。其主要功能有：一是如何将数据组合成数据块，在数据链路层中称这种数据块为帧（frame），帧是数据链路层的传送单位；二是如何控制帧在物理信道上的传输，包括如何处理传输差错，如何调节发送速率，使之与接收方相匹配；三是在两个网络实体之间提供数据链路通路的建立、维持和释放的管理。而介质访问控制 MAC 就是局域网的数据链路层的一个子层，位于链路层的下层。

局域网中目前广泛采用的两种介质访问控制方法，用于不同的拓扑结构，分别是争用型介质访问控制，又称随机型的介质访问控制协议，如 CSMA/CD 方式；确定型介质访问控制，又称有序的访问控制协议，如令牌（token）方式。接下来就介绍介质访问控制协议。

1. CSMA/CD

CSMA/CD（Carrier Sense Multiple Access/Collision Detect）即载波监听多路访问/冲突检测机制，是争用型介质访问控制协议。最早的 CSMA 方法起源于美国夏威夷大学的 ALOHA 广播分组网络，1980 年美国 DEC、Intel 和 Xerox 公司联合宣布以太网采用 CSMA 技术。

在 CSMA 中，由于信道传播随机时延的存在，即使通信双方的站点都没有侦听到载波信号，在传送数据时仍可能会发生碰撞冲突。因为它们可能会在检测到介质空闲时同时发送数据，致使冲突发生。尽管CSMA可以发现冲突，但它并没有先知的冲突检测和阻止功能，致使冲突发生频繁。因此，在CSMA访问协议的基础上添加了预先碰撞检测功能，形成了现在应用广泛的CSMA/CD。

CSMA/CD这种访问适用于总线型和树型拓扑结构，主要目的是提供寻址和媒体存取的控制方式，使得不同设备或网络上的节点可以在多点的网络上通信而不相互冲突。其工作原理是：发送数据前，先侦听信道是否空闲。若空闲，则立即发送数据。若信道忙碌，则等待一段时间，至信道中的信息传输结束后再发送数据。若在上一段信息发送结束后，同时有两个或两个以上的节点都提出发送请求，则判定为冲突。若侦听到冲突，则立即停止发送数据，等待一段随机时间，再重新尝试发送。

CSMA/CD控制方式的优点是原理比较简单、技术上易实现，网络中各工作站处于平等地位，不需集中控制、不提供优先级控制。但在网络负载增大时，发送时间将增长，发送效率会急剧下降。

2. Token Ring

令牌（token）访问控制方法可分为令牌环（Token Ring）访问控制和令牌总线（Token Bus）访问控制两类。目前已较少采用令牌总线访问控制。

令牌环是一种LAN协议，定义在IEEE 802.5中。它是一种以环形网络拓扑结构为基础发展起来的局域网，因此也仅适用于环形拓扑结构的局域网。除了原本的环型方式以外，令牌环在物理组成上也可以是星型结构连接，但在逻辑上仍然以环的方式进行工作。其中所有的工作站都连接到一个环上，每个工作站只能同直接相邻的工作站传输数据。通过围绕环的令牌信息授予工作站传输权限。

令牌环的工作原理如下：当无信息在环上传送时，令牌处于“空”状态，它沿环从一个工作站到另一个工作站不停地进行传递。当某一工作站准备发送信息时，就必须等待，直到检测并捕获到经过该站的令牌为止。然后将令牌的控制标志从“空”状态变为“忙”状态，并发送出一帧信息。其他的工作站随时检测经过本站的帧，当发送的帧目的地址与本站地址相符时，就接收该帧，待复制完毕再转发此帧，直到该帧沿环一周返回发送站，并收到接收站指向发送站的肯定应答信息时，才将发送的帧信息进行清除，并使令牌标志又处于“空”状态，继续插入环中。

当另一个新的工作站需要发送数据时，按前述过程，检测到令牌，修改状态，把信息装配成帧，进行新一轮的发送。其中，令牌指的是包含控制信息的帧，用于控制网络站点接收传递数据的权限。如果环上的某个工作站收到令牌并且有信息发送，它就改变令牌中的一位（该操作将令牌变成一个帧开始序列），添加传输的信息，然后将整个信息发往环中的下一工作站。当这个信息帧在环上传输时，网络中没有令牌，这就意味着其他工作站想传输数据就必须等待。因此在令牌环网络中不会发生传输冲突。

令牌环介质访问控制在传送数据时会由掌握令牌的电脑先发送数据。接收数据的电脑会检查帧表头，若是送给自己的则给予处理。无论是否是送给自己的，都会再传下去，传一圈后检查资料是否相同以确定资料没有传输错误。送完数据后仍需要调整令牌的优先度（改得比自己的优先度低），再把令牌传递到下一台电脑。若接收到令牌但优先度较自己的高，则要把令牌传递到下一台电脑。

令牌环控制方式的优点是它能提供优先权服务，有很强的实时性，在重负载环路中，令牌以循环方式工作,效率较高。其缺点是控制电路较复杂,需要维护令牌,一旦失去令牌就无法工作,需要选择专门的节点监视和管理令牌。

3. Token Bus

Token Bus 即令牌总线,是一个通过使用令牌接入到一个总线拓扑的局域网架构。它的访问控制方式类似于令牌环,同样是一种利用令牌,在总线拓扑结构中作为控制节点访问公共传输介质的确定型介质访问控制方法。在采用令牌总线方法的局域网中,任何一个节点只有在取得令牌后才能使用共享总线去发送数据。但是,令牌总线是把总线型或树型网络中的各个工作站按一定顺序,如按接口地址大小,排列形成一个逻辑环。只有令牌持有者才能控制总线,才有发送信息的权力。信息是双向传送,每个站都可检测到其他站点发出的信息。在令牌传递时,都要加上目的地址,所以只有检测到并得到令牌的工作站,才能发送信息,它不同于 CSMA/CD 方式,可在总线和树型结构中避免冲突。

这种控制方式的优点是各工作站对介质的共享权力是均等的,可以设置优先级,也可以不设;有较好的吞吐能力,吞吐量随数据传输速率增高而加大,联网距离较 CSMA/CD 方式大。缺点是控制电路较复杂、成本高;轻负载时,线路传输效率低。

第 2 章　工业控制网络主流通信协议

2.1　Modbus 协议简介

Modbus 是一种串行通信协议，是原 Modicon 公司[现在的施耐德电气(Schneider Electric)]于 1979 年为使用可编程逻辑控制器(PLC)通信而发表的。目前 Modbus 已经成为工业领域通信协议的业界标准，以及工业电子设备之间常用的连接方式。

Modbus 协议属于应用层的报文传输协议。Modbus 协议本身是个比较泛的说法，它有三种类型，分别是 Modbus ASCII、Modbus RTU、Modbus TCP/IP，三者的协议并不相同，但有类似的地方。如图 2.1 所示。

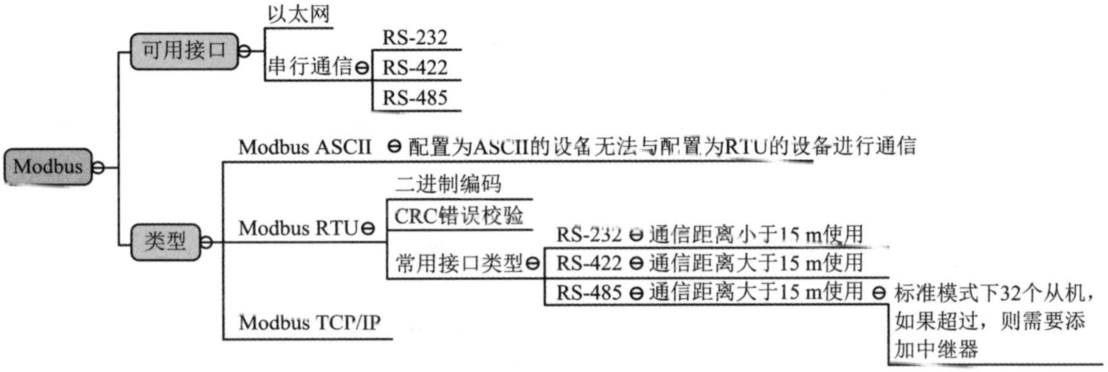

图 2.1　Modbus 类型及接口

Modbus 数据模型是对可访问数据的一种抽象，Modbus 协议的数据模型定义了四种可访问的数据，如表 2.1 所示。

表 2.1　Modbus 协议定义的数据模型

区　　块	访问长度	访问方式	说　　明
线圈	位(bit)	读写	可通过应用程序改写
离散量输入	位(bit)	只读	数据由 IO 系统提供
输入寄存器	字(word)	只读	数据由 IO 系统提供
保持寄存器	字(word)	读写	可通过应用程序改写

既然数据模型是一种抽象，在实际使用时必须将其映射到真实的物理存储区才能被访问。Modbus 协议允许设备将四种数据分别映射到不同的存储区块中，各个区块之间相互独

立，使用不同的功能码可读取到不同的数值。Modbus 协议也允许设备将四种数据映射到同一存储区块中，这样通过不同的功能码读取数据可能会得到相同的数据，例如输入寄存器和保持寄存器为同一物理区块。

1. 线圈

因为 Modbus 最初是为 PLC 服务的，所以线圈是与 PLC 相关的术语，实际上可以类比为开关量（继电器状态），每一个 bit 对应一个信号的开关状态，要么是 1，要么是 0；所以一个 byte 就可以同时控制 8 路的信号。例如控制外部 8 路 IO 的高低。线圈寄存器支持读也支持写，写在功能码里面又分为写单个线圈和写多个线圈。

2. 离散输入

离散输入寄存器相当于线圈的只读模式，每个 bit 表示一个开关量，但只能读取输入的开关信号，不能够写。例如读取外部按键的按下或是松开。

3. 保存寄存器

保存寄存器的单位不再是 bit 而是两个 byte，可以存放具体的数据量，并且是可读写的。一般对应参数设置，例如设置时间的年月日，不但可以写也可以读出来现在的时间。写也分为单个写和多个写。

4. 输入寄存器

输入寄存器和保存寄存器类似，但它是只支持读而不能写，一般是读取各种实时数据。一个寄存器也是占据两个 byte 的空间。类比通过读取输入寄存器获取现在的 AD 采集值。

Modbus 地址模型，也就是真实的物理存储区，存储区范围分为 5 位和 6 位，对应标准地址和扩展地址；如果使用的是 5 位标准地址，则 4 种存储区分别用 5 位地址中的首位来区分。有些设备是 6 位的地址，编址方法跟 5 位的类似，只不过地址最大只能到 65536。

当通信命令由发送设备（主机）发送至接收设备（从机）时，符合相应地址码的从机接收通信命令，并根据功能码及相关要求读取信息，如果 CRC 校验无误，则执行相应的任务，然后把执行结果（数据）返送给主机。返回的信息中包括地址码、功能码、执行后的数据以及 CRC 校验码。如果 CRC 校验出错就不返回任何信息。

5. Modbus RTU 报文格式

从机地址（设备编号）+ 功能码 + 数据 + 校验，只要是 Modbus 协议，都遵循这样的报文格式，其中数据是个泛指，还分为读取和回应两种不同的数据。其信息帧如表 2.2 所示。

表 2.2 Modbus RTU 的信息帧

地址码	功能码	数据区	错误校验码
8 位	8 位	Nx8 位	16 位

对于读单个或多个线圈（开关量），例如，主机要读取地址为 01，开关量 DO1、DO2 的输出状态。从机数据寄存器的地址和数据如表 2.3 所示。

表 2.3　从机数据所在地址

起始位地址	D0 寄存器数据(16 进制)	备　注
0000	2(0000 0010)	DO2 输出状态为 1,DO1 输出状态为 0

主机发送的报文格式,如表 2.4 所示。

表 2.4　主机发送报文格式

主机发送	字节数	发送的信息	备　注
从机地址	1	01	发送至地址为 01 的从机
功能码	1	01	读开关量输出状态
起始地址	2	0000	起始位地址为 0000
读数据长度	2	0002	读取两个开关量状态
CRC 码	2	BDCB	由主机计算得到 CRC 码

从机响应返回的报文格式,如表 2.5 所示。

表 2.5　从机响应报文

从机响应	字节数	返回的信息	备　注
从机地址	1	01	来自从机 01
功能码	1	01	读开关量输出状态
数据长度	1	01	1 个字节(8 个 bit 位)
D0 状态数据	1	02(00000010)	D0 寄存器内容

注意:在主机发送的报文数据中,寄存器的起始地址是相对地址,例如 002C 是相对 40001 来说的,00001、10001 是绝对地址;通过相对地址算出绝对地址要先确定数据模型的地址;如果读保持寄存器,起始地址是 006B(0000 0000 0110 1011),则 006B 是 107,对应的地址就是 40108;如果是输入寄存器,起始地址也是 006B,则对应的地址就是 30108。

485 通信中的一个串行端口能控制多少台设备的问题,由 485 网络中的电特性和协议特性决定。电特性是为了保证 485 网络中的特征阻抗在允许范围内,即 120 Ω 左右,因为连接的设备越多特征阻抗越小,所以在 485 网络中一般是 120 Ω 的终端,同时保证信号的衰减在允许的范围内。因此,有长距离传输和中继的情况。协议特性是在 485 网络上传输的协议支持的地址范围,Modbus 应该是 32 个,能连接 31 个设备。

RS-485 连接采用菊花链方式连接,而不能采用星型网络拓扑,如图 2.2 所示。

图 2.2　RS-485 菊花链连接

2.1.1 Modbus TCP 通信协议

1996 年施耐德公司推出基于以太网 TCP/IP 的 Modbus 协议——Modbus TCP。简单地理解一下该协议的内容，就是去掉了 Modbus 协议本身的 CRC 校验，增加了 MBAP 报文头。

Modbus TCP 的数据帧可分为两部分：报文头（MBAP）+ 帧结构（PDU，包括功能码与数据）。MBAP 报文头的长度为 7 字节，格式如表 2.6 所示。

表 2.6 报文头格式

域	长 度	描 述	客户机	服务器
事务元标识符	2 byte	Modbus 请求/响应事务处理的识别码	启动	服务器从接收的
协议标识符	2 byte	0 = Modbus 协议	启动	服务器从接收的请求中重新复制
长度	2 byte	以下字节的数量	启动	服务器（响应）
单元标识符	1 byte	串行链路或其他总线上连接的远程从站的识别码	启动	服务器从接收的请求中重新复制

1. 事务处理标识

可以理解为报文的序列号，一般每次通信之后就要加 1 以区别不同的通信数据报文。

2. 协议标识符

Modbus 协议标识符为 0x00，0x00。

3. 长度

表示接下来的数据长度，单位为字节。

4. 单元标识符

可以理解为设备地址。分配串行链路上 Modbus 从站设备地址为 1～247（10 进制），地址 0 作为广播地址。对于 TCP/IP 来说，利用 IP 地址寻址 Modbus 服务器，因此 Modbus 单元标识符是无用的，必须使用值 0xFF。

① Modbus 请求的生成。收到来自用户应用的需求后，客户端必须生成一个 Modbus 请求，并发送到 TCP 管理。表 2.7 显示的是 Modbus 请求 ADU 编码。

表 2.7　Modbus 请求编码

类　　型	描　　述	字节大小	实　例
MBAP 报文头	事务处理标识符 Hi	1	0x15
.	事务处理标识符 Lo	1	0x01
.	协议标识符	2	0x0000
.	长度	2	0x0006
.	单元标识符	1	0xFF
Modbus 请求	功能码	1	0x03
.	起始地址	2	0x0005
.	寄存器数量	2	0x0001

② Modbus 响应的生成。一旦处理请求，Modbus 服务器必须使用适当的事务处理生成一个响应，并且必须将响应发送到 TCP 管理组件。

根据处理结果，可以生成两类响应。一是肯定的 Modbus 响应，响应功能码 = 请求功能码；二是 Modbus 异常响应，目的是为客户机提供与处理过程检测到的错误相关的信息。响应功能码 = 请求功能码 + 0x80，提供异常码来表明出错的原因。

5. 帧结构 PDU

PDU 由功能码 + 数据组成。功能码为 1 字节，数据长度不定，由具体功能决定。Modbus 的操作对象有四种：线圈、离散输入、输入寄存器、保持寄存器。

根据对象的不同，Modbus 的功能码如表 2.8 所示。

表 2.8　Modbus 功能码说明

代码	中文名称	英　　文　　名	位/字操作	操作数量
0x01	读线圈状态	READ COIL STATUS	位操作	单个或多个
0x02	读离散输入状态	READ INPUT STATUS	位操作	单个或多个
0x03	读保持寄存器	READ HOLDING REGISTER	字操作	单个或多个
0x04	读输入寄存器	READ INPUT REGISTER	字操作	单个或多个
0x05	写线圈状态	WRITE SINGLE COIL	位操作	单个
0x06	写单个保持寄存器	WRITE SINGLE REGISTER	字操作	单个
0x0F	写多个线圈	WRITE MULTIPLE COIL	位操作	多个
0x10	写多个保持寄存器	WRITE MULTIPLE REGISTER	字操作	多个

(1) 0x01：读线圈

从站中读 1～2000 个连续线圈状态，ON = 1，OFF = 0。

请求：MBAP(7 byte) 功能码(1 byte) 起始地址 H(1 byte) 起始地址 L(1 byte) 数量 H 数量 L(2 byte)(共 12 字节)；

响应：MBAP 功能码数据长度数据(一个地址的数据为 1 位)；

例如，在从站 0x01 中，读取开始地址为 0x0002 的线圈数据，读 0x0008 位：00 01 00 00

00 06 01 01 00 02 00 08；

回：数据长度为 0x01 个字节，数据为 0x01，第一个线圈为 ON，其余为 OFF 00 01 00 00 00 04 01 01 01 01。

(2) 0x05：写单个线圈

将从站中的一个输出写成 ON 或 OFF，0xFF00 请求输出为 ON，0x0000 请求输出为 OFF，请求：MBAP 功能码 输出地址 H 输出地址 L 输出值 H 输出值 L(共 12 字节)；

响应：MBAP 功能码 输出地址 H 输出地址 L 输出值 H 输出值 L(共 12 字节)；

如：将地址为 0x0003 的线圈设为 ON，00 01 00 00 00 06 01 05 00 03 FF 00；

回：写入成功，00 01 00 00 00 06 01 05 00 03 FF 00。

(3) 0x0F：写多个线圈

将一个从站中的线圈序列的每个线圈都强制为 ON 或 OFF，数据域中置 1 的位请求相应输出位 ON，置 0 的位请求响应输出为 OFF；

请求：MBAP 功能码 起始地址 H 起始地址 L 输出数量 H 输出数量 L 字节长度 输出值 H 输出值 L；

响应：MBAP 功能码 起始地址 H 起始地址 L 输出数量 H 输出数量 L。

(4) 0x02：读离散量输入

从一个从站中读 1～2000 个连续的离散量输入状态；

请求：MBAP 功能码 起始地址 H 起始地址 L 数量 H 数量 L(共 12 字节)；

响应：MBAP 功能码 数据长度 数据；

如：从地址 0x0000 开始读 0x0012 个离散量输入 00 01 00 00 00 06 01 02 00 00 00 12；

回：数据长度为 0x03 个字节，数据为 0x01 04 00，表示第一个离散量输入和第 11 个离散量输入为 ON，其余为 OFF；00 01 00 00 00 06 01 02 03 01 04 00。

(5) 0x04：读输入寄存器

从一个远程设备中读 1～2000 个连续输入寄存器；

请求：MBAP 功能码 起始地址 H 起始地址 L 寄存器数量 H 寄存器数量 L(共 12 字节)；

响应：MBAP 功能码 数据长度 寄存器数据

如：读起始地址为 0x0002，数量为 0x0005 的寄存器数据 00 01 00 00 00 06 01 04 00 02 00 05；

回：数据长度为 0x0A，第一个寄存器的数据为 0x0c，其余为 0x00，00 01 00 00 00 0D 01 04 0A 00 0C 00 00 00 00 00 00 00 00。

(6) 0x03：读保持寄存器

从远程设备中读保持寄存器连续块的内容；

请求：MBAP 功能码 起始地址 H 起始地址 L 寄存器数量 H 寄存器数量 L(共 12 字节)；

响应：MBAP 功能码 数据长度 寄存器数据；

如：起始地址是 0x0000，寄存器数量是 0x0003：00 01 00 00 00 06 01 03 00 00 00 03；

回：数据长度为 0x06，第一个寄存器的数据为 0x21，其余为 0x00：00 01 00 00 00 09 01 03 06 00 21 00 00 00 00

(7) 0x06：写单个保持寄存器

在一个远程设备中写一个保持寄存器；

请求:MBAP 功能码 寄存器地址 H 寄存器地址 L 寄存器值 H 寄存器值 L(共 12 字节);

响应:MBAP 功能码 寄存器地址 H 寄存器地址 L 寄存器值 H 寄存器值 L(共 12 字节);

Modbus TCP 通信方式,Modbus 设备可分为主站(poll)和从站(slave)。主站只有 1 个,从站有多个,主站向各从站发送请求帧,从站给予响应。在使用 TCP 通信时,主站为 client 端,主动建立连接;从站为 server 端,等待连接。

互联网编号分配管理机构(Internet Assigned Numbers Authority,IANA)给 Modbus 协议赋予 TCP 端口号为 502,这是目前在仪表与自动化行业中唯一分配到的端口号。

2.2　OPC 协议

OPC 的含义是用于过程控制的 OLE,即 OLE for Process Control。OLE 或对象链接和嵌入是 Windows 的基本早期构建块,允许应用程序在它们之间共享复杂的信息。官方 OPC 基金会给出的含义是 Open Platform Communications,即开放平台通信。无论它的定义是什么,其目标都不变,即消除自动化软件和硬件平台之间互操作性的障碍,为用户提供选择。

OPC 是一种通信规范,由 OPC 基金会组织规定。按照这个规范写的程序,包括一个 OPC 服务器程序和一个 OPC 客户端程序,只要是按规范写的,就能保证 OPC 服务器能被 OPC 客户端访问。OPC 服务器向下可以读取设备的数据,如 PLC、DCS 等,然后 OPC 服务器程序把这些读到的数据按规范要求开放在网络上,其他任意 OPC 客户端程序可以远程浏览这些数据,并按需要选择读取这些数据。

OPC 服务器中的代码确定了服务器所存取的设备和数据、数据项的命名规则和服务器存取数据的细节,不管现场设备以何种形式存在,客户都以统一的方式去访问,从而保证软件对客户的透明性,使得用户完全从低层的开发中脱离出来。客户应用程序仅需使用标准接口和服务器通信,而并不需要知道底层的实现细节。通过 OPC 服务器,OPC 客户既可以直接读写物理 IO 设备的数据,也可操作 SCADA、DCS 等系统的端口变量(只要该系统提供 OPC 服务)。

现在的 OLE 包容了许多新的特征,如统一数据传输、结构化存储和自动化,已经成为独立于计算机语言、操作系统甚至硬件平台的一种规范,是面向对象程序设计概念的进一步推广。OPC 建立在 OLE 规范之上,它为工业控制领域提供了一种标准的数据访问机制。

工业控制领域用到大量的现场设备,在 OPC 出现以前,软件开发商需要开发大量的驱动程序来连接这些设备。即使硬件供应商只是在硬件上做了一些小小改动,应用程序就可能需要重写;同时,由于不同设备甚至同一设备不同单元的驱动程序也有可能不同,软件开发商很难同时对这些设备进行访问以优化操作。硬件供应商也在尝试解决这个问题,然而由于不同客户有着不同的需要,同时也存在着不同的数据传输协议,因此也一直没有完整的解决方案。

自 OPC 提出以后,这个问题终于得到解决。OPC 规范包括 OPC 服务器和 OPC 客户两部分,其实质是在硬件供应商和软件开发商之间建立一套完整的“规则”,只要遵循这套规则,数据交互对两者来说都是透明的,硬件供应商无须考虑应用程序的多种需求和传输协议，软件开发商也无须了解硬件的实质和操作过程。OPC的优越性是显而易见的：硬件供应商只需提供一套符合OPC Server规范的程序组，无须考虑工程人员需求；软件开发商无须重写大量的设备驱动程序；工程人员在设备选型上有了更多的选择。OPC还扩展了设备的概念。只要符合OPC服务器的规范，OPC客户都可与之进行数据交互，而无须了解设备究竟是PLC还是仪表，甚至在数据库系统上建立了OPC规范后，OPC客户也可与之方便地实现数据交互。

现有的OPC规范涉及如下领域：① 在线数据监测。实现了应用程序和工业控制设备之间高效、灵活的数据读写。② 报警和事件处理。提供了OPC服务器发生异常时，以及OPC服务器设定事件到来时向OPC客户发送通知的一种机制。③ 历史数据访问。实现了读取、操作、编辑历史数据库的方法。④ 远程数据访问。借助Microsoft的DCOM技术，OPC实现了高性能的远程数据访问能力。OPC近期将实现的功能还包括安全性、批处理、历史报警事件数据访问等。

OPC服务器由三类对象组成：服务器（server）、组（group）、数据项（item）。服务器对象（Server）拥有服务器的所有信息，同时也是组对象（group）的容器。组对象拥有本组的所有信息，同时包容并逻辑组织OPC数据项。OPC组对象提供了客户组织数据的一种方法。客户可对之进行读写，还可设置客户端的数据更新速率。当服务器缓冲区内数据发生改变时，OPC将向客户发出通知，客户得到通知后再进行必要的处理，而无须浪费大量的时间进行查询。OPC规范定义了两种组对象：公共组和局部组（私有组）。公共组由多个客户共有，局部组只隶属于一个OPC客户。一般说来，客户和服务器的一对连接只需要定义一个组对象。在每个组对象中，客户可以加入多个OPC数据项（item）。OPC数据项是服务器端定义的对象，通常指向设备的一个寄存器单元。OPC客户对设备寄存器的操作都是通过其数据项来完成的，通过定义数据项，OPC规范尽可能地隐藏了设备的特殊信息，也使OPC服务器的通用性大大增强。OPC数据项并不提供对外接口，客户不能直接对之进行操作，所有操作都是通过组对象进行的。

客户操作数据项的一般步骤为：通过服务器对象接口枚举服务器端定义的所有数据项，如果客户对服务器所定义的数据项非常熟悉，此步可以忽略。将要操作的数据项加入客户定义的组对象中，通过组对象对数据项进行读写等操作。每个数据项的数据结构包括三个成员变量，即数据值、数据质量和时间戳。数据值是以VARIANT形式表示的。应当注意，数据项表示同数据源的连接而不等同于数据源，无论客户是否定义数据项，数据源都是客观存在的。可以把数据项看作数据源的地址，即数据源的引用，而不应看作数据源本身。

报警和事件处理机制增强了OPC客户处理异常的能力。服务器在工作过程中可能出现异常，此时，OPC客户可通过报警和事件处理接口得到通知，并能通过该接口获得服务器的当前状态。在很多场合，报警（alarm）和事件（event）的含义并不加以区分，两者也经常互换使用。从严格意义上讲，两者含义略有差别。依据OPC规范，报警是一种异常状态，是OPC服务器或服务器的一个对象可能出现的所有状态中的一种特殊情况。例如，服务器上标记为FC101的一个单元可能有如下状态：高出警戒、严重高出警戒、正常、低于警戒、严重低于警戒。除了正常状态外，其他状态都视为报警状态。事件则是一种可以检测到的出现的情况，这种情况或来自OPC客户，或来自OPC服务器，也可能来自OPC服务器所代表的设备，通常都有一定的物理意义。事件可能与服务器或服务器的一个对象的状态有关，也可能毫无关系。如高出警戒和正常状态的转换事件和服务器的某个对象的状态有关，而对于操作设备而言，改变系统配置以及出现系统错误等事件和对象状态就无任何关系。

OPC 体系结构 OPC 规范提供了两套接口方案，即 COM 接口和自动化。COM 接口效率高，通过该接口，客户能够发挥 OPC 服务器的最佳性能，采用 C++ 语言的客户一般采用 COM 接口方案；自动化接口使解释性语言和宏语言访问 OPC 服务器成为可能，采用 VB 语言的客户一般采用自动化接口。自动化接口使解释性语言和宏语言编写客户应用程序变得简单，然而自动化客户运行时需进行类型检查，这一点则大大牺牲了程序的运行速度。OPC 服务器必须实现 COM 接口，是否实现自动化接口则取决于供应商的主观意愿。

服务器缓冲区数据和设备数据 OPC 服务器本身就是一个可执行程序，该程序以设定的速率不断地同物理设备进行数据交互。服务器内有一个数据缓冲区，其中存有最新的数据值、数据质量戳和时间戳。时间戳表明服务器最近一次从设备读取数据的时间。服务器对设备寄存器的读取是不断进行的，时间戳也在不断更新，即使数据值和质量戳都没有发生变化，时间戳也会进行更新。客户既可从服务器缓冲区读取数据，也可直接从设备读取数据。从设备直接读取数据速度会慢一些，一般只有在故障诊断或极特殊的情况下才会采用。

OPC 客户和 OPC 服务器进行数据交互可以有两种不同方式，即同步方式和异步方式。同步方式实现较为简单，当客户数目较少而且同服务器交互的数据量也比较少的时候可以采用这种方式；异步方式实现较为复杂，需要在客户程序中实现服务器回调函数。然而当有大量客户和大量数据交互时，异步方式能提供高效的性能，尽量避免阻塞客户数据请求，并最大可能地节省 CPU 和网络资源。

通过 OPC 协议，各种设备和系统可以实现无缝连接，同时实现数据的实时采集、传输和监控。工程师们可以通过 OPC 接口获取设备的实时数据，并进行分析和调整，极大地提高了生产效率和产品质量。

基于 OPC 协议，设备的状态、故障和性能等信息可以被及时获取，以便进行预测性维护和远程诊断。这种设备的管理模式不仅降低了维护成本，还提供了更加智能化和高效的生产环境。

2.3　PROFINET 通信协议

PROFINET 是由 PI（PROFIBUS International）推出的一种开放式的工业以太网标准，主要用于工业自动化和过程控制领域，符合 IEEE 802.3 规范下的内容，具备自动协商、自动交叉的功能。

它是一种基于以太网的技术，因此具有和标准以太网相同的一些特性，如全双工、多种拓扑结构等，其速率可达百兆或千兆。另外它也有自己的独特之处，如能实现实时的数据交换，是一种实时以太网；与标准以太网兼容，可一同组网；能通过代理的方式无缝集成现有的现场总线等。

PROFINET 的 ISO/OSI 参考模型，如表 2.9 所示。

表 2.9 PROFINET 的 ISO/OSI 参考模型

5～7:会话层、表示层、应用层	PROFINET 服务(IO、报警、记录等)		
4:传输层	UDP	TCP	
3:网络层	IP		
2:链路层	RT	IRT	TSN
1:物理层	100 Mbit/1Gbit/…		

PROFINET 使用了物理层、链路层、网络层、传输层与应用层协议，其中物理层规定了百兆或千兆的传输速率，网络层与传输层则沿用 TCP/IP 协议族的标准，其独到之处在于数据链路层与应用层的规范。

PROFINET 链路层：参考了 IEEE 802.3、IEEE 802.1Q、IEC 61784.2 等标准，分别保证了全双工、优先级标签、实施扩展的能力，从而能够实现实时通信(RT)、等时实时通信(IRT)、时间敏感网络(TSN)等通信形式。

PROFINET 应用层：有多种应用层的协议标准，如 IEC 61784、IEC 61158 确保了 PROFINET IO 服务，IEC 61158 Type 10 确保了 PROFINET CBA 服务等等。

PROFINET 可实现不同时延下的数据传输服务，时延范围从 100 ms 到 31.25 μs；根据应用的时间要求可以划分出 PROFINET 的数个应用领域，如低时延对应高实时要求的运动控制领域；中高时延对应的过程/工厂自动化领域。

PROFINET IO 分散的现场设备之间的通信，如外围设备和驱动。专为运动控制应用程序的实时通信的特殊要求，使得时钟同步通信是可能的。PROFINET CBA 分布式系统中的控制器之间的通信。作为广泛应用的行业标准，过程行业的设备、仪表同样可应用在 PROFINET 中。PROFINET 同样支持已在 Profibus 上证明的 Profisafe。远程维护和网络诊断可以使用办公环境的 IT 标准，网络安全的重要性越来越高。安装技术与标准化的连接器和网络部件。

PROFINET 将工业以太网应用分为了 8 个部分，并分别针对每个部分的特点发表了相应的技术规范，使 PROFINET 能够应用于各种工厂场景之下。

由于 PROFINET 兼容标准以太网以及能够通过代理方式兼容现有的现场总线的特质，PROFINET 可以实现“一网到底”的功能。即在工业产业链层级中，管理级的设备能够直接与现场级的设备进行数据的交互，并能实现不同层级上的纵向设备集成或相同层级上的横向设备集成。

PROFINET 实时通信要求有：① 周期时间或响应时间须有上限，数据的发送必须在既定的时间内完成或开始；② 抖动随精度增加须更小，传输精度要求更高的情况下，时间抖动也必须更小；③ 数据量在一个时间单位内必须传输，数据的传输必须在既定的时间内完成；④ 用特殊网络组件保证通信不冲突，保证在各类特殊情况下都能有序通信；⑤ 时隙协议保证数据在合适时传输，针对各类实时性要求不同数据有不同的发送策略；⑥ 时间同步许多过程应用同步触发，整个网络存在时间同步机制，各站点应用可进行同步触发。

PROFINET 有两种通信堆栈结构，即标准以太网通信堆栈与实时以太网通信堆栈，以满足标准与实时的数据传输需求，既实现了实时的数据传输，也兼容了已有的标准以太网。

在需要实时数据传输的情况下，PROFINET 对通信堆栈结构进行了修剪：在网络层与传输层部分进行了删减，并在数据链路层开辟了专用的数据通道和通信机制，实现了实时通信、等时实时通信的功能，满足实时数据传输的需求。

PROFINET RT 通信应用场景有：实时 RT 用于时间苛刻的过程数据，用于循环用户数据或者事件驱动的报警。其特点是：PROFINET 使用优化的实时通信数据；通信彻底地不占用处理器的资源；可以使用标准的网络；响应时间范围为 1～10 ms。

PROFINET IRT 通信应用场景有：等时实时通信 IRT 用于特殊要求的应用，如运动控制和工厂自动化的高性能应用。其特点是：IRT 实现循环周期小于 1 ms，抖动精度小于 1 μs；通信周期分为确定性通道和开放式通道；TCP/IP 和 RT 数据在开放式通道进行数据交换，两种数据交换同时存在，不会影响同步循环控制。

PROFINET 时隙划分为：PROFINET 将数据传输的事件流划分成等时时间片（如 1 ms），并在每个等时时间片中，都单独给 IRT 帧优先预留了一定的传输时间，IRT 传输时间过去以后，再进行 RT 帧、标准帧等数据的传输。以此保证了 IRT 帧数据传输的实时性与等时性。

PROFINET 同步技术有：PROFINET 设备网络中存在一个主时钟，主时钟使用同步帧来将一个时钟系统（IRT 域内）所有设备的本地时钟的脉冲发生器同步成相同的时钟，以保证总线周期达到同步，且偏差在 1 μs 内。

PROFINET IO 设备可分为从站（device）、主站（controller）与监视器（supervisor）。① PROFINET 从站：读写 IO 数据，如远程 IO、伺服驱动器、变频器等现场设备；② PROFINET 主站：过程数据交互、配置、逻辑控制、报，如 PLC、IPC 等；③ PROFINET 监视器：设备参数配置、设备诊断、程序上传/下载，如 PC、HMI 等。PROFINET 以 IO 设备的功能为分类依据，将各类 IO 划分成一致性类，以达到如下目的：简化最终用户/系统集成商对满足所要求特性的部件的选择；确保在同一一致性类的设备的功能范围相对统一；设备认证的基础。

2.4　开放式以太网通信方式

开放式通信（Open User Communication，OUC）适用于与其他品牌 PLC 通信，也适用于西门子各型号 PLC 间通信。OUC 通信又包含三种通信：TCP/IP，使用最广泛，适用于大量数据的传输；ISO_on_TCP，可靠性高于 TCP/IP，但适用于少量数据的传输；UDP。

OUC 通信是双边通信，即客户端与服务器端都需要写程序，例如客户端写发送指令和接收指令，则服务器端也要写接收指令和发送指令，发送与接收指令是成对出现的。

1. 西门子 PLC 开放式 TCP 通信原理

西门子 PLC 的开放式 TCP 通信是一种基于 TCP/IP 协议的通信方式，它允许 PLC 与 PC、其他 PLC、远程 I/O 设备或其他支持 TCP/IP 协议的设备进行通信。开放式 TCP 通信具有高速、可靠、易于实现等特点，可以满足工业自动化系统对实时性、稳定性和可靠性的要求。

西门子 PLC 的开放式 TCP 通信基于 TCP/IP 协议栈，通过 TCP 连接实现数据的可靠传输。TCP 协议是一种面向连接的、可靠的传输层协议，通过三次握手建立连接，并采用“带重传确认”技术实现传输的可靠性。在西门子 PLC 中，开放式 TCP 通信通常采用 S7 协议或 PROFINET 协议作为应用层协议，以实现 PLC 与其他设备之间的通信。

（1）西门子 PLC 开放式 TCP 通信特点

首先是高效性，TCP 协议具有高效的数据传输能力，可以满足工业自动化系统对实时性的要求；其次是可靠性，TCP 协议采用“带重传确认”技术，确保数据的可靠传输，即使在通信过程中发生错误或丢包，也能通过重传机制恢复数据的完整性；再次是灵活性，开放式 TCP 通信支持多种连接方式，包括点对点连接、多点连接和广播连接等，可以根据实际应用场景选择合适的连接方式；最后是它易于实现，西门子 PLC 提供了丰富的通信指令和库函数，可以方便地实现 TCP 通信功能。同时，西门子还提供了多种开发工具，如 TIA Portal、STEP 7 等，支持用户进行编程和调试。

（2）西门子 PLC 开放式 TCP 通信实现方法

硬件配置在 TIA Portal 或 STEP 7 等开发工具中，配置 PLC 的以太网接口参数，如 IP 地址、子网掩码、网关等。同时，确保 PLC 与 PC 或其他设备处于同一网络中，以便进行通信。西门子 PLC 提供了多种通信指令，如 TSEND-C（发送数据并连接）和 TRCV-C（接收数据并连接）等，用于实现 TCP 通信功能。这些指令可以直接在程序中调用，实现数据的发送和接收。然后根据实际需求，编写 PLC 程序，实现 TCP 通信功能。在程序中，可以使用通信指令发送和接收数据，并对数据进行处理。同时，可以设置定时器或中断服务程序，实现定时发送或接收数据的功能。在编程完成后，对 PLC 程序进行调试和测试，确保 TCP 通信功能的正确性和可靠性。此外，可以使用 TIA Portal 或 STEP 7 等开发工具进行调试和测试，查看数据的发送和接收情况，以及处理结果。

（3）西门子 PLC 开放式 TCP 通信应用场景

远程监控与诊断主要是通过 TCP 通信，可以实现 PLC 与远程监控中心之间的数据交换，实现远程监控和诊断功能。例如，可以将 PLC 采集的数据实时传输到远程监控中心进行分析和处理，以便及时发现和解决设备故障。TCP 通信可以实现 PLC 与数据采集设备之间的数据交换，实现数据采集和传输功能。例如，可以将 PLC 采集的生产数据实时传输到数据库或云平台进行存储和分析，以便进行生产管理和优化。此外，通过 TCP 通信可以实现 PLC 与其他设备之间的通信，实现设备间的数据交换和协同工作。例如，可以将 PLC 与变频器、伺服驱动器等设备进行通信，实现设备的远程控制和调节功能。

西门子 PLC 的开放式 TCP 通信以其高效、可靠、灵活的特点，在工业自动化系统中得到了广泛应用。通过合理的硬件配置、编程实现和调试测试，可以方便地实现 TCP 通信功能，并满足工业自动化系统对实时性、稳定性和可靠性的要求。未来，随着工业自动化技术的不断发展，西门子 PLC 的开放式 TCP 通信将继续发挥重要作用，推动工业自动化系统向更高水平发展。

2. 西门子 ISO-on-TCP 通信协议

ISO 传输（ISO transport）协议是西门子早期的以太网协议，基于 ISO 8073 TP0（Transport Protocol Class0），位于 ISO-OSI 参考模型的第四层，属于传输层的协议。ISO 传输协议是基于消息的数据传输，允许动态修改数据长度；传输速度快，适合中等或较大量的数据；

站点之间的 ISO 传输不使用 IP 地址，而是基于 MAC 地址，因此数据包不能通过路由器进行传递（不支持路由）；另外 ISO 传输协议是西门子内部的以太网协议，仅适用于 SIMATIC 系统。两个 SIMATIC 站点之间的数据发送和接收使用 Send/Receive，服务器的读写使用 Fetch/Write 服务。

ISO 传输协议最大的优势是通过数据包来发送/接收数据，但由于它不支持路由功能，随着网络节点的增加，ISO 传输协议的劣势逐渐显现。为了应对日益增加的网络节点，西门子在 ISO 传输协议的基础上增加了 TCP/IP 协议的功能，新的协议对扩展的 RFC1006 “ISO on top of TCP” 进行了注释（RFC 为 Request For Comments 的缩写），因此被称为 “ISO-on-TCP”协议。

ISO_on_TCP 在 TCP/IP 协议中定义了 ISO 传输的属性，位于 ISO-OSI 参考模型的第四层，默认的数据传输端口为 102。与 ISO 传输协议相同，ISO-on-TCP 协议的两个 SIMATIC 站点之间的数据发送和接收也使用 Send/Receive，服务器的读写使用 Fetch/Write。

在 ISO 传输协议和 ISO-on-TCP 协议的使用过程中，还涉及 TSAP 的设置。TSAP 是英文“Transport Service Access Point”的缩写，中文翻译为“传输服务访问点”。在一个传输的链接中，可能存在多个进程。为了区分不同进程的数据传输，需要提供一个进程独用的访问点，这个访问点被称为 TSAP。在两个站点的同一个传输链接中，如果只存在一个传输进程，则本地和远程的 TSAP 可以相同；如果存在多个传输进程，则 TSAP 必须唯一；TSAP 相当于 TCP 或 UDP 协议中的端口（port）。TSAP 可以是 ASCII 码或者十六进制的形式。

ISO-on-TCP 协议的优势是能传输大量的数据并且支持路由功能，但是它仅适用于 SIMATIC 系统，只能在西门子内部使用，在一定程度上限制了其应用。ISO-on-TCP 数据信息以数据报文形式出现，发送端和接收端的数据长度可以不一致。发送端的长度不能大于接收端的数据报文长度，适合传输中等到大量的数据。

3. 西门子 UDP 通信协议

UDP 是一个简单的面向数据报的传输层协议，进程的每个输出操作都正好产生一个 UDP 数据报，并组装成一份待发送的 IP 数据报。这与面向流字符的协议不同，应用程序产生的全体数据与真正发送的单个 IP 数据报可能没有什么联系。

UDP 不提供可靠性，它把应用程序传给 IP 层的数据发送出去，但是并不保证它们能到达目的地。应用程序必须关心 IP 数据报的长度。如果它超过网络的 MTU，就要对 IP 数据报进行分片。

UDP 通信协议是面向非连接的协议，通信双方不会发送建立连接的任何信息。UDP 虽然不建立连接，但需要在通信双方调用建立连接功能块或组态注册通信服务。UDP 不是流式服务，而是以数据报文的方式来传输，消息包含数据长度信息，发送端和接收端的长度可以不一致。发送端的长度不能大于接收端的数据报文长度。发送端发送数据后，接收端不发送应答，报文头较短，单位时间内信息吞吐量大，简单快速。

TCP、ISO-ON-TCP、UDP 三种通信方式的区别及应用选择对比如表 2.10 所示。

表 2.10 TCP、ISO_on_TCP、UDP 三种通信对比

类型	特点	最大数据量	建立连接	连接特征	用途
TCP	传输形式是数据流，没有长度信息	64 K	是	IP 地址/端口号	与外部系统灵活通信，通信数据量大
ISO_ON_TCP	面向消息，数据包包含长度信息	64 K	是	IP 地址/TASP	只能被用在 SIMATIC 体系，通信数据量大，适合变长数据传输
UDP	面向消息，无连接的协议，没有排序和确认，属于不可靠的通信	1472 byte	否	IP 地址/端口号	适用于快速且小到中型数据量的传输，支持广播

2.5 S7 通信协议简介

S7 通信协议是西门子 S7 系列 PLC 内部集成的一种通信协议，是 S7 系列 PLC 的精髓所在。它是一种运行在传输层之上的(会话层/表示层/应用层)、经过特殊优化的通信协议，其信息传输可以基于 MPI 网络、PROFIBUS 网络或者以太网。S7 通信协议的参考模型如表 2.11 所示。

表 2.11 S7 通信协议的参考模型

层	OSI 模型	S7 协议
7	应用层	S7 通信
6	表示层	S7 通信
5	会话层	S7 通信
4	传输层	ISO-ON-TCP(RFC 1006)
3	网络层	IP
2	数据链路层	以太网/FDL/MPI
1	物理层	以太网/RS485/MPI

S7 通信支持两种方式：① 基于客户端(client)/服务器(server)的单边通信；② 基于伙伴(partner)/伙伴(partner)的双边通信。

客户端/服务器模式是最常用的通信方式，也称作 S7 单边通信。在该模式中，只需要在客户端一侧进行配置和编程；服务器一侧只需要准备好需要被访问的数据，不需要任何编程

(服务器的“服务”功能是硬件提供的,不需要用户软件的任何设置)。客户端其实是在 S7 通信中的一个角色,它是资源的索取者;而服务器则是资源的提供者。服务器(server)通常是 S7-PLC 的 CPU,它的资源就是其内部的变量/数据等。客户端通过 S7 通信协议,对服务器的数据进行读取或写入的操作。常见的客户端包括:人机界面(HMI)、编程电脑(PG/PC)等。当两台 S7-PLC 进行 S7 通信时,可以把一台设置为客户端,另一台设置为服务器。

其实,很多基于 S7 通信的软件都是在扮演着客户端的角色。如 OPC Server,虽然它的名字中有 Server,但在 S7 通信中,它其实是客户端的角色。客户端/服务器模式的数据流动是单向的。也就是说,只有客户端能操作服务器的数据,而服务器不能对客户端的数据进行操作。

有时候,我们需要双向的数据操作,这就要使用伙伴(partner)/伙伴(partner)通信模式。伙伴(partner)/伙伴(partner)通信模式也称作 S7 双边通信,也有人称其为客户端(client)/客户端(client)模式。该通信方式有如下几个特点:① 通信双方都需要进行配置和编程;② 通信需要先建立连接,主动请求建立连接的是主动伙伴(Active Partner),被动等待建立连接的是被动伙伴(Passive Partner);③ 当通信建立后,通信双方都可以发送或接收数据。

第 3 章　工业控制网络实践

3.1　Modbus TCP 通信

西门子 PLC S7-1200 Modbus TCP 通信客户端指令块为 MB_CLIENT，服务器指令块为 MB_SERVER。

S7-1200 通过 Modbus TCP 实验环境完成以下任务：在两台 S7-1200 之间进行 Modbus TCP 通信，详细阐述客户端与服务器之间编程及通信的过程。下面介绍客户端和服务器部分组态编程。客户端与服务器侧 PLC 的基本参数如表 3.1 所示。

表 3.1　Modbus TCP 通信双方的基本配置

	CPU 类型	IP 地址	端口号	硬件标识符
客户端	CPU1214C	192.168.0.6	0	64
服务器	CPU1214C	192.168.0.4	502	64

3.1.1　硬件组态

打开博途，加载两个 1200 PLC，分别命名为 Client-1（作为客户机使用）、Server-1（作为服务器使用）。两者通过 Profinet 接口连接，如图 3.1 所示。

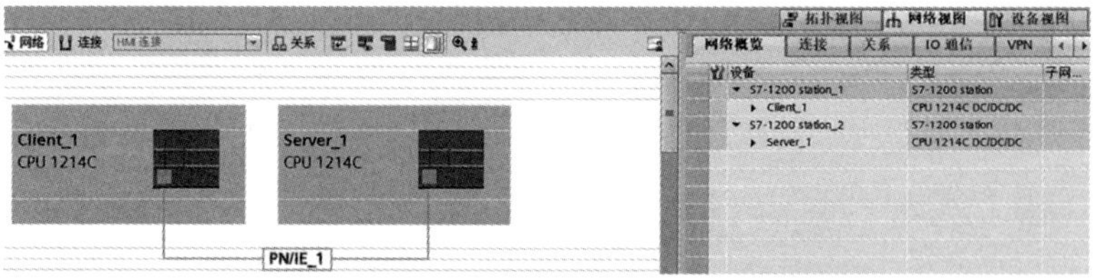

图 3.1　Modbus TCP 通信网络及网络概览

硬件标识符是在“设备组态”中，双击 PLC 接口，然后在“属性”中的“系统常数”中找到“Local～PROFINET-接口-1”“硬件标识符”查看，如图 3.2 所示。

3.1.2　S7-1200 Modbus TCP 客户端编程

S7-1200 客户端侧需要调用 MB_CLIENT 指令块。通过“MB_CLIENT”指令，可以在客户端和服务器之间建立连接、发送 Modbus 请求、接收响应并控制 Modbus TCP 客户端的连接终端。

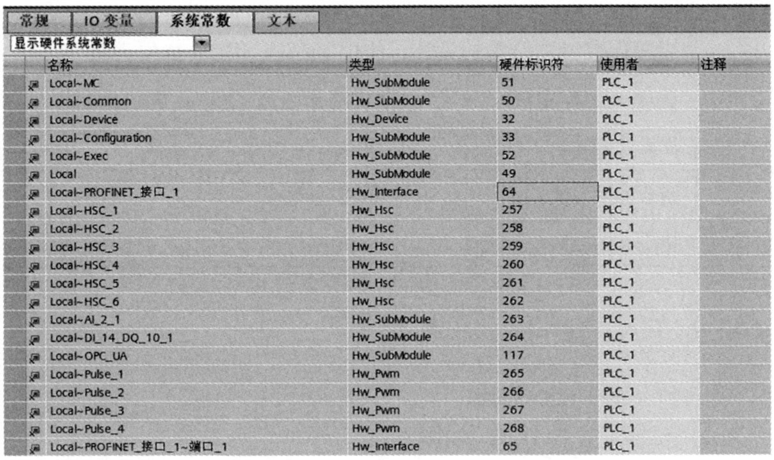

名称	类型	硬件标识符	使用者	注释
Local~MC	Hw_SubModule	51	PLC_1	
Local~Common	Hw_SubModule	50	PLC_1	
Local~Device	Hw_Device	32	PLC_1	
Local~Configuration	Hw_SubModule	33	PLC_1	
Local~Exec	Hw_SubModule	52	PLC_1	
Local	Hw_SubModule	49	PLC_1	
Local~PROFINET_接口_1	Hw_Interface	64	PLC_1	
Local~HSC_1	Hw_Hsc	257	PLC_1	
Local~HSC_2	Hw_Hsc	258	PLC_1	
Local~HSC_3	Hw_Hsc	259	PLC_1	
Local~HSC_4	Hw_Hsc	260	PLC_1	
Local~HSC_5	Hw_Hsc	261	PLC_1	
Local~HSC_6	Hw_Hsc	262	PLC_1	
Local~AI_2_1	Hw_SubModule	263	PLC_1	
Local~DI_14_DQ_10_1	Hw_SubModule	264	PLC_1	
Local~OPC_UA	Hw_SubModule	117	PLC_1	
Local~Pulse_1	Hw_Pwm	265	PLC_1	
Local~Pulse_2	Hw_Pwm	266	PLC_1	
Local~Pulse_3	Hw_Pwm	267	PLC_1	
Local~Pulse_4	Hw_Pwm	268	PLC_1	
Local~PROFINET_接口_1~端口_1	Hw_Interface	65	PLC_1	

图 3.2　S7-1200 设备的 PROFINET 接口硬件标识符

1. 调用 MB_CLIENT

将 MB_CLIENT 指令块在“程序块>OB1”中的程序段里调用，调用时会自动生成背景 DB，点击确定即可，如图 3.3 所示。

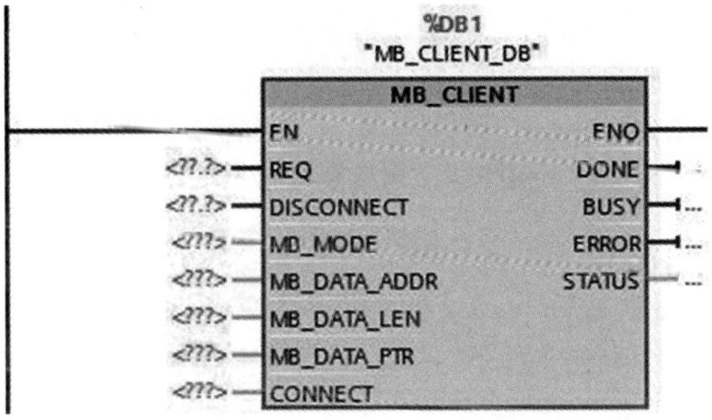

图 3.3　Modbus TCP 客户端侧指令块

该功能块各个引脚定义如表 3.2 所示。

表 3.2　MB_CLIENT 各引脚定义说明

参　　数	说　　　明
REQ	对 Modbus TCP 服务的 Modbus 查询，REQ 参数受到等级控制。这意味着只要设置了输入（REQ= true），指令就会发送通信请求
DISCONNECT	Modbus TCP 服务器建立。0：建立连接；1：断开连接
MB_MODE	选择 Modbus 请求模式（读取、写入或诊断）
MB_DATA_ADDR	由“MB_CLIENT”指令所访问数据的起始地址
MB_DATA_LEN	数据长度：数据访问的位或字的个数
MB_DATA_PTR	指向 Modbus 数据寄存器的指针

续表

参　　数	说　　　　明
CONNECT	指向连接描述结构的指针。使用 TCON_IP_v4 数据类型
DONE	最后一个作业成功完成，立即将输出参数 DONE 置位为“1”
BUSY	作业状态位：0：无正在处理的作业；1：作业正在处理
ERROR	错误位：0：无错误；1：出现错误，错误原因查看 STATUS
STATUS	指令的详细状态信息

2. CONNECT 引脚的指针类型

（1）创建一个新的全局数据块

先创建一个新的全局数据块 DB2，如图 3.4 所示。

图 3.4　创建全局数据块

（2）创建数据类型结构

双击打开 DB2，定义变量名称为“aa”，数据类型为“TCON_IP_v4”（可以将 TCON_IP_v4 拷贝到该对话框中），然后点击“回车”按键。该数据类型结构创建完毕。如图 3.5 所示。

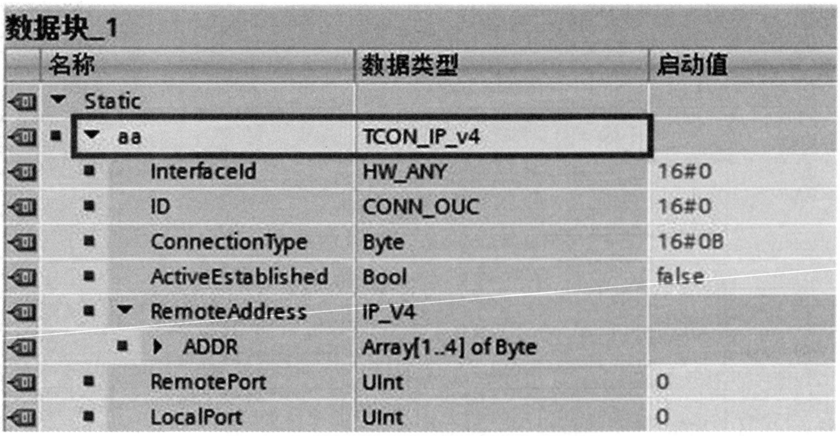

图 3.5　创建 MB_CLIENT 中的 TCP 连接结构的数据类型

各个参数定义说明如表 3.3 所示。

表 3.3　TCON_IP_v4 数据结构的引脚定义

参　数	说　　明
InterfaceId	网口硬件标识符，对于本体网口为 64，即 16#40
ID	连接 ID，取值范围 1～4095，该参数将唯一确定 CPU 中的连接。指令“MB_CLIENT”的每个实例都必须使用唯一的 ID
ConnectionType	连接类型。对于 TCP，选择 11（十进制）。不允许使用其他连接类型。TCP 连接默认为：16#0B
ActiveEstablished	建立连接。主动为 1（客户端），被动为 0（服务器）
ADDR	服务器侧的 IP 地址
RemotePort	远程端口号
LocalPort	本地端口号

本文远程服务器的 IP 地址为 192.168.0.4，远程端口号设为 502。客户端侧该数据结构的各项值参考如图 3.6 所示。

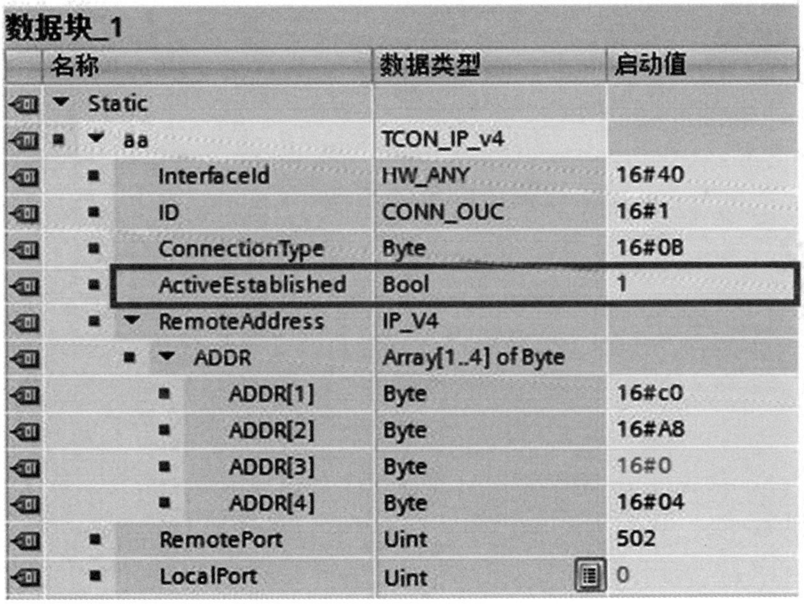

图 3.6　MB_CLIENT 侧 CONNECT 引脚数据定义

注意：CONNECT 引脚的填写需要用符号寻址的方式；TCON_IP_v4 是系统数据类型，不是在 PLC 数据类型中创建的；LocalPort 一般使用默认值 0，意思是本地使用随机端口。

3. 创建 MB_DATA_PTR 数据缓冲区

(1) 创建一个全局数据块 DB3

创建方法可以参考图 3.4，连同上一步创建的 DB2 位于 CPU 程序块中，如图 3.7 所示。

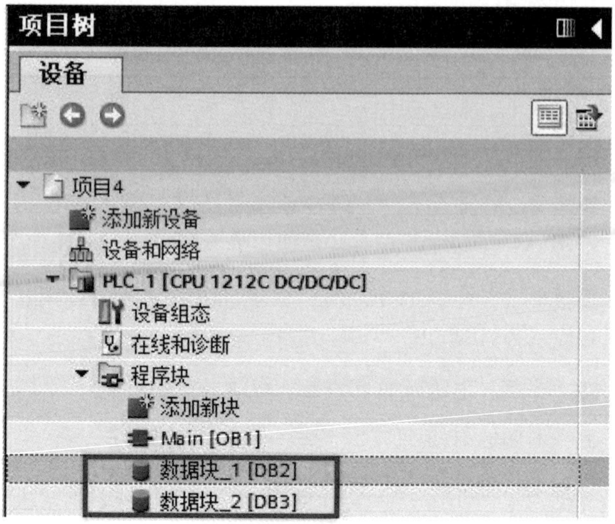

图 3.7 生成的两个 DB 块名称

(2) 建立一个 Word 数组的数据类型

在数据块_2 中建立一个 Word 数组的数据类型，以便在通信中存放数据，如图 3.8 所示。

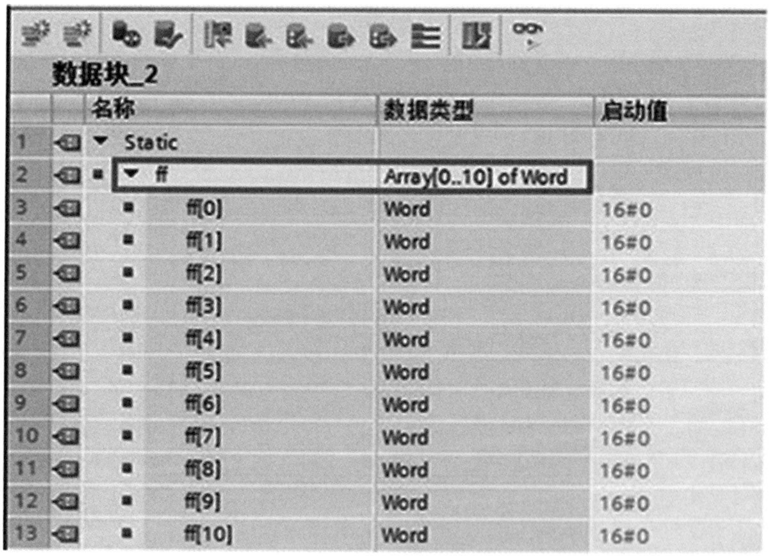

图 3.8 MB_DATA_PTR 数据缓冲区结构

注意：MB_DATA_PTR 指定的数据缓冲区可以为 DB 块或在 M 存储区地址中。DB 块可以为优化的数据块，也可以为标准的数据块结构；若为优化的数据块结构，必须是基本数据类型数组，例如 Int、Real、Bool 数组，编程时需要以符号寻址的方式填写该引脚；若为标准的数据块结构(可以右键单击 DB 块，“属性”中将“优化的块访问”前面的勾去掉，如图 3.9 所示)，可以以指针的方式填写该引脚；MB_DATA_PTR 指定的数据缓冲区必须足够大，至少达到 MB_DATA_LEN 个位(访问输入位、输出位时)或字(访问保持寄存器、输入字时)。

本例以标准的数据块(默认)为例进行编程。

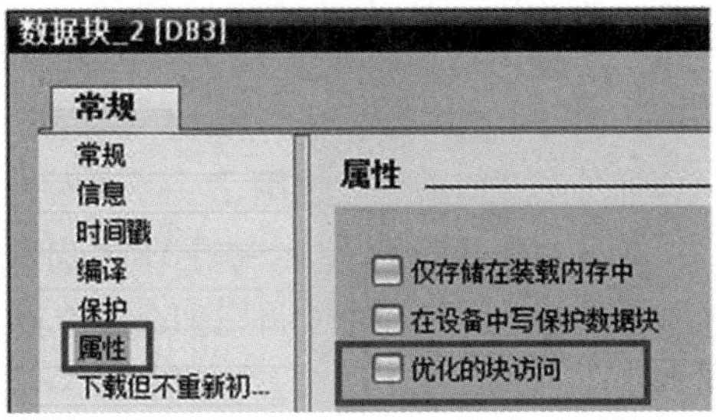

图 3.9　修改 DB 块属性为标准的块结构

4. 客户端侧完成指令块编程

调用 MB_CLIENT 指令块，使用功能码 03 从服务器中读取 2 个保持寄存器的值，因此 MB_MODE = 0，MB_DATA_ADDR = 40001，MB_DATA_LEN = 2，如图 3.10 所示。

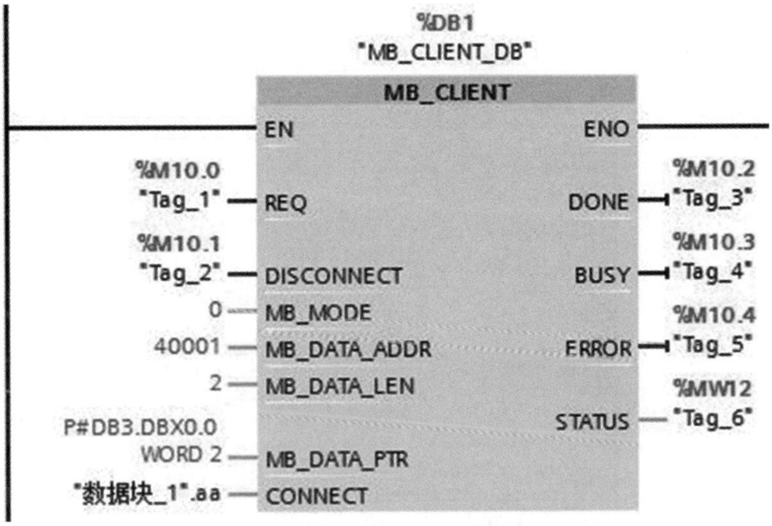

图 3.10　MB_CLIENT 指令块编程

5. 将整个项目下载到 S7-1200

待服务器侧准备就绪，触发指令块的 REQ 引脚一个上升沿，将读取到的数据放入 MB_DATA_PTR 引脚指定的 DB 块变量中。

注意：对于本例来说，伙伴是另一个 S7-1200，实际上也可以换作任意支持 Modbus TCP 服务器的设备，只需要在参数引脚设置合适值，并且在 CONNECT 设置正确的通信参数即可。

如果 S7-1200 作为 Modbus TCP 客户端需要同时连接多个 Modbus TCP 服务器，那么需要使用多个 MB_CLIENT，每个 MB_CLIENT 需要使用不同的背景数据块，并且每个 MB_CLIENT 需要使用不同的 CONNECT 参数，尤其是里面 ID，一定不能重复。每个连接占用一个开放式用户连接，每个连接都是独立的，所以可以同时调用触发不同的 MB_CLIENT。

如果一个 Modbus TCP 连接里面有多个通信作业，例如有读有写，或者需要读不同的区域等，那么如果每个作业调用一次 MB_CLIENT，每次调用必须使用相同的背景数据块，CONNECT 也使用相同的参数，这些块可以同时调用但是不能同时触发 REQ。

如果 S7-1200 作为 Modbus TCP 客户端需要通过 Modbus TCP 转 Modbus RTU 网关，连接多个 Modbus RTU 从站，那么这只相当于使用了一个 Modbus TCP 连接，即与网关的连接，如果每个从站调用一次 MB_CLIENT，那么每次调用必须使用相同的背景数据块，CONNECT 也使用相同的参数，这些块可以同时调用但不能同时触发 REQ，每个不同的从站的背景数据块中使用不同的 MB_Unit_ID 值，这个值使用 Modbus RTU 从站站号。

MB_CLIENT 指令的背景数据块中的“MB_Unit_ID”有什么功能？

S7-1200 CPU 作为 Modbus TCP 客户端与 Modbus TCP 服务器通信，当尝试访问比 Modbus TCP 服务器更低端的串行子网中的设备，会有报错“无法建立连接”。这种情况下，Modbus TCP 服务器作为 Modbus RTU 协议中的网关，“MB_Unit_ID”参数相当于 Modbus RTU 协议中的从站地址。Modbus TCP 客户端直接向 Modbus TCP 服务器发送请求，Modbus TCP 服务器通过识别“MB_UNIT_ID”参数，将请求转发到从站设备。在 S7-1200 项目中，选择系统块，双击打开 MB_CLIENT 指令的背景数据块“MB_CLIENT_DB”，在静态变量 Static 下可以找到 MB_Unit_ID(默认起始值 16#FF，即十进制 255)。如图 3.11 所示。

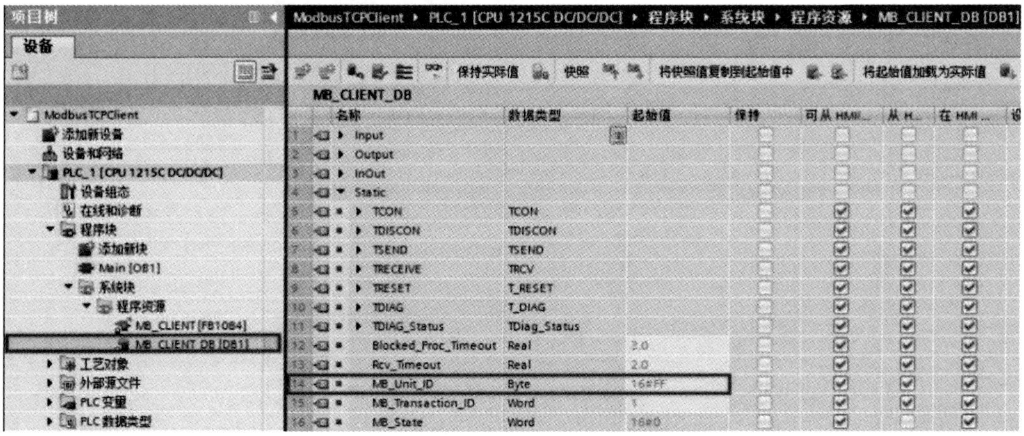

图 3.11　MB_Unit_ID

例如，当 S7-1200 做客户端与电脑上的 Modbus TCP 调试软件 Modsim 32 通信时，会遇到如上“无法建立连接”的问题。

这时，修改调试软件 Modsim 32 中 Device Id 为 255，使之等于 MB_Unit_ID 的值，即可建立联系。如图 3.12 所示。

3.1.3　S7-1200 Modbus TCP 服务器编程

“MB_SERVER”指令将处理 Modbus TCP 客户端的连接请求、接收并处理 Modbus 请求并发送响应。

1. 调用 MB_SERVER

将 MB_SERVER 指令块在“程序块>OB1”中的程序段里调用，调用时会自动生成背景

DB,点击确定即可,如图 3.13 所示。

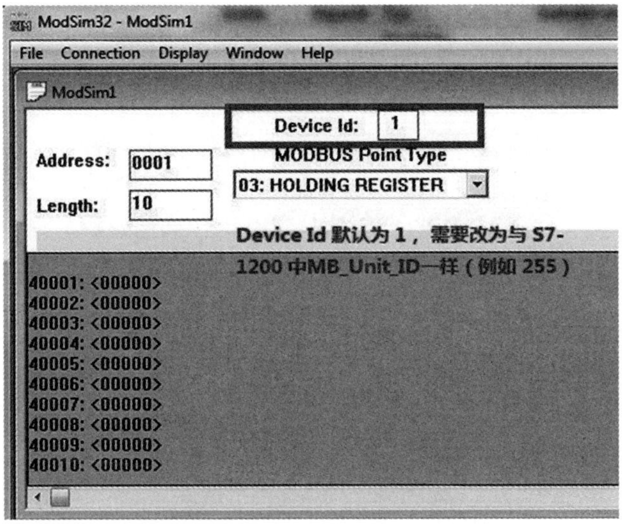

图 3.12　Device Id 的设置

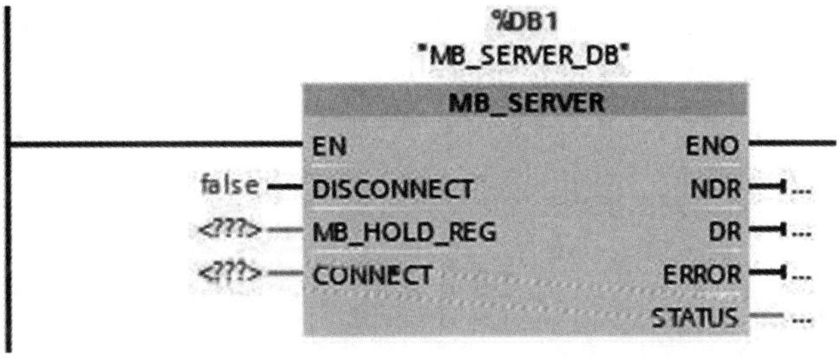

图 3.13　调用 MB_SERVER 指令块

该功能块各个引脚定义如表 3.4 所示。

表 3.4　MB_SERVER 各个引脚定义说明

参　数	说　明
DISCONNET	0(默认):被动建立与客户端的通信连接;1:终止连接
MB_HOLD_REG	指向 Modbus 保持寄存器的数据区,可以设为数据块或 M 存储区地址。数据块可以为优化的数据块,也可以为非优化的数据块。对于优化数据块只能是基本数据类型的数组;对于非优化的数据块没有要求,一般通过 P＃指针的形式输入
CONNECT	指向连接描述结构的指针,使用 TCON_IP_v4 数据类型
NDR	0:无新写入的数据;1:Modbus 客户端写入了新的数据
DR	0:未读取数据;1:Modbus 客户端读取了数据
ERROR	错误位:0:无错误;1:出现错误,错误原因查看 STATUS
STATUS	指令的详细状态信息

2. CONNECT 引脚的指针类型

(1) 创建一个新的全局数据块

先创建一个新的全局数据块 DB2,如图 3.14 所示。

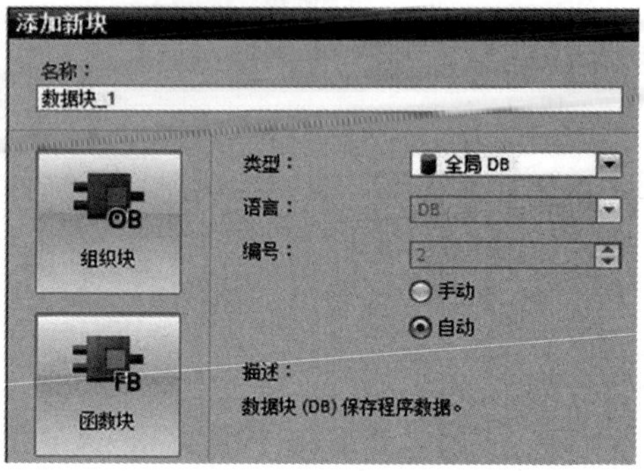

图 3.14 创建全局数据块

(2) 创建数据类型结构

双击打开新生成的 DB2 数据块,定义变量名称为“ss”,数据类型为“TCON_IP_v4”(可以将 TCON_IP_v4 拷贝到该对话框中),然后点击“回车”按键,该数据类型结构创建完毕。如图 3.15 所示。

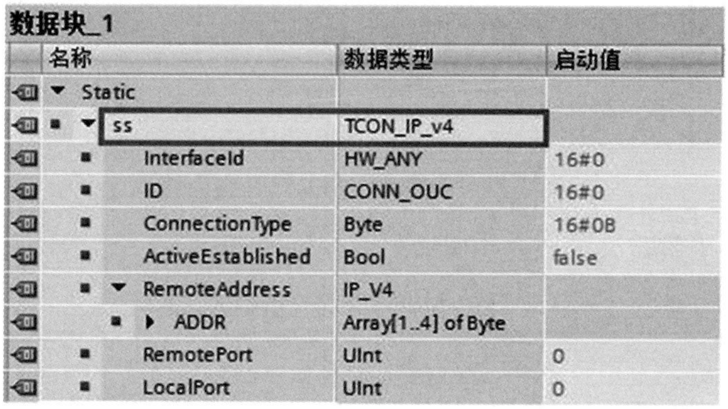

数据块_1

名称	数据类型	启动值
Static		
ss	TCON_IP_v4	
InterfaceId	HW_ANY	16#0
ID	CONN_OUC	16#0
ConnectionType	Byte	16#0B
ActiveEstablished	Bool	false
RemoteAddress	IP_V4	
ADDR	Array[1..4] of Byte	
RemotePort	UInt	0
LocalPort	UInt	0

图 3.15 创建 MB_SERVER 中的 TCP 连接结构的数据类型

客户端侧的 IP 地址为 192.168.0.6,端口号为 0,所以 MB_SERVER 服务器侧的 CONNECT 数据结构的各项值,如图 3.16 所示。

注意:CONNECT 引脚的填写需要用符号寻址的方式;TCON_IP_v4 是系统数据类型,不是在 PLC 数据类型中创建的;RemotePort 一般使用默认值 0,意思是不指定客户端端口;RemoteAddress 可以不指定,意思是不指定客户端 IP 地址。

(3) S7-1200 服务器侧 MB_SERVER 编程

调用 MB_SERVER 指令块,实现被客户端读取 2 个保持寄存器的值,如图 3.17 所示。

(4) 下载程序到服务器侧 S7-1200PLC

S7-1200 MODBUS TCP 通信调试,S7-1200 MODBUS TCP 服务器侧准备数据,用于客户端读访问,如图 3.18 所示。

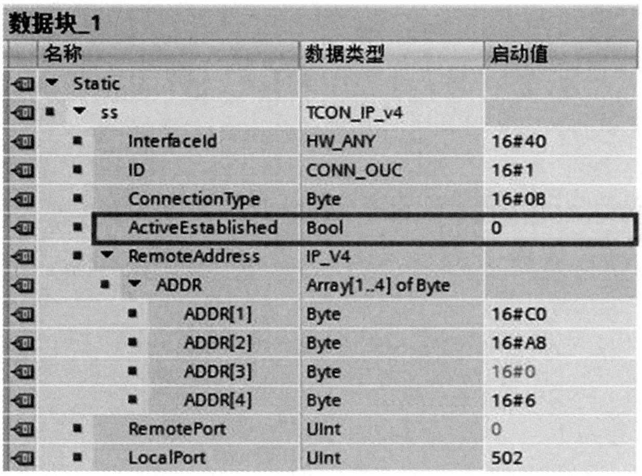

数据块_1

名称	数据类型	启动值
Static		
ss	TCON_IP_v4	
InterfaceId	HW_ANY	16#40
ID	CONN_OUC	16#1
ConnectionType	Byte	16#0B
ActiveEstablished	Bool	0
RemoteAddress	IP_V4	
ADDR	Array[1..4] of Byte	
ADDR[1]	Byte	16#C0
ADDR[2]	Byte	16#A8
ADDR[3]	Byte	16#0
ADDR[4]	Byte	16#6
RemotePort	UInt	0
LocalPort	UInt	502

图 3.16　MB_SERVER 服务器侧的 CONNECT 数据结构定义

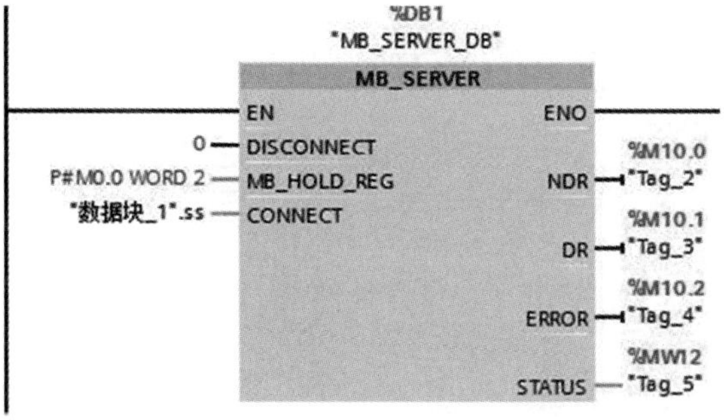

图 3.17　MB_SERVER 服务器侧编程

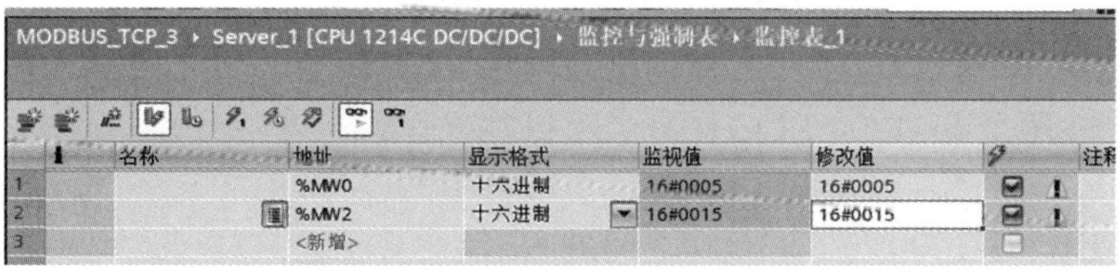

MODBUS_TCP_3 › Server_1 [CPU 1214C DC/DC/DC] › 监控与强制表 › 监控表_1

i	名称	地址	显示格式	监视值	修改值		注释
1		%MW0	十六进制	16#0005	16#0005		
2		%MW2	十六进制	16#0015	16#0015		
3		<新增>					

图 3.18　服务器侧监控表

S7-1200 MODBUS TCP 客户端侧，给 MB_CLIENT 指令块中 REQ 引脚一个上升沿，监控数据读取成功，如图 3.19 所示。

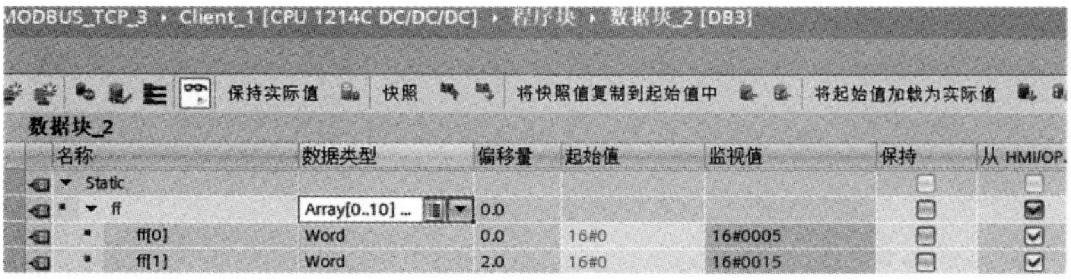

MODBUS_TCP_3 › Client_1 [CPU 1214C DC/DC/DC] › 程序块 › 数据块_2 [DB3]

保持实际值　快照　将快照值复制到起始值中　将起始值加载为实际值

数据块_2

名称	数据类型	偏移量	起始值	监视值	保持	从 HMI/OP.
Static						
ff	Array[0..10] ...	0.0				
ff[0]	Word	0.0	16#0	16#0005		
ff[1]	Word	2.0	16#0	16#0015		

图 3.19　客户端侧监控表

3.2 S7-1200PLC S7 通信

西门子 S7-1200 的 PROFINET 通信口可以做 S7 通信的服务器端或客户端(CPU V2.0 及以上版本)。S7-1200 仅支持 S7 单边通信,仅需在客户端单边组态连接和编程,而服务器端只准备好通信的数据就行。

硬件有:CPU 1214C DC/DC/DC,V4.4(作为客户端);CPU 1214C DC/DC/DC,V4.4(作为服务器);软件有:Step7 V17。

所完成的通信任务如下:

S7-1200 CPU Clinet 将通信数据区 DB1 块中的 10 个字节的数据发送到 S7-1200 CPU Server 的接收数据区 DB1 块中;

S7-1200 CPU Clinet 将 S7-1200 CPU Server 发送数据区 DB2 块中的 10 个字节的数据读到 S7-1200 CPU Clinet 的接收数据区 DB2 块中。如图 3.20 所示为 S7 通信数据交换。

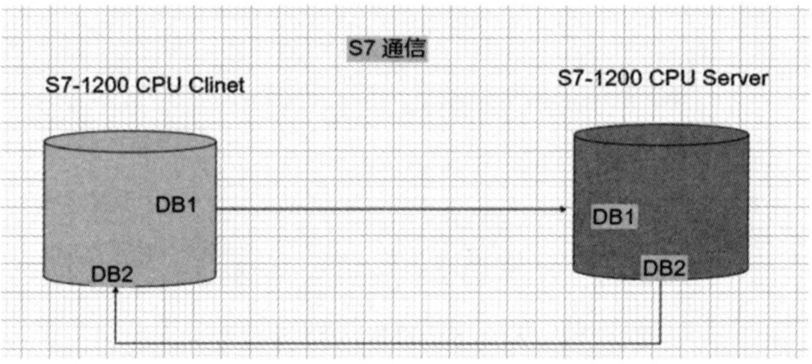

图 3.20 S7 通信数据交换

S7-1200 之间 S7 通信,可以分 2 种情况来操作,具体如下:

第一种情况:两个 S7-1200 PLC 在一个项目中操作;

第二种情况:两个 S7-1200 PLC 不在一个项目中的操作;

本例也可用作 S7-1200 与 S7-1500 之间的 S7 通信文档。

1. 第一种情况

同一项目中操作,使用 STEP7 V17 在同一个项目中,新建 2 个 S7-1200 站点,然后做 S7 通信。

(1) 使用 Step7 V17 生成项目

使用 STEP7 V17 创建一个新项目,项目名称为 1200 之间 S7 通信。并通过“添加新设备”组态 S7-1200 站 clientV4.4,选择 CPU 1214C DC/DC/DC V4.4(client IP:192.168.0.10);接着组态另一个 S7-1200 站 server V4.4,选择 CPU 1214C DC/DC/DC V4.4(server IP:192.168.0.12),如图 3.21 所示。

(2) 网络配置,组态 S7 连接

在“设备组态”中,选择“网络视图”栏进行配置网络,点中左上角的“连接”图标,连接框中选择“S7 连接”,然后选中 clientV4.4 CPU(客户端),右键选择“添加新的连接”,在创建新连接对话框内,选择连接对象“serverV4.4 CPU”,选择“主动建立连接”后建立新连接,如图 3.22 所示。

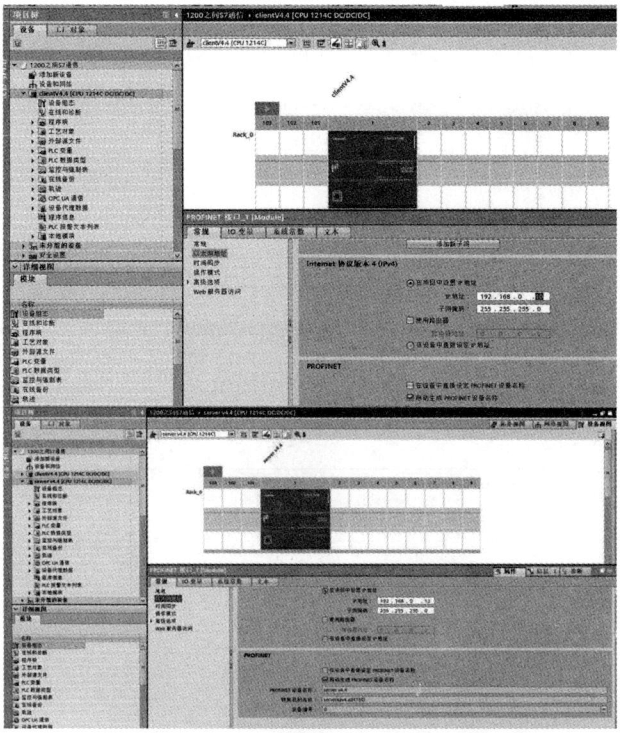

图 3.21　在新项目中插入 2 个 S7-1200 站点

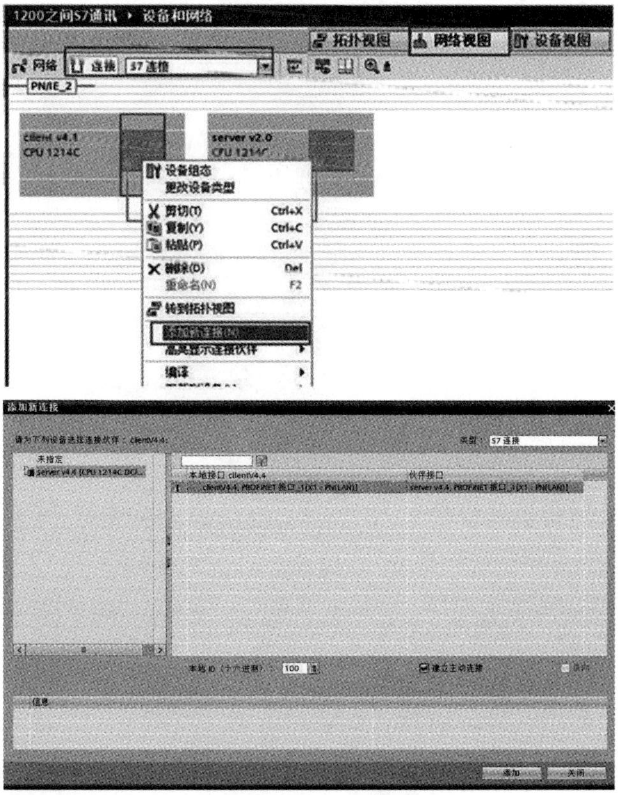

图 3.22　建立 S7 连接

(3) S7 连接及其属性说明

在中间栏的“连接”条目中，可以看到已经建立的“S7_连接_1”，如图 3.23 所示。

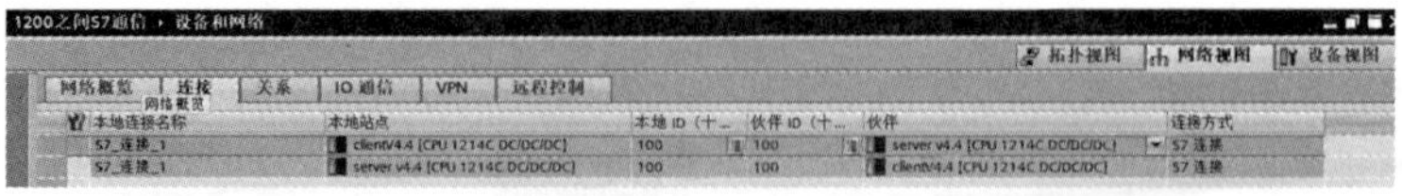

图 3.23 S7 连接

点中上面的连接，在“S7_连接_1”的连接属性中查看各参数，如图 3.24 所示。

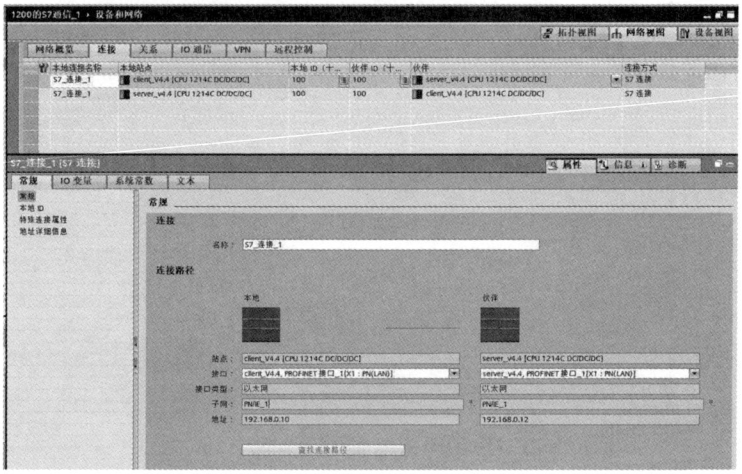

图 3.24 S7 参数

在本地 ID 中：显示通信连接的 ID 号，这里 ID＝W＃ 16＃ 100（编程使用），如图 3.25 所示本地 ID。

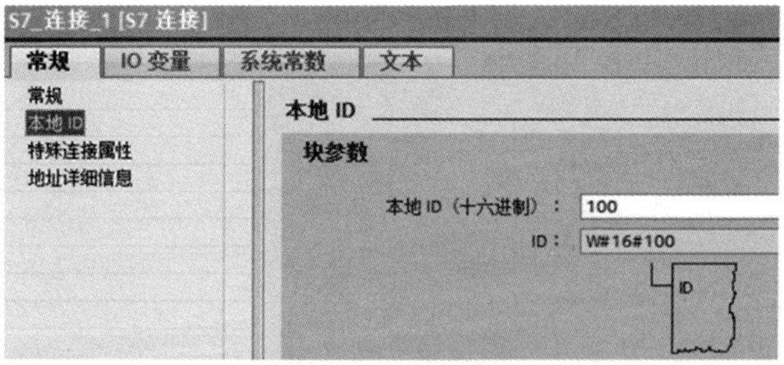

图 3.25 本地 ID

在特殊连接属性中：可以选择是否为主动连接，这里 client V4.4 是主动建立连接，如图 3.26 所示。

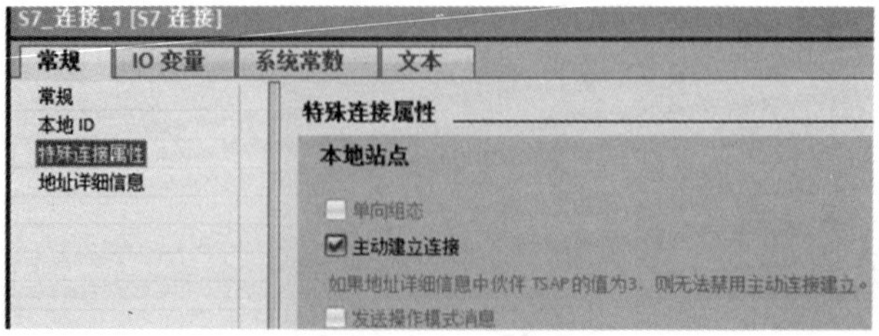

图 3.26 主动连接

在地址详细信息中：定义通信双方的 TSAP(Transport Service Access Point)号，这里不需要修改，如图 3.27 所示。

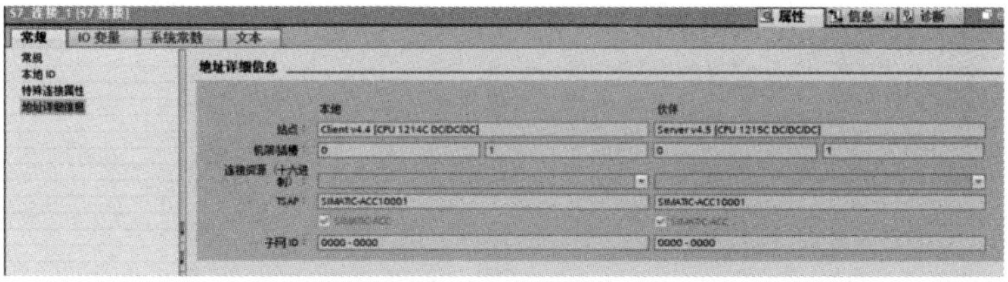

图 3.27　连接的属性

配置完网络连接，双方都编译存盘并下载。如果通信连接正常，连接在线状态，如图 3.28 所示。

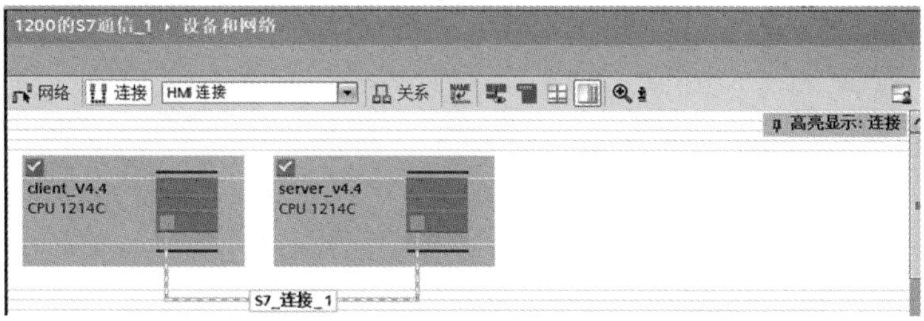

图 3.28　连接状态

(4) 软件编程

在 S7-1200 两侧，分别创建发送和接收数据块 DB1 和 DB2，定义成 10 个字节的数组，如图 3.29 所示。

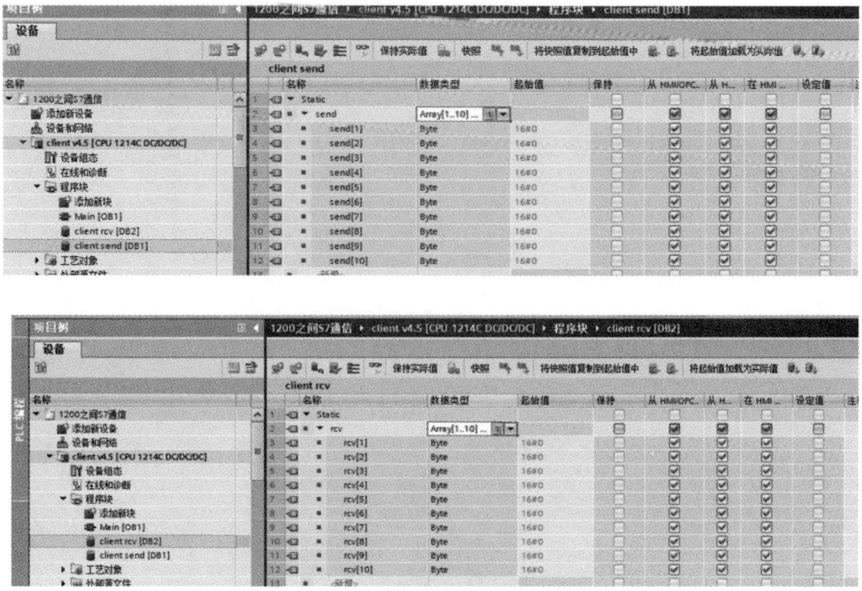

图 3.29　数据块

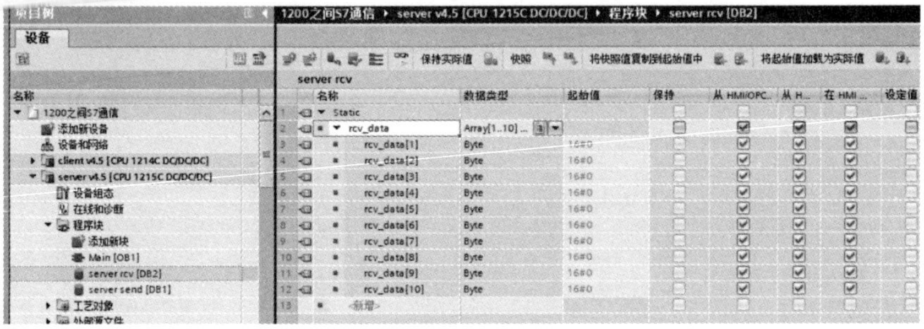

图 3.29　数据块(续图)

注意:在数据块的属性中,需要选择非优化块访问(把默认的勾去掉),如图 3.30 所示。

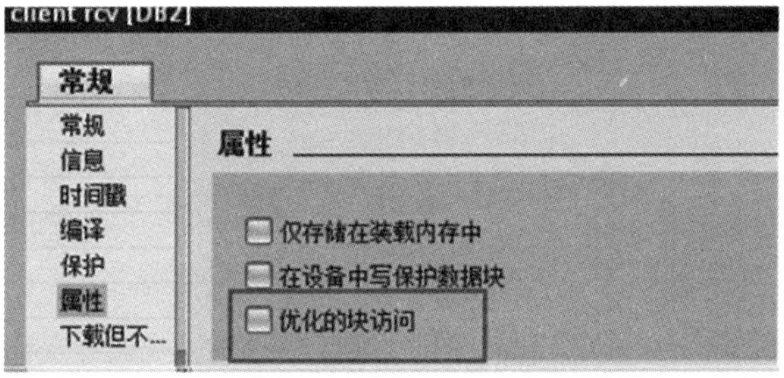

图 3.30　数据块属性

在主动建立连接侧编程(clientV4.4 CPU),在 OB1 中,从"指令">"通信">"S7 通信"下,调用 Get、Put 通信指令,如 3.31 所示。

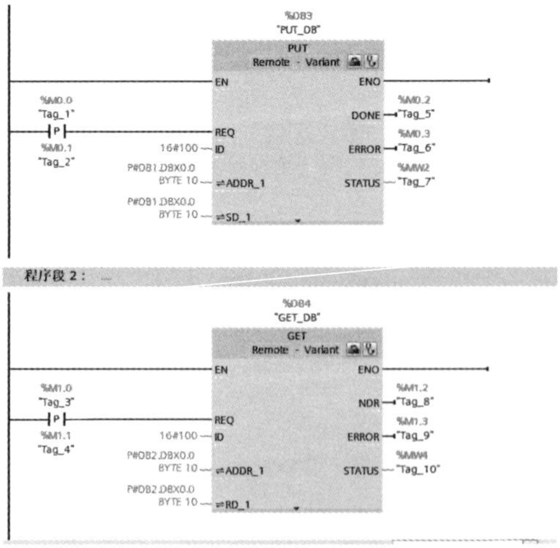

图 3.31　发送接收指令调用

注意:通信伙伴 CPU 为 S7-1200/1500CPU 系列,需要在伙伴 CPU 属性的"防护与安全"—"连接机制"中激活"允许来自远程对象的 PUT/GET 通信访问"。

(5) 监控结果

通过在 S7-1200 客户机侧编程进行 S7 通信,实现两个 CPU 之间的数据交换,监控结果如图 3.32 所示。

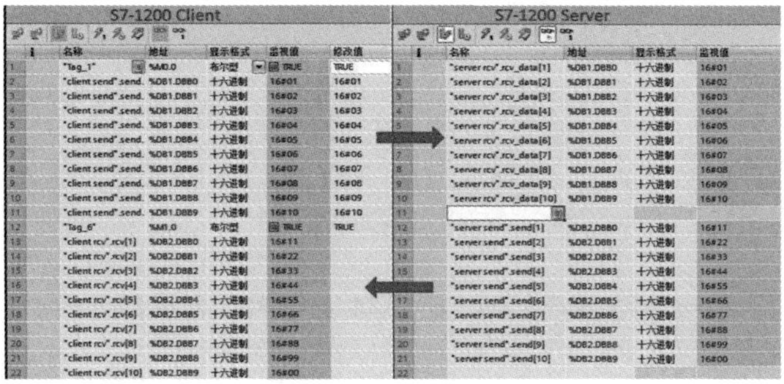

图 3.32　监控结果

2. 第二种情况

不在同一项目中操作 S7 通信,使用 Step7 V17 不在一个项目中,新建两个 S7-1200 站点,然后完成 S7 通信过程。

(1) 使用 Step7 V17 生成项目

使用 Step7 V17 创建一个新项目,并通过"添加新设备"组态 S7-1200 站 clientV4.4,选择 CPU 1214C DC/DC/DC V4.4;接着在另一个项目组态 S7-1200 站 serverV4.4,选择 CPU 1214C DC/DC/DC V4.4。如图 3.33 所示。

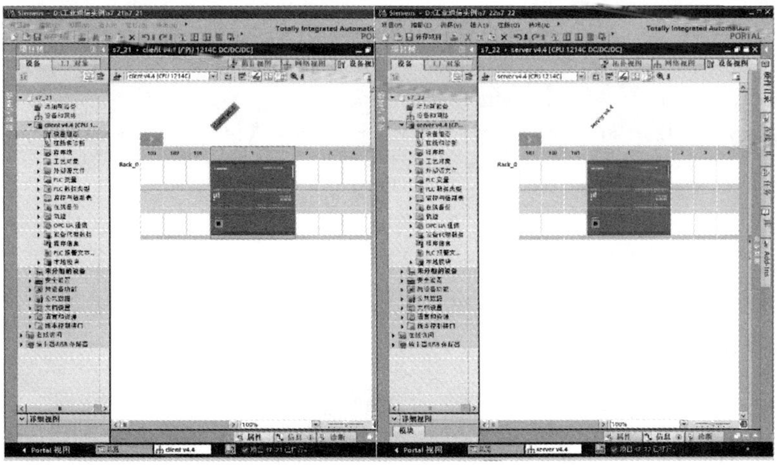

图 3.33　两个不同的项目

(2) 网络配置,组态 S7 连接

客户机侧进行网络配置,在"设备组态"中,设置 PROFINET 接口的 IP 地址为 192.168.0.10,然后选择"网络视图"栏进行配置网络,点中左上角的"连接"图标,连接框中选择"S7 连接",选中 clientV4.4 CPU(客户端),右键选择"添加新的连接",在创建新连接对话框内,选择连接对象“未指定”,如图 3.34 所示。

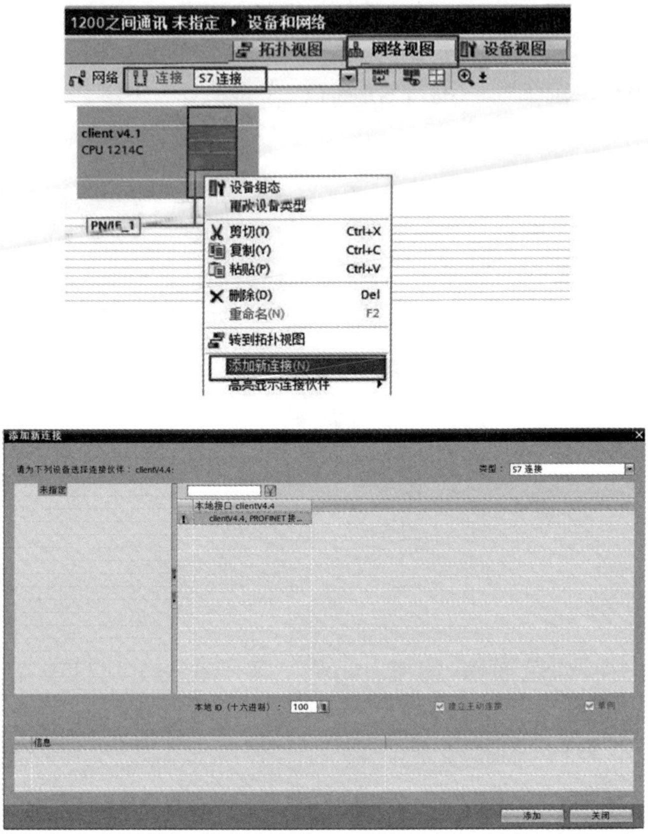

图 3.34　建立 S7 连接

(3) S7 连接及其属性说明

在中间栏的“连接”条目中,可以看到已经建立的“S7_连接_1”,如图 3.35 所示。

图 3.35　S7 连接

点中上面的连接,在“S7_连接_1”的连接属性中查看各参数,如图 3.36 所示。在常规中,显示连接双方的设备,在伙伴方“站点”栏选择“未知”;在“地址”栏填写伙伴的 IP 地址 192.168.0.12,如图 3.36 所示。

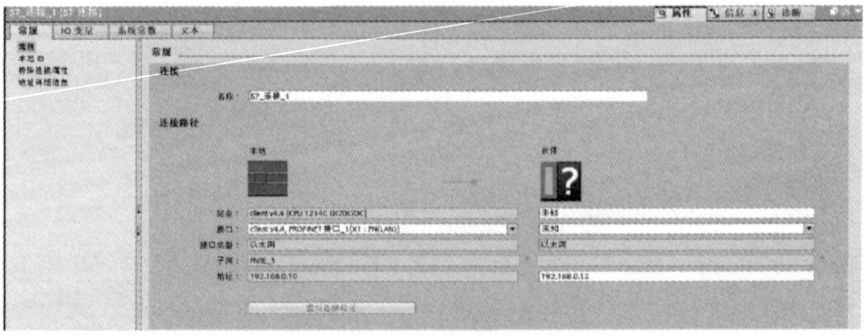

图 3.36　S7 连接设置

在本地 ID 中：显示通信连接的 ID 号，这里 ID = W# 16# 100，如图 3.37 所示。

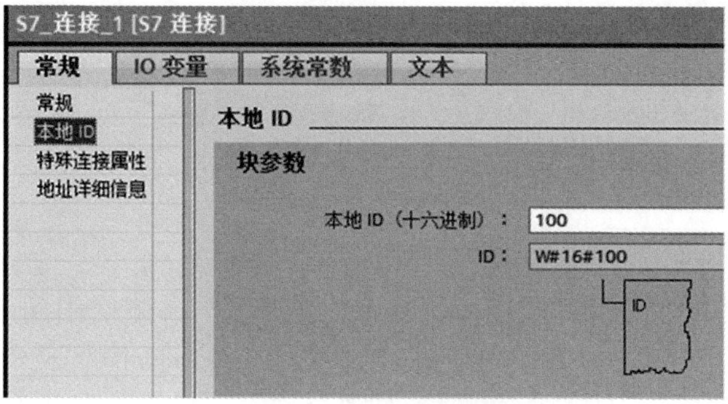

图 3.37　S7 ID 连接设置

在特殊连接属性中：建立未指定的连接，建立连接侧为主动连接。这里 client V4.1 是主动建立连接。如图 3.38 所示。

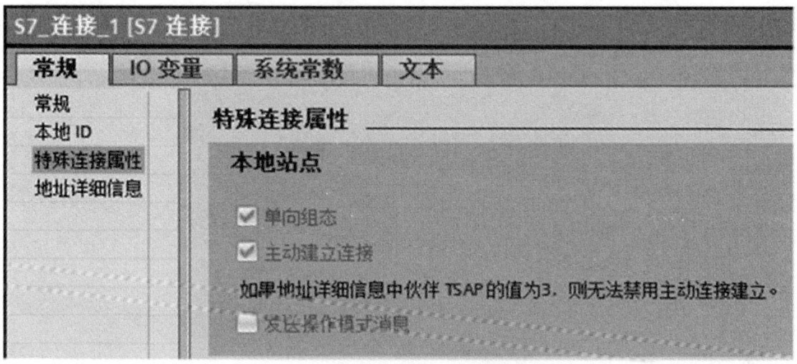

图 3.38　S7 连接设置

在地址详细信息中：定义伙伴侧的 TSAP 号（注意：S7-1200 预留给 S7 连接两个 TSAP 地址：03.01 和 03.00），这里设置伙伴的 TSAP：03.00，如图 3.39 所示。

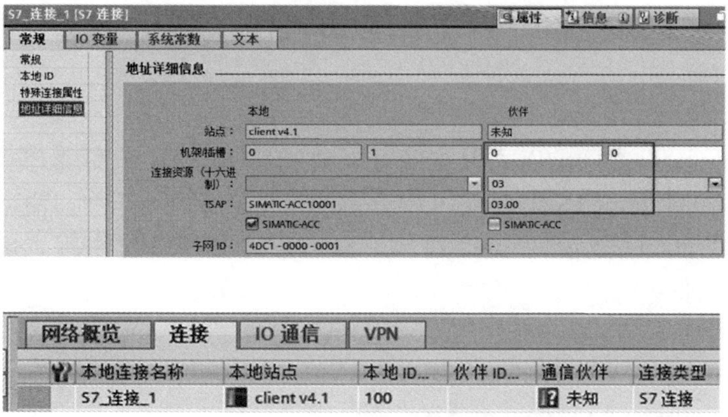

图 3.39　连接的属性及设置后连接状态

配置完网络连接，编译存盘并下载。如果通信连接正常，连接在线状态，如图 3.40 所示。

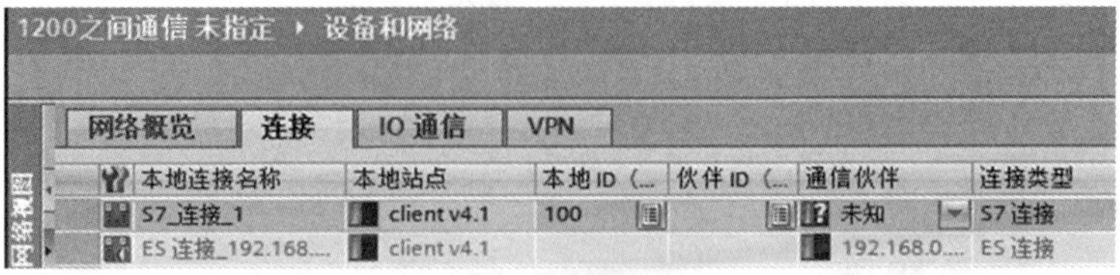

图 3.40 连接状态

(4) 软件编程

在主动建立连接的客户机侧调用 Get、Put 通信指令，具体使用同上一种情况。请点开作为 S7 服务器(sever)的 CPU 的设备组态，“属性＞常规＞防护与安全”(V14 及以前是“属性＞常规＞保护”)里“连接机制”一项需要勾选“允许来自远程对象的 PUT/GET 通信访问”(V14 及以前是“允许从远程伙伴(PLC\HMI\OPC\…)使用 PUT/GET 通信访问”)，如图 3.41 所示。

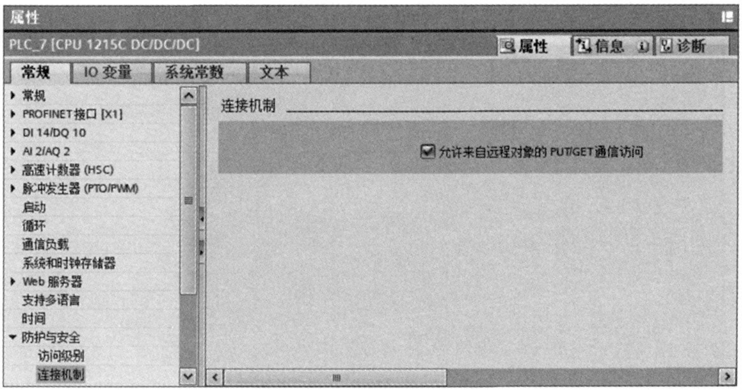

图 3.41 通信保护设置

3.3 S7-1200 与 S7-1200/S7-1500 TCP 通信

S7-1200 与 S7-1200 之间的以太网通信可以通过 TCP 协议来实现，使用的通信指令是在双方 CPU 调用 T. block(TSEND_C，TRCV_C，TCON，TDISCON，TSEND，TRCV)指令来实现。通信方式为双边通信，因此 TSEND 和 TRCV 必须成对出现。也可用于 S7-1200 和 S7_1500 TCP 通信。

硬件有：① 两台 S7-1200 CPU(PLC_1：CPU 1214C DC/DC/DC，固件版本 V4.4 和 PLC_2：CPU 1214C DC/DC/DC，固件版本 V4.4)；② PC(带以太网卡)；③ TP 电缆(以太网电缆)；软件：TIA PORTAL STEP7 V17。

所完成的通信任务如下：① 将 PLC_1 通信数据区 DB3 块中的 10 个字节的数据发送到 PLC_2 的接收数据区 DB4 块中。② 将 PLC_2 通信数据区 DB3 块中的 10 个字节的数据发送到 PLC_1 的接收数据区 DB4 块中。

S7-1200 之间 TCP 通信，可以分两种情况来操作：第一种情况是两个 S7-1200 在一个项目中的操作;第二种情况是两个 S7-1200 不在一个项目中的操作。

3.3.1　在同一项目中操作

使用 STEP7 V17 在同一个项目中,新建两个 S7-1200 站点,然后做 TCP 通信。

(1) 打开 STEP7 V17 软件并新建项目

在 STEP7 V17 的"Portal 视图"中选择"创建新项目"创建一个新项目。项目名称,自拟。

(2) 添加硬件并命名 PLC

进入"项目视图",在"项目树"下双击"添加新设备",在对话框中选择所使用的 S7-1200CPU 添加到机架上,命名为 PLC_1,如图 3.42 所示。

用同样方法再添加通信伙伴的 S7-1200CPU,命名为 PLC_2。

图 3.42　添加新设备

为了编程方便,使用 CPU 属性中定义的时钟位,定义方法如下:在"项目树">"PLC_1">"设备组态"中,选中 CPU,然后在下面的属性窗口中,"属性">"系统和时钟存储器"下,将系统存储器位定义在 MB1,时钟存储器位定义在 MB0,如图 3.43 所示。时钟位我们主要使用 M0.3,它是以 2 Hz 的速率在 0 和 1 之间切换的一个位,可以使用它去自动激活发送任务。PLC_2 侧同样设置。

(3) 为 PROFINET 通信口分配以太网地址

在"设备视图"中点击 CPU 上代表 PROFINET 通信口的绿色小方块,在下方会出现 PROFINET 接口的属性,在"以太网地址"下分配 IP 地址为 192.168.0.11,子网掩码为 255.255.255.0,如图 3.44 所示。

同样方法,在同一个项目里添加另一个新设备 S7-1200CPU 并为其分配 IP 地址为 192.168.0.12。

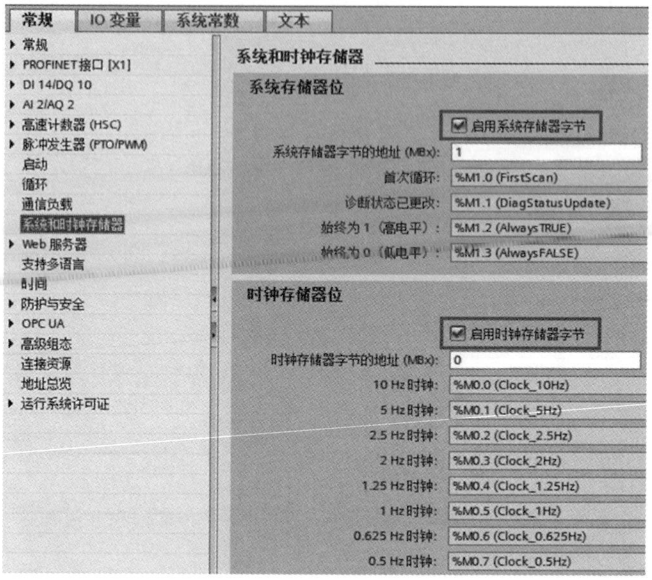

图 3.43 系统位与时钟位

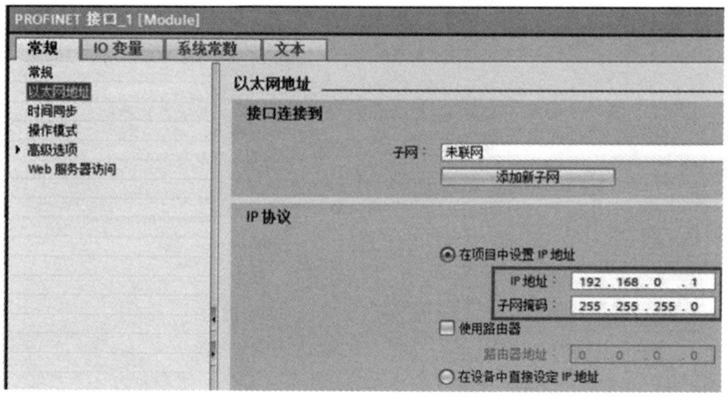

图 3.44 分配 IP 地址

(4) 创建 CPU 之间的逻辑网络连接

在项目树"项目树">"设备和网络">"网络视图"视图下，创建两个设备的连接。用鼠标点中 PLC_1 上的 PROFINET 通信口的绿色小方框，然后拖拽出一条线，到另外一个 PLC_2 上的 PROFINET 通信口上，松开鼠标，连接就建立起来了，如图 3.45 所示。

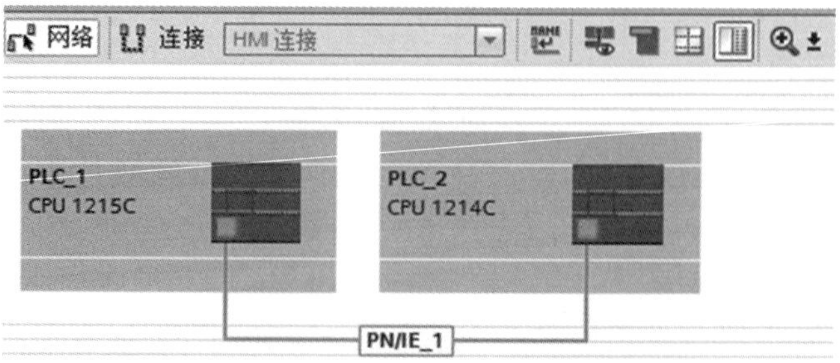

图 3.45 建立两个 CPU 的逻辑连接

(5) 在 PLC_1 的 OB1 中调用 TCON 通信指令

① 在第一个 CPU 中调用通信指令,进入“项目树”>“PLC_1”>“程序块”>“OB1”主程序中,从右侧窗口“指令”>“通信”>“开放式用户通信”下调用 TCON 指令,创建连接,如图 3.46 所示。

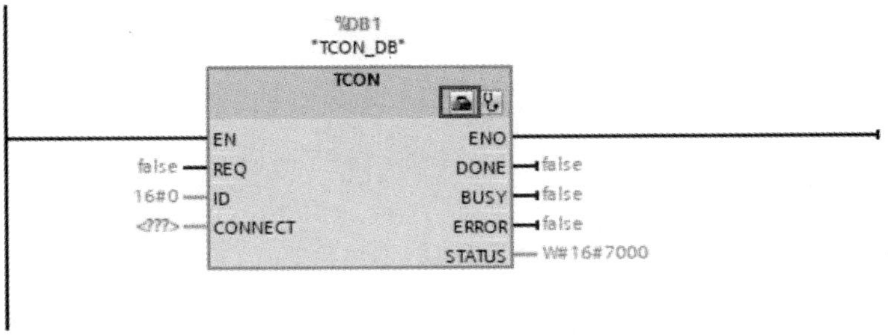

图 3.46　调用 TCON 通信指令

② 点击开始“组态”按钮,分配连接参数,在伙伴“端点”的下拉菜单中选择伙伴为“PLC_2”,在本地“连接数据”的下拉菜单中选择“新建”,如图 3.47 所示。

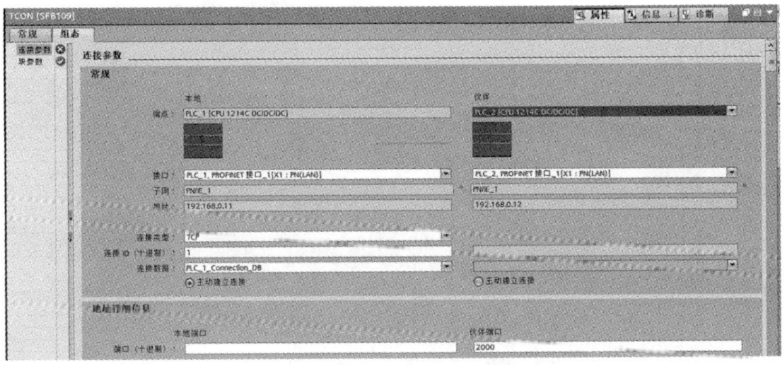

图 3.47　分配连接参数

③ 定义 PLC_1 的 TCON 连接参数。PLC_1 的 TCON 指令的连接参数需要在指令下方的属性窗口“属性”>“组态”>“连接参数”中设置,同样使用“新建”,创建伙伴方的“连接数据”“PLC_2_Connection_DB”,如图 3.48 所示。

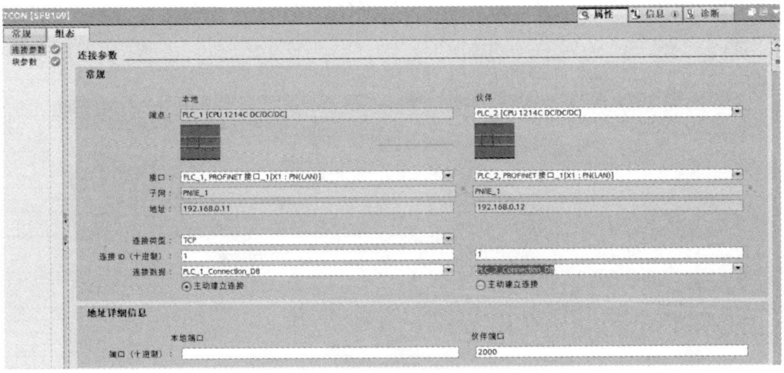

图 3.48　定义 TCON 连接参数

④ 组态完成后 TCON 指令如图 3.49 所示。

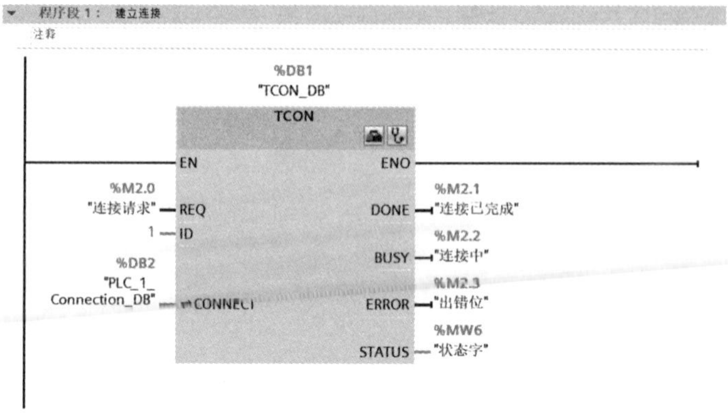

图 3.49 TCON 通信指令

(6) 定义 PLC_1 的“TSEND”发送通信块接口参数

① 调用“TSEND”在 OB1 内调用发送 10 个字节数据到 PLC_2 中。进入“项目树”>“PLC_1”>“程序块”>“OB1”主程序中，从右侧窗口“指令”>“通信”>“开放式用户通信”下调用“TSEND”指令，如图 3.50 所示。数据块编号手动改为 5。

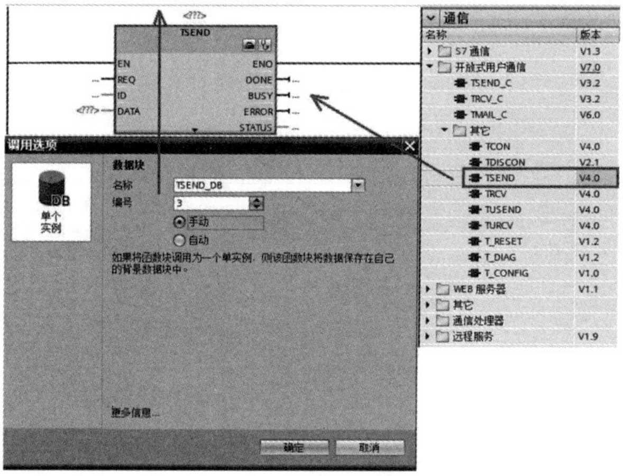

图 3.50 调用 TSEND

② 创建并定义 PLC_1 的发送数据区 DB 块。通过“项目树”>“PLC_1”>“程序块”>“添加新块”，选择“数据块”创建 DB 块，在 DB 块的“属性>常规>属性”中，取消勾选“优化的块访问”，点击“确定”键，定义发送数据区为 10 个字节的数组，如图 3.51 及图 3.52 所示。

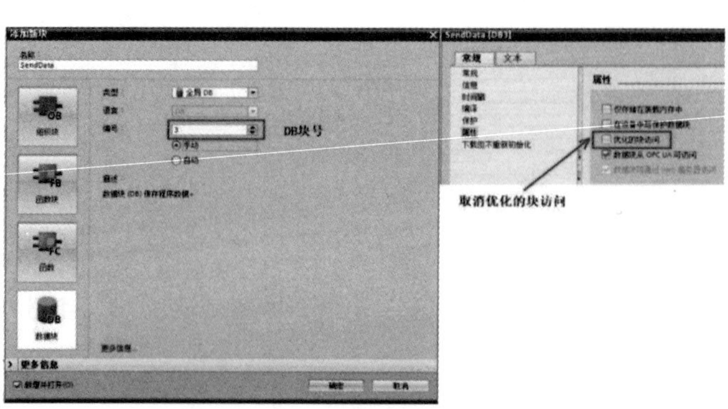

图 3.51 创建发送数据区 DB 块

注意：对于双边编程通信的 CPU，如果通信数据区使用 DB 块，既可以将 DB 块定义成符号寻址，也可以定义成绝对寻址。使用指针寻址方式，必须创建绝对寻址的 DB 块。

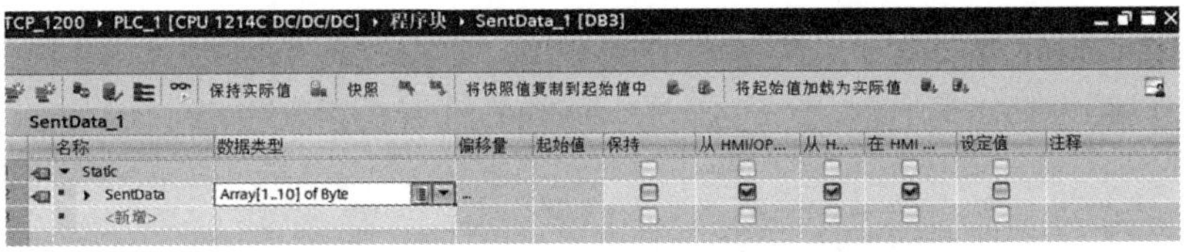

图 3.52　定义发送数据区为字节类型的数组

③ 定义 PLC_1 的 TSEND 发送通信块接口参数，如图 3.53 所示。

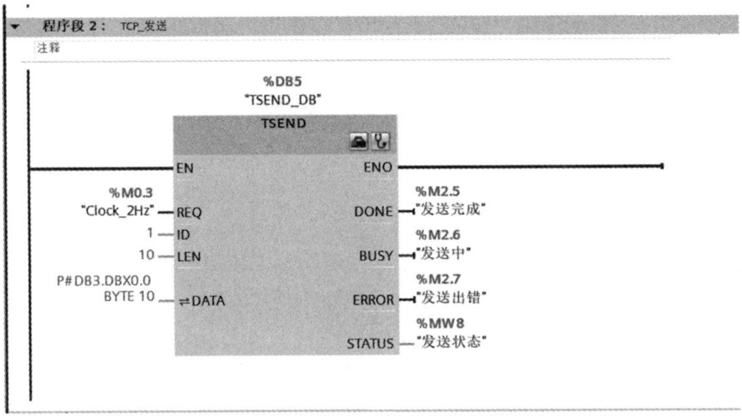

图 3.53　定义 TSEND 接口参数

(7) 在 PLC_1 的 OB1 中调用接收指令 T_RCV 并配置基本参数

为了实现 PLC_1 接收来自 PLC_2 的数据，则在 PLC_1 中调用接收指令 T_RCV 并配置基本参数。

① 创建并定义 PLC_1 的接收数据区 DB 块。通过"项目树">"PLC_1">"程序块">"添加新块"，选择"数据块"创建 DB 块，在 DB 块的"属性>常规>属性"中，取消勾选"优化的块访问"，点击"确定"键，定义接收数据区为 100 个字节的数组，如图 3.54 及图 3.55 所示。

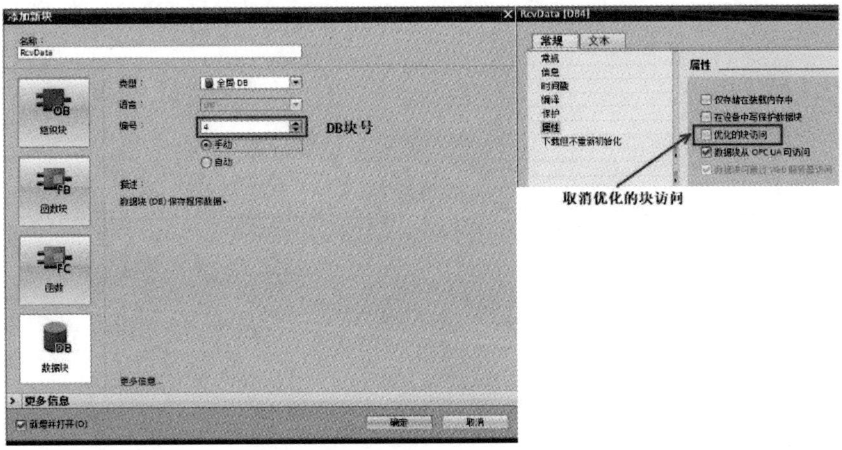

图 3.54　创建接收数据区 DB 块

注意：对于双边编程通信的 CPU，如果通信数据区使用 DB 块，既可以将 DB 块定义成符号寻址，也可以定义成绝对寻址。使用指针寻址方式，必须创建绝对寻址的 DB 块。

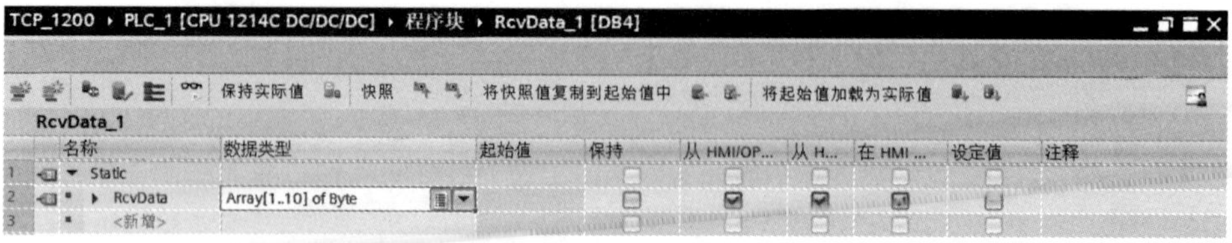

图 3.55　定义接收数据区为字节类型的数组

② 调用“TRCV”在 OB1 内调用。进入“项目树”>“PLC_1”>“程序块”>“OB1”主程序中，从右侧窗口“指令”>“通信”>“开放式用户通信”下调用“TRCV”指令，配置接口参数，如图 3.56 所示。

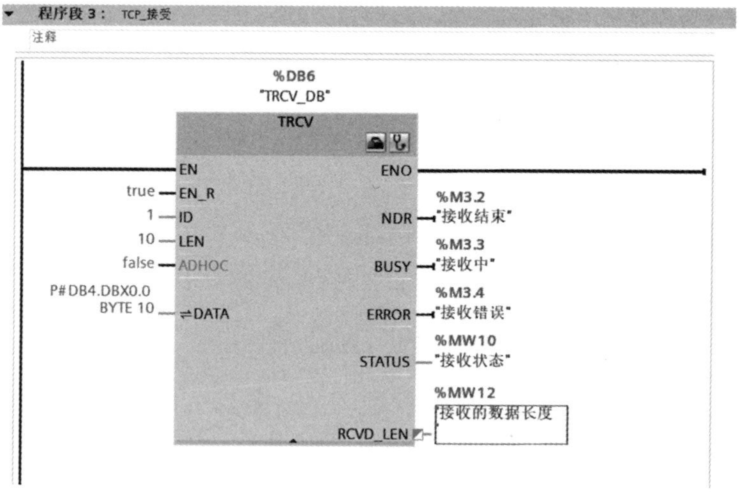

图 3.56　调用 TRCV 指令并配置接口参数

(8) 在 PLC_2 的 OB1 中调用 TCON 通信指令

① 在第一个 CPU 中调用通信指令，进入“项目树”>“PLC_2”>“程序块”>“OB1”主程序中，从右侧窗口“指令”>“通信”>“开放式用户通信”下调用 TCON 指令，创建连接，如图 3.57 所示。

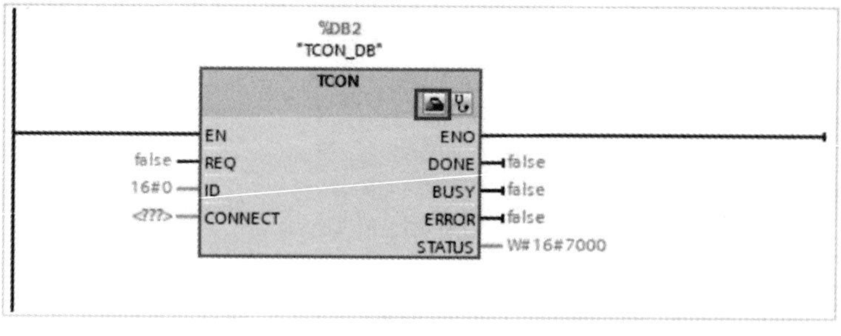

图 3.57　调用 TCON 通信指令

② 点击“组态”按钮，分配连接参数，在伙伴“端点”的下拉菜单中选择伙伴为“PLC_1”，在本地“连接数据”的下拉菜单中选择已经建立的连接数据“PLC_2_Connection_DB”，如图 3.58 所示。

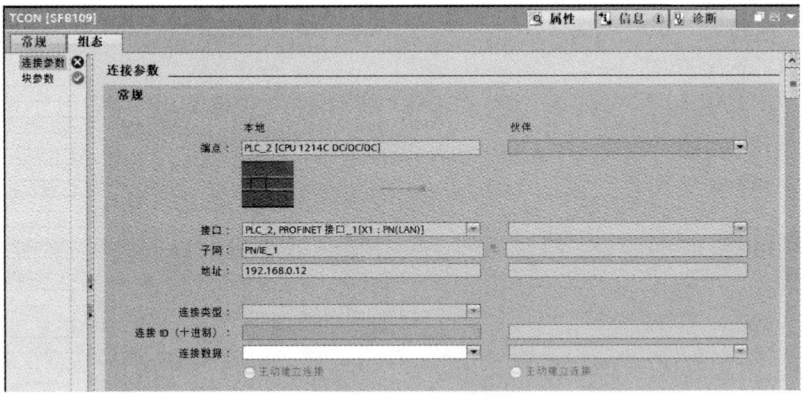

图 3.58　分配连接参数

③ 定义 PLC_2 的连接参数 TCON。PLC_2 的 TCON 指令的连接参数需要在指令下方的属性窗口“属性”>“组态”>“连接参数”中设置，在伙伴“连接数据”的下拉菜单中选择已经建立的连接数据“PLC_1_Connection_DB”，如图 3.59 所示。

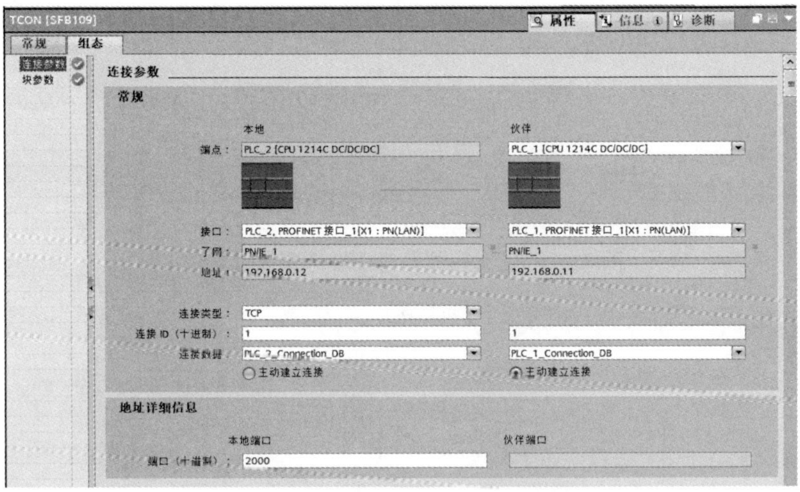

图 3.59　定义 TCON 连接参数

④ 组态完成后 TCON 指令如图 3.60 所示。

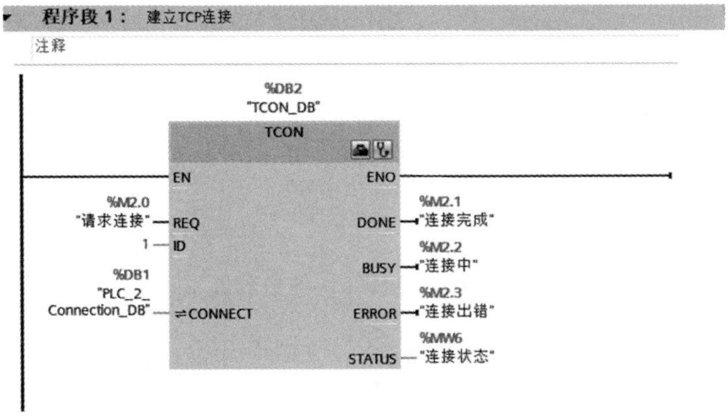

图 3.60　TCON 通信指令

(9) 在 PLC_2 中在 OB1 调用 TRCV 通信指令，接收从 PLC_1 发送到 PLC_2 的 10 个字节数据

① 创建并定义接收数据区 DB 块。通过“项目树”>“PLC_2”>“程序块”>“添加新块”，选择“数据块”创建 DB 块，在 DB 块的“属性>常规>属性”中，取消勾选“优化的块访问”，点击“确定”键定义接收数据区为 10 个字节的数组，如图 3.61 及图 3.62 所示。

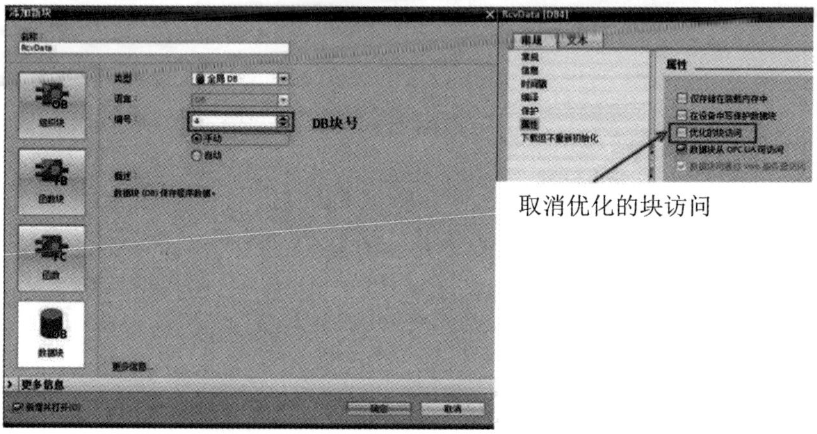

图 3.61　创建接收数据区 DB 块

RcvData

	名称	数据类型	偏移量	起始值	保持	从 HMI/OPC...	从 H...	在 HMI ...	设定值
1	▼ Static								
2	▸ RcvData	Array[0..100] of Byte	...						

图 3.62　定义接收区为 100 个字节的数组

② 定义调用 TRCV 程序，如图 3.63 所示。

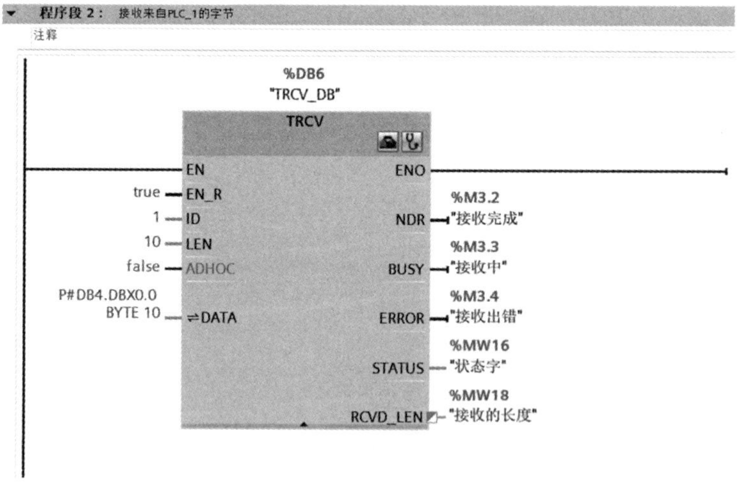

图 3.63　TRCV 块参数配置

(10) 在 PLC_2 中调用并配置 TSEND 通信指令

PLC_2 将发送 10 个字节数据到 PLC_1 中，创建发送数据块 DB3 与创建接收数据块方法相同，不再详述。在 PLC_2 中调用发送指令并配置块参数，发送指令与接收指令使用同一个连接，如图 3.64 所示。

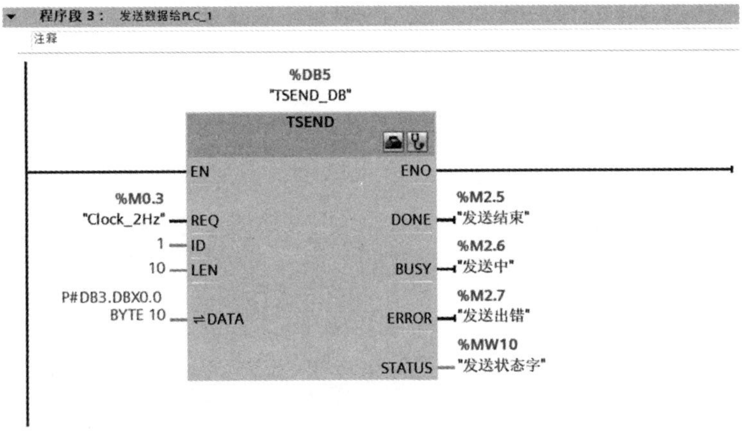

图 3.64　调用 TSEND 指令并配置块接口参数

(11) 下载硬件组态及程序并监控通信结果

下载两个 CPU 中的所有硬件组态及程序，从监控表中可以看到，PLC_1 的 TSEND 指令发送数据"1""2""3""4""5""6"，PLC_2 接收到数据"1""2""3""4""5""6"。而 PLC_2 发送数据"7""8""9""10""11""12"，PLC_1 接收数据是"7""8""9""10""11""12"，如图 3.65 所示。

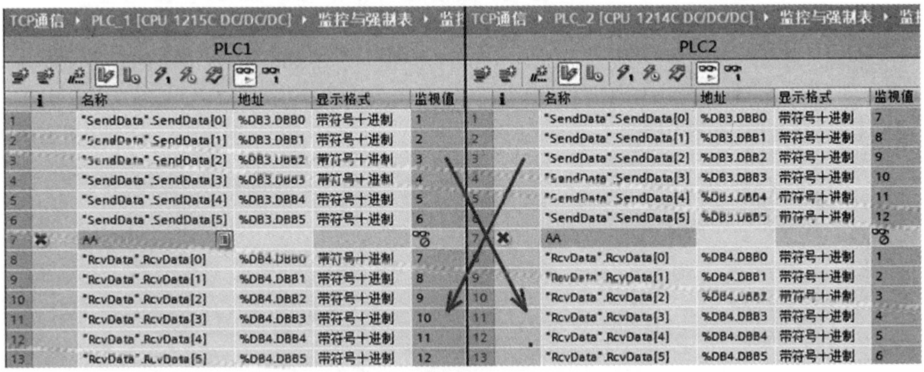

PLC1	名称	地址	显示格式	监视值
1	"SendData".SendData[0]	%DB3.DBB0	带符号十进制	1
2	"SendData".SendData[1]	%DB3.DBB1	带符号十进制	2
3	"SendData".SendData[2]	%DB3.DBB2	带符号十进制	3
4	"SendData".SendData[3]	%DB3.DBB3	带符号十进制	4
5	"SendData".SendData[4]	%DB3.DBB4	带符号十进制	5
6	"SendData".SendData[5]	%DB3.DBB5	带符号十进制	6
7	AA			
8	"RcvData".RcvData[0]	%DB4.DBB0	带符号十进制	7
9	"RcvData".RcvData[1]	%DB4.DBB1	带符号十进制	8
10	"RcvData".RcvData[2]	%DB4.DBB2	带符号十进制	9
11	"RcvData".RcvData[3]	%DB4.DBB3	带符号十进制	10
12	"RcvData".RcvData[4]	%DB4.DBB4	带符号十进制	11
13	"RcvData".RcvData[5]	%DB4.DBB5	带符号十进制	12

PLC2	名称	地址	显示格式	监视值
1	"SendData".SendData[0]	%DB3.DBB0	带符号十进制	7
2	"SendData".SendData[1]	%DB3.DBB1	带符号十进制	8
3	"SendData".SendData[2]	%DB3.DBB2	带符号十进制	9
4	"SendData".SendData[3]	%DB3.DBB3	带符号十进制	10
5	"SendData".SendData[4]	%DB3.DBB4	带符号十进制	11
6	"SendData".SendData[5]	%DB3.DBB5	带符号十进制	12
7	AA			
8	"RcvData".RcvData[0]	%DB4.DBB0	带符号十进制	1
9	"RcvData".RcvData[1]	%DB4.DBB1	带符号十进制	2
10	"RcvData".RcvData[2]	%DB4.DBB2	带符号十进制	3
11	"RcvData".RcvData[3]	%DB4.DBB3	带符号十进制	4
12	"RcvData".RcvData[4]	%DB4.DBB4	带符号十进制	5
13	"RcvData".RcvData[5]	%DB4.DBB5	带符号十进制	6

图 3.65　PLC_1 及 PLC_2 的监控表

3.3.2　不在同一项目中操作

使用 STEP7 V17 不在一个项目中，新建两个 S7-1200 站点，然后做 TCP 通信。

(1) 打开 STEP7 V17 软件并新建项目

在 STEP7 V17 的"Portal 视图"中选择"创建新项目"创建一个新项目，项目名称自拟。

(2) 添加硬件并命名 PLC

进入"项目视图"，在"项目树"下双击"添加新设备"，在对话框中选择所使用的 S7-1200 CPU 添加到机架上，命名为 PLC_1，如图 3.66 所示。

同样方法，再次打开 STEP7 V17，新建另一个项目并添加通信伙伴的 S7-1200 CPU，命名为 PLC_2。

为了编程方便，使用 CPU 属性中定义的时钟位，定义方法如下：

在"项目树">"PLC_1">"设备组态"中，选中 CPU，在下面的属性窗口"属性">"系统和

图 3.66 添加新设备

时钟存储器”下，将系统位定义在 MB1，时钟位定义在 MB0，如图 3.67 所示。时钟位主要使用 M0.3，它是以 2 Hz 的速率在 0 和 1 之间切换的一个位，可以使用它去自动激活发送任务。

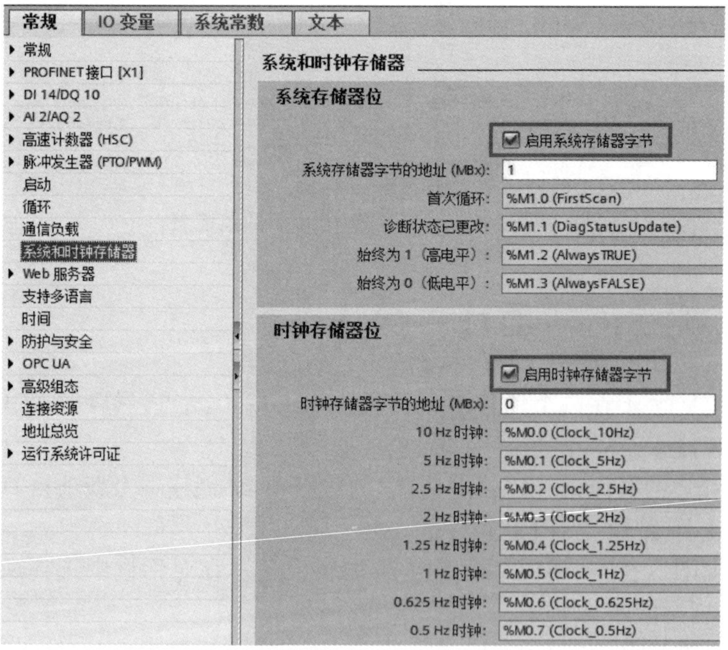

图 3.67 系统位与时钟位

(3) 为 PROFINET 通信口分配以太网地址

在“设备视图”中点击 CPU 上代表 PROFINET 通信口的绿色小方块，在下方会出现

PROFINET 接口的属性，在“以太网地址”下分配 IP 地址为 192.168.0.1，子网掩码为 255.255.255.0，点击“添加新子网”，增加子网“PN/IE_1”，如图 3.68 所示。

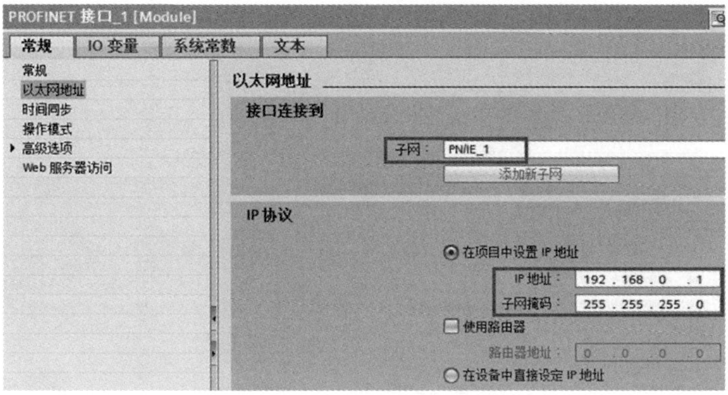

图 3.68　分配 IP 地址

同样的方法，在另一个项目里添加另一个新设备 S7-1200 CPU 并为其分配 IP 地址为 192.168.0.2。

(4) 在 PLC_1 的 OB1 中调用 TCON 通信指令

① 在第一个 CPU 中调用通信指令，进入“项目树”>“PLC_1”>“程序块”>“OB1”主程序中，从右侧窗口“指令”>“通信”>“开放式用户通信”下调用 TCON 指令，创建连接，如图 3.69 所示。

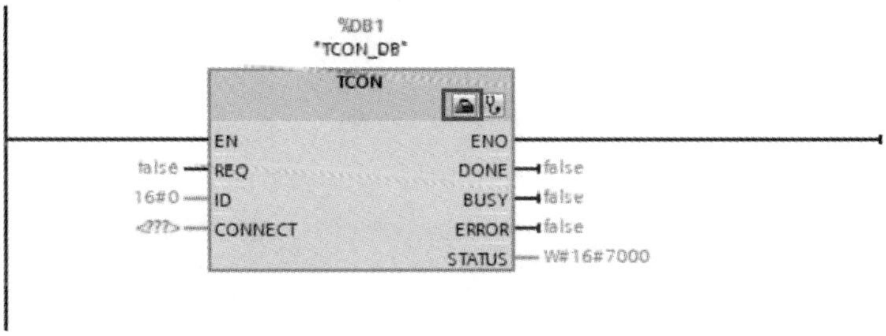

图 3.69　调用 TCON 通信指令

② 点击开始“组态”按钮，分配连接参数，由于 PLC_2 是在不同项目中，因此伙伴方“端点”选择“未指定”，在本地“连接数据”的下拉菜单中选择“新建”，如图 3.70 所示。

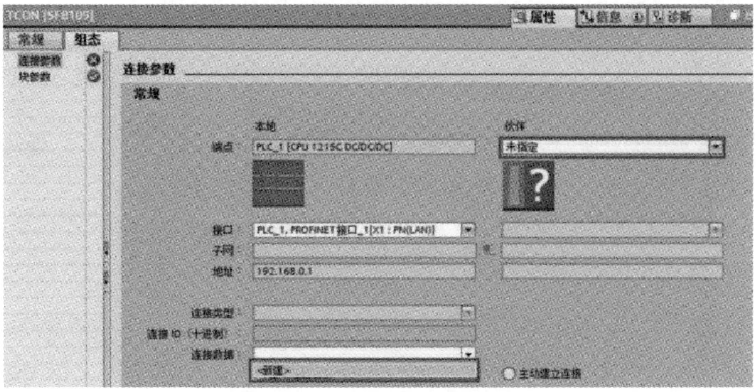

图 3.70　分配连接参数

③ 定义 PLC_1 的 TCON 连接参数。

PLC_1 的 TCON 指令的连接参数需要在指令下方的属性窗口“属性”>“组态”>“连接参数”中设置，设置伙伴方的 IP 地址为“192.168.0.2”，如图 3.71 示。

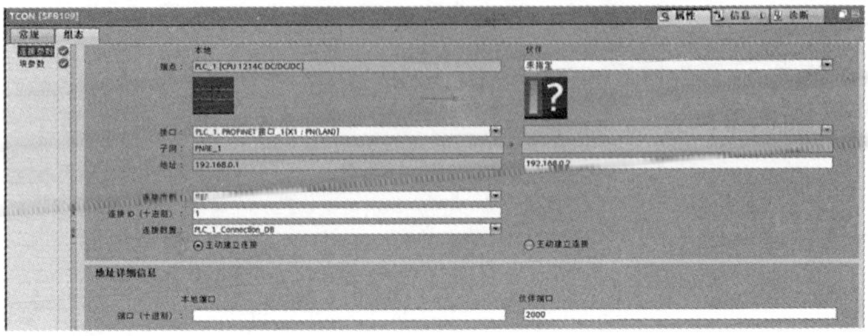

图 3.71　定义 TCON 连接参数

④ 组态完成后 TCON 指令如图 3.72 所示。

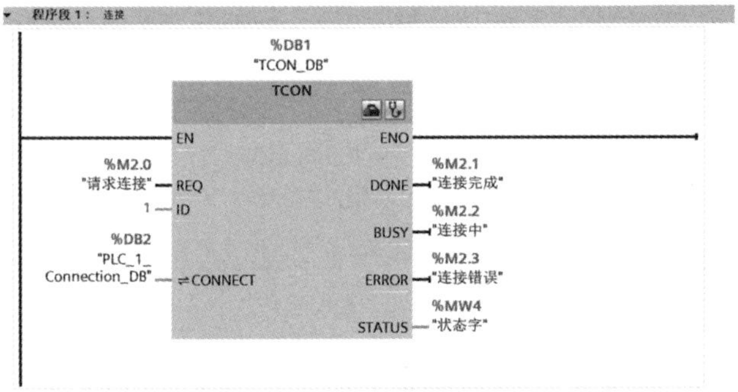

图 3.72　TCON 通信指令

(5) 定义 PLC_1 的 TSEND 发送通信块接口参数

① 调用 TSEND 在 OB1 内调用发送 10 个字节数据到 PLC2 中。

进入“项目树”>“PLC_1”>“程序块”>“OB1”主程序中，从右侧窗口“指令”>“通信”>“开放式用户通信”下调用“TSEND”指令，如图 3.73 所示。TSEND 背景数据块，编号手动为 5。

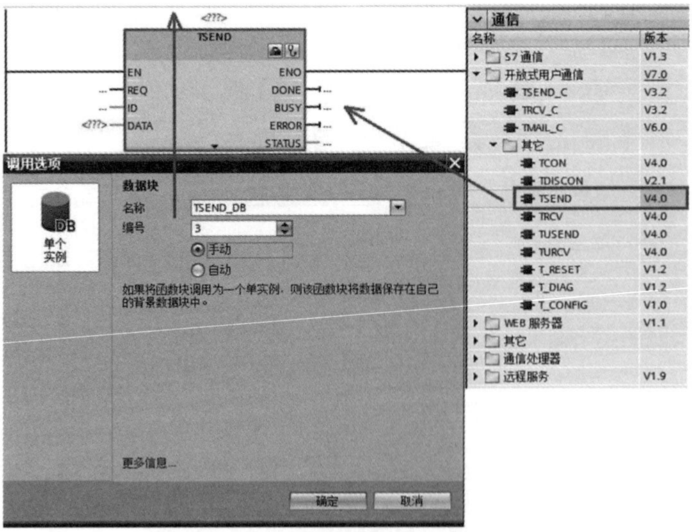

图 3.73　调用 TSEND

② 创建并定义 PLC_1 的发送数据区 DB 块。

通过“项目树”>“PLC_1”>“程序块”>“添加新块”，选择“数据块”创建 DB 块，在 DB 块的“属性.>常规.>属性”中，取消勾选“优化的块访问”，点击“确定”键，定义发送数据区为 10 个字节的数组，如图 3.74 及图 3.75 所示。

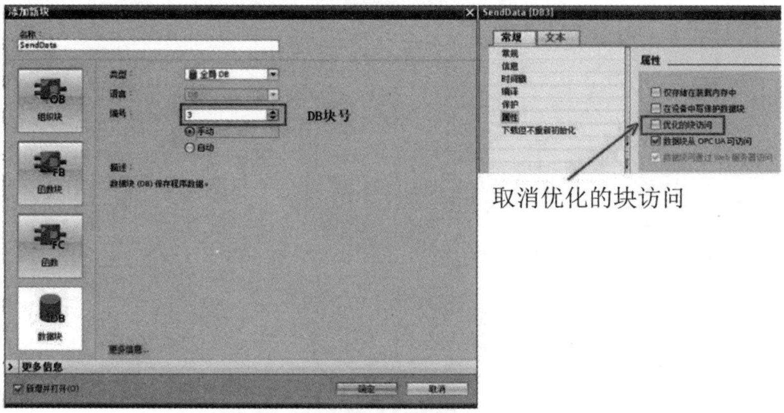

图 3.74　创建发送数据区 DB 块

注意：对于双边编程通信的 CPU，如果通信数据区使用 DB 块，既可以将 DB 块定义成符号寻址，也可以定义成绝对寻址。使用指针寻址方式，必须创建绝对寻址的 DB 块。

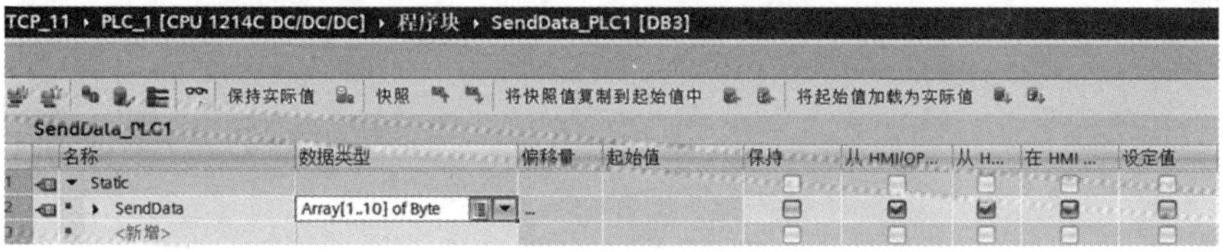

图 3.75　定义发送数据区为字节类型的数组

③ 定义 PLC_1 的“TSEND”发送通信块接口参数，如图 3.76 所示。

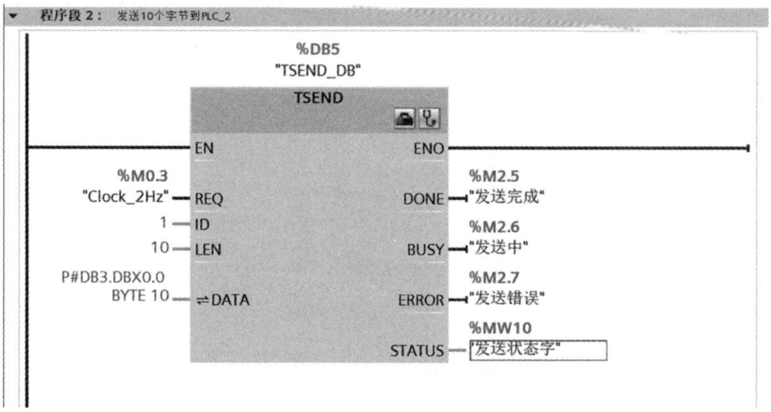

图 3.76　定义 TSEND 接口参数

(6) 在 PLC_1 的 OB1 中调用接收指令 T_RCV 并配置基本参数

为了实现 PLC_1 接收来自 PLC_2 的数据，则在 PLC_1 中调用接收指令 T_RCV 并配置基本参数。

① 创建并定义 PLC_1 的接收数据区 DB 块。通过“项目树”>“PLC_1”>“程序块”>“添加新块”，选择“数据块”创建 DB 块，在 DB 块的“属性>常规>属性”中，取消勾选“优化的块访问”，点击“确定”键，定义接收数据区为 10 个字节的数组，如图 3.77 及图 3.78 所示。

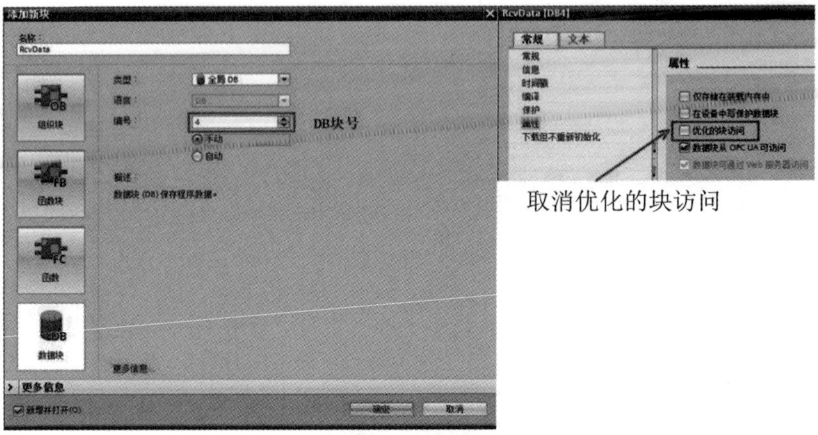

图 3.77 创建接收数据区 DB 块

注意：对于双边编程通信的 CPU，如果通信数据区使用 DB 块，既可以将 DB 块定义成符号寻址，也可以定义成绝对寻址。使用指针寻址方式，必须创建绝对寻址的 DB 块。

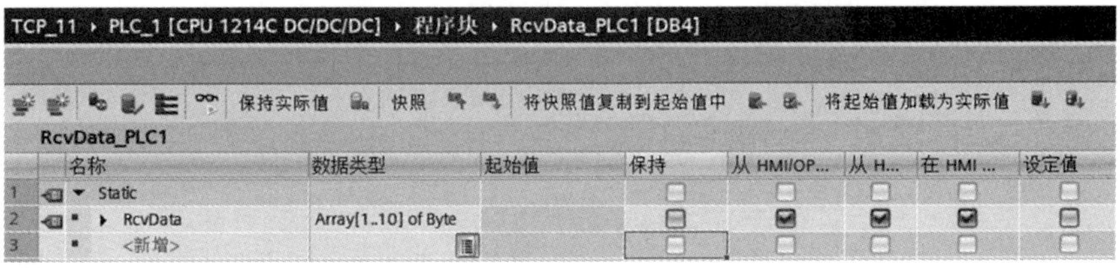

图 3.78 定义接收数据区为字节类型的数组

② 调用 TRCV。在 OB1 内调用，进入“项目树”>“PLC_1”>“程序块”>“OB1”主程序中，从右侧窗口“指令”>“通信”>“开放式用户通信”下调用“TRCV”指令，配置接口参数，如图 3.79 所示。

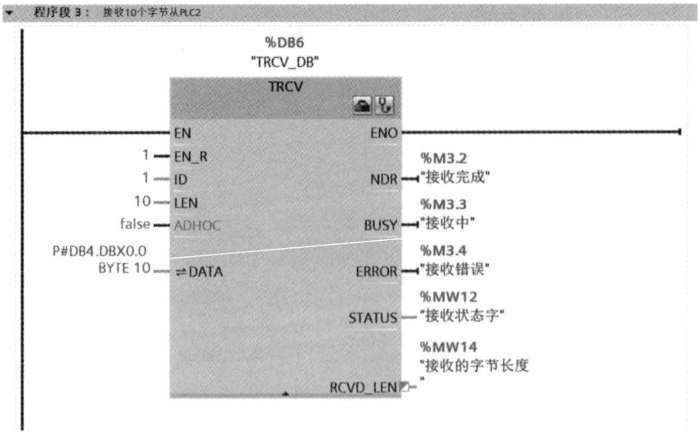

图 3.79 调用 TRCV 指令并配置接口参数

(7) 在 PLC_2 的 OB1 中调用 TCON 通信指令

① 在第一个 CPU 中调用通信指令，进入“项目树”＞“PLC_2”＞“程序块”＞“OB1”主程序中，从右侧窗口“指令”＞“通信”＞“开放式用户通信”下调用 TCON 指令，创建连接，如图 3.80 所示。

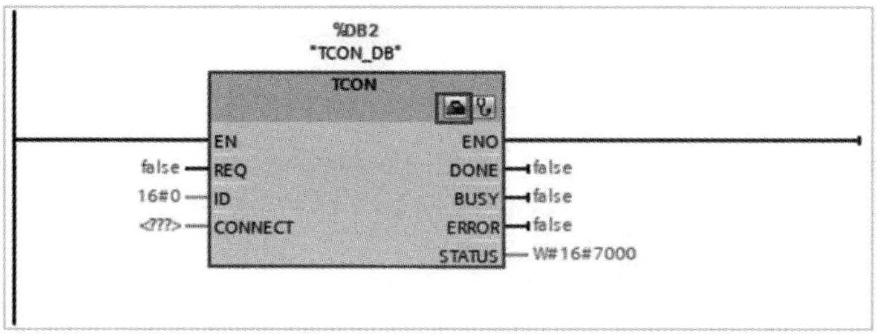

图 3.80　调用 TCON 通信指令

② 点击开始“组态”按钮，分配连接参数，由于 PLC_1 是在不同项目中，因此伙伴方“端点”选择“未指定”，在本地“连接数据”的下拉菜单中选择“新建”，如图 3.81 所示。

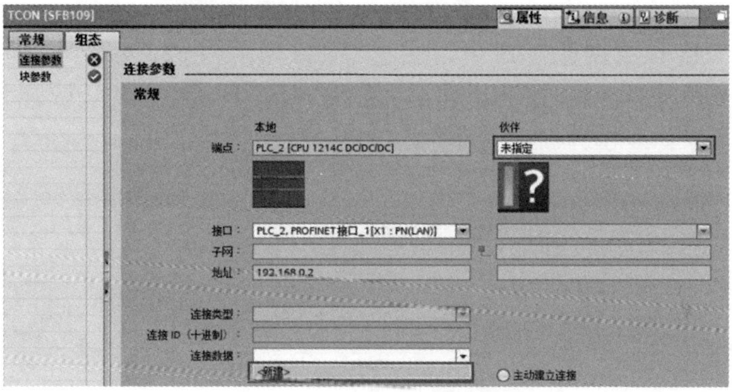

图 3.81　分配连接参数

③ 定义 PLC_2 的连接参数 TCON。PLC_2 的 TCON 指令的连接参数需要在指令下方的属性窗口“属性”＞“组态”＞“连接参数”中设置，设置伙伴方的 IP 地址为 192.168.0.1，如图 3.82 所示。

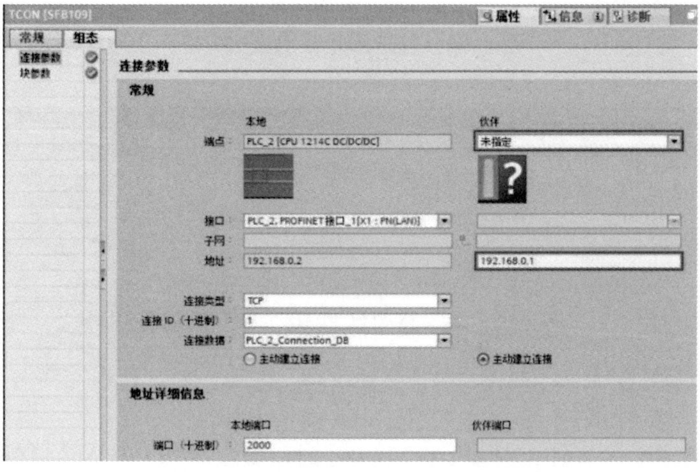

图 3.82　定义 TCON 连接参数

④ 组态完成后 TCON 指令如图 3.83 所示。

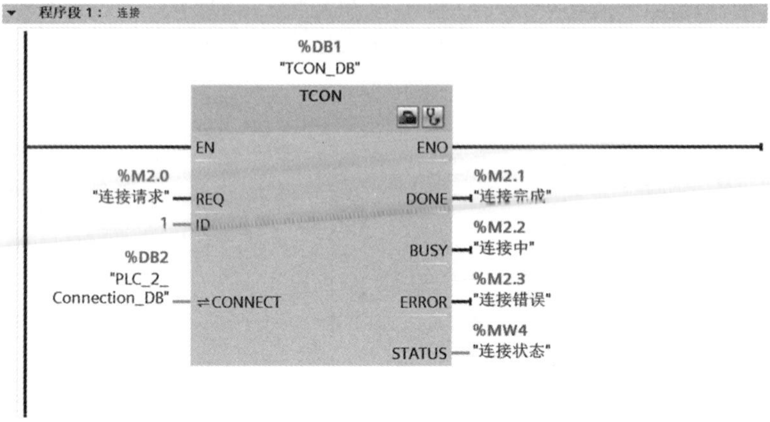

图 3.83 TCON 通信指令

(8) 在 PLC_2 中在 OB1 调用 TRCV 通信指令

接收从 PLC_1 的数据块 DB3 中发送到 PLC_2 的 10 个字节数据。

① 创建并定义接收数据区 DB 块。通过“项目树”>“PLC_2”>“程序块”>“添加新块”，选择“数据块”创建 DB 块，在 DB 块的“属性>常规>属性”中，取消勾选“优化的块访问”，点击“确定”键定义接收数据区为 10 个字节的数组，如图 3.84 及图 3.85 所示。

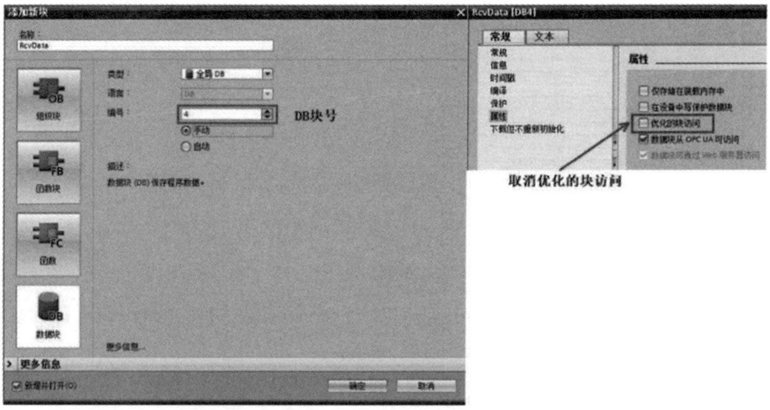

图 3.84 创建接收数据区 DB 块

图 3.85 定义接收区为 10 个字节的数组

② 定义调用 TRCV 程序，如图 3.86 所示。

(9) 在 PLC_2 中调用并配置 TSEND 通信指令

PLC_2 将发送 10 个字节数据到 PLC_1 中，创建发送数据块 DB3 与创建接收数据块方

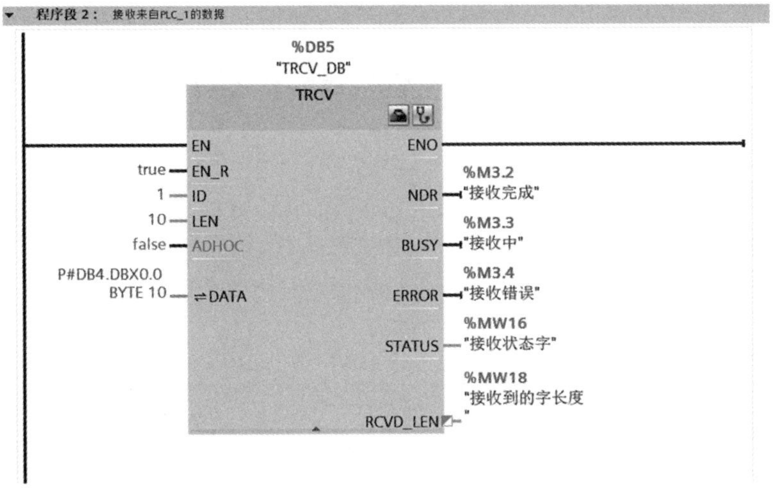

图 3.86　TRCV 块参数配置

法相同，不再详述。在 PLC_2 中调用发送指令并配置块参数，发送指令与接收指令使用同一个连接，如图 3.87 所示。

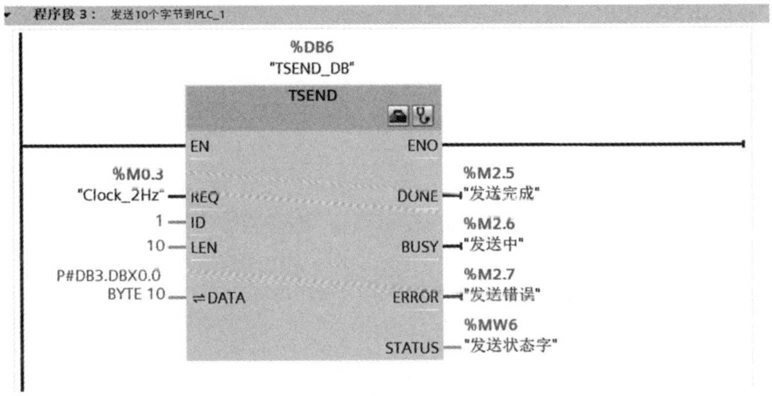

图 3.87　调用 TSEND 指令并配置块接口参数

(10) 下载硬件组态及程序并监控通信结果

下载两个 CPU 中的所有硬件组态及程序，从监控表中可以看到，PLC_1 的 TSEND 指令发送数据“1”“2”“3”“4”“5”“6”，PLC_2 接收到数据“1”“2”“3”“4”“5”“6”。而 PLC_2 发送数据“7”“8”“9”“10”“11”“12”，PLC_1 接收数据是“7”“8”“9”“10”“11”“12”，如图 3.88 所示。

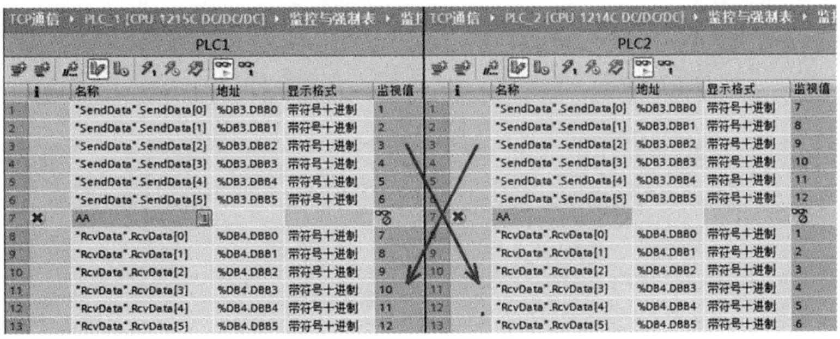

图 3.88　PLC_1 及 PLC_2 的监控表

3.4 ISO_on_TCP 通信

S7-1200 和 S7-1200 之间 ISO on TCP 通信，使用 ISO_on_TCP 协议通信，除了连接参数的定义不同，其他组态编程与 TCP 协议通信完全相同，见 S7-1200 和 S7-1200 之间 TCP 通信。

S7-1200 CPU 中，使用 ISO_on_TCP 协议通信时，PLC_1 的连接参数如图 3.89 所示。通信伙伴 PLC_2 的连接参数，如图 3.90 所示。

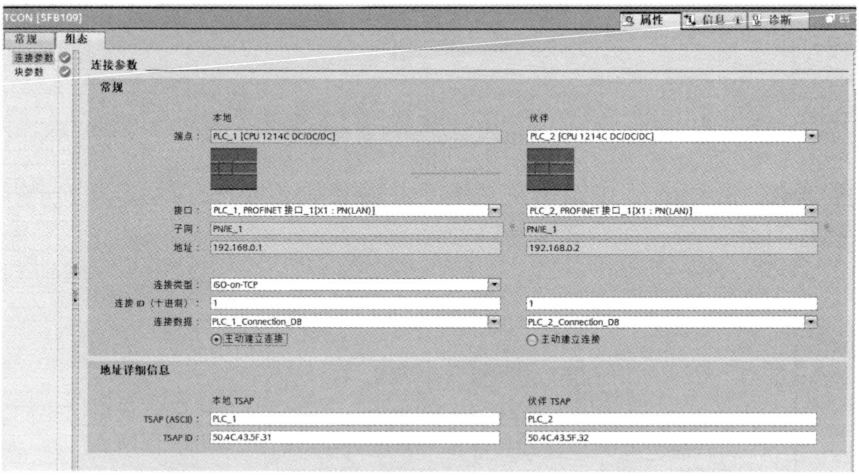

图 3.89 PLC_1 的 ISO.on.TCP 协议通信连接参数

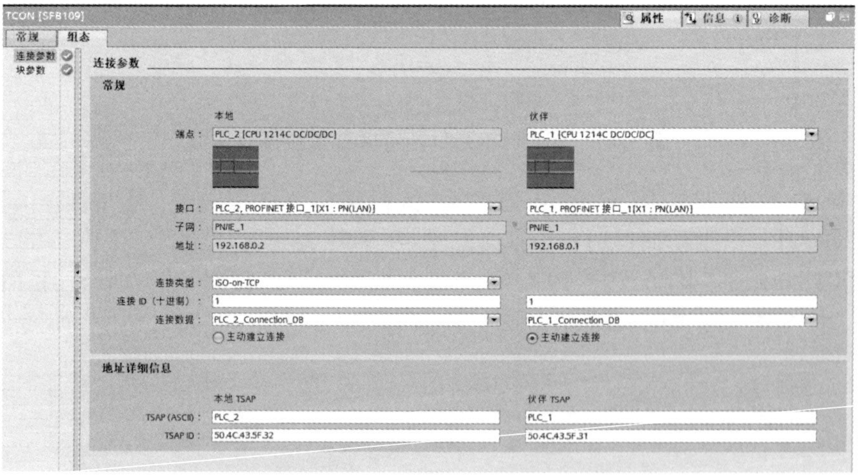

图 3.90 PLC_2 的 ISO_on_TCP 协议通信连接参数

ISO_on_TCP 协议支持动态长度的数据传输。创建接收和发送 DB 块，可优化寻址方式或实际地址方式。

(1) 通信数据区的定义

发送方的数据块通信数据区定义为 10 个字节，如图 3.91 所示。

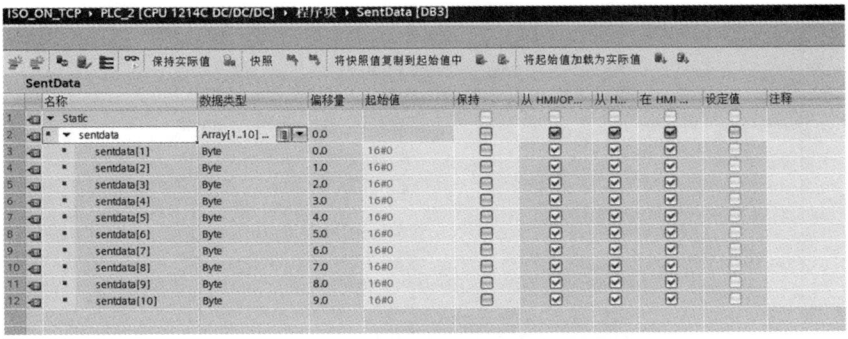

图 3.91　发送方数据块通信数据区的定义

接收方的数据区也定义为 10 个字节,如图 3.92 所示。

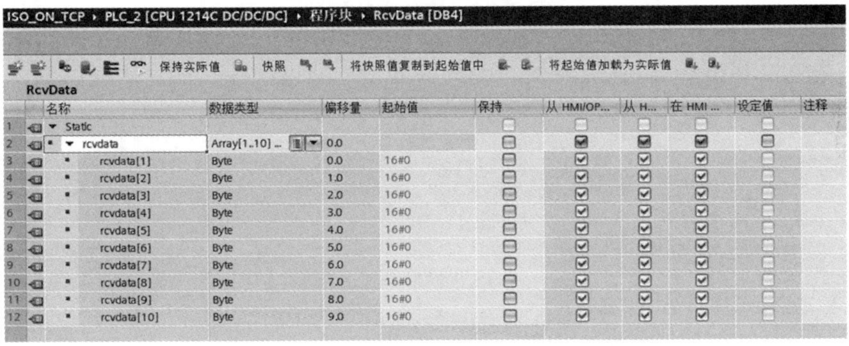

图 3.92　接收方数据块通信数据区的定义

(2) 编程

发送方的程序如图 3.93 所示,LEN 参数要定义成变量 10。

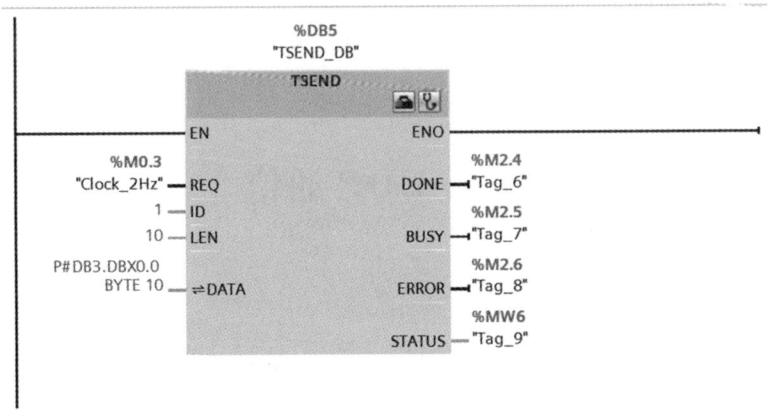

图 3.93　发送方的编程

接收方的程序如图 3.94 所示,LEN 参数赋一个常数“10”,接收 10 个字节长度。注意要创建符号寻址方式的 DB 块。

(3) 动态长度数据传输

要实现动态长度数据传输,需要将接收方的数据长度设为 0。

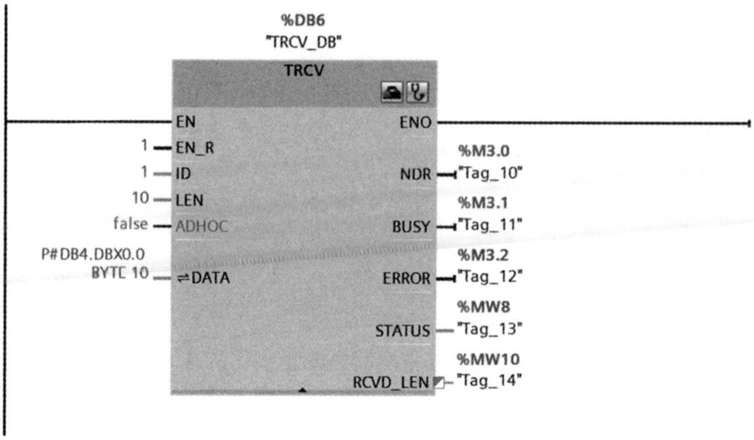

图 3.94 接收方的编程

如果将发送方数据长度 TSENDC_LEN 设为 10,则传送 10 个字节给接收方;监控结果如图 3.95 所示。

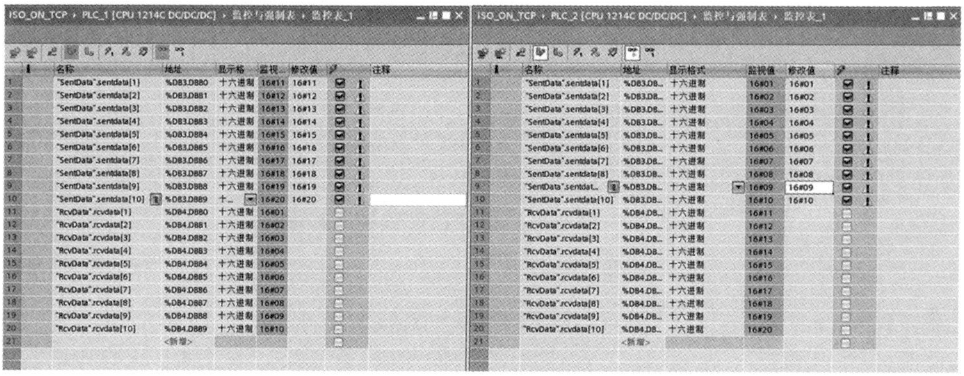

图 3.95 监控结果

3.5 UDP 通信

3.5.1 S7-1200 与 S7-1200 之间的以太网通信

S7-1200 与 S7-1200 之间的以太网通信可以通过 UDP 协议来实现。这个实现过程将使用 TSEND_C,TRCV_C 指令建立双方的 UDP 通信。TSEND_C,TRCV_C 指令在两台 PLC 间必须成对存在。此外 S7-1200 与 S7_1500 在同一个项目下 UDP 通信也可以参考本文。

硬件有:① 两台 S7-1200 CPU V4.4;② PC(带以太网卡);③ TP 电缆(以太网电缆)。软件有:STEP7 V17。连接关系如图 3.96 所示。

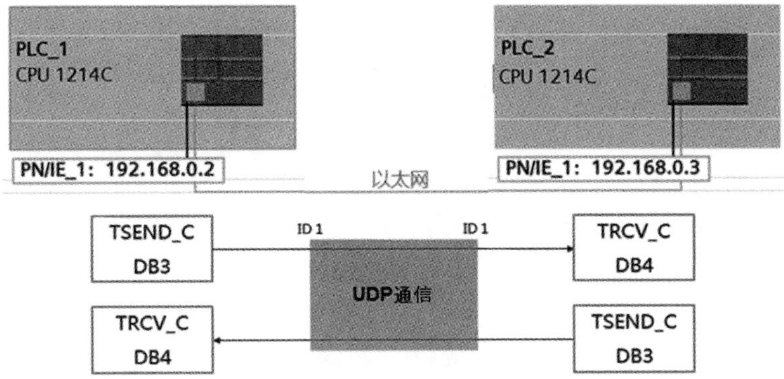

图 3.96　连接关系

(1) 打开 STEP7 V17 软件并新建项目

在 STEP7 V17 的"Portal 视图"中创建一个新项目，项目名称为 UDP_T。

(2) 添加硬件并命名 PLC

在"项目树"下双击"添加新设备"，在对话框中选择所使用的 S7-1200 CPU 添加到机架上，命名为 PLC_1，如图 3.97 所示。用同样方法再添加通信伙伴的 S7-1200 CPU，命名为 PLC_2。

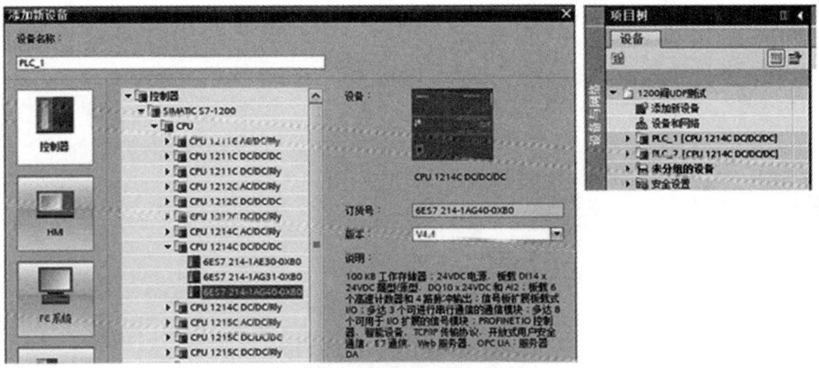

图 3.97　添加 CPU

(3) 组态系统时钟

在 CPU 属性中定义时钟位，即在"项目树">"PLC_1">"设备组态"中，选中 CPU；然后在下面的属性窗口中，即在"属性">"常规">"系统和时钟存储器"下，勾选"启用系统存储器字节"及"启用时钟存储器字节"。如图 3.98 所示，用同样方式，启用 PLC_2 CPU 的系统和时钟存储器位。

(4) 组态 PROFINET 通信接口

在 CPU 的属性窗口中，即在"属性">"常规">"PROFINET 接口[X1]">"以太网地址"下，点击添加新子网，分配 PLC_1 CPU IP 地址：192.168.0.2，子网掩码：255.255.255.0，如图 3.99 所示。用同样方式，为 PLC_2 CPU 分配 IP：192.168.0.3，子网掩码：255.255.255.0。

(5) 分别编译两个 CPU 的硬件组态并下载

在设备视图下，"编辑">"编译"；在设备视图下，"在线">"下载到设备"。

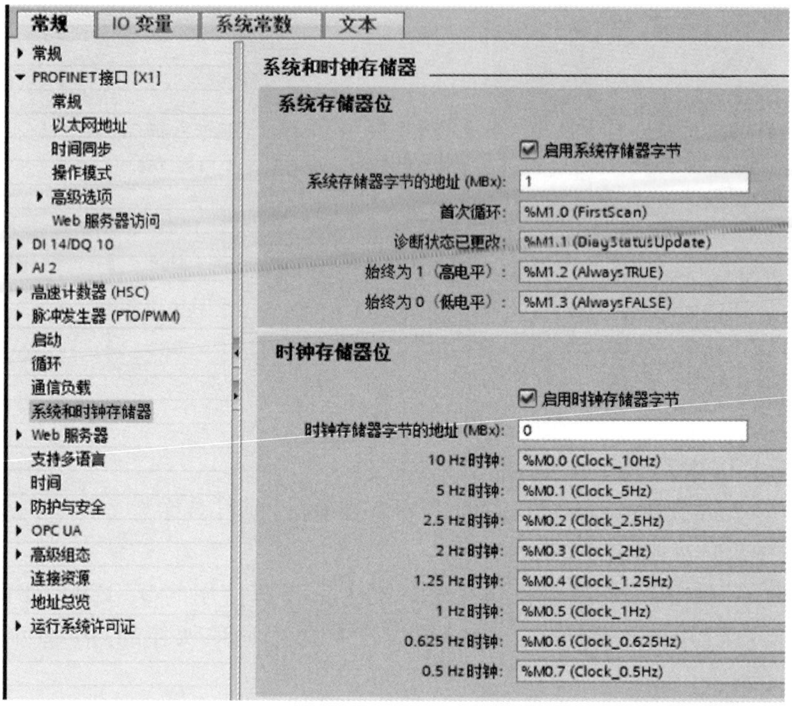

图 3.98　系统位与时钟位

图 3.99　组态 PROFINET 接口

(6) 在 PLC_1 建立通信用的 DB

在项目树下添加新块，分别命名为 PLC1_Rcv(使用手动编号为 4)，PLC1_Send(使用手动编号为 3)。在 DB 块中建立用于接收及发的数据数组(本例中建立 100 个字节)，如图 3.100 所示。

建立完成 DB 后，右键点击 DB 块，在打开的快捷菜单中打开 DB 的属性，去除 DB 的“优化的块访问”属性，如图 3.101 所示。

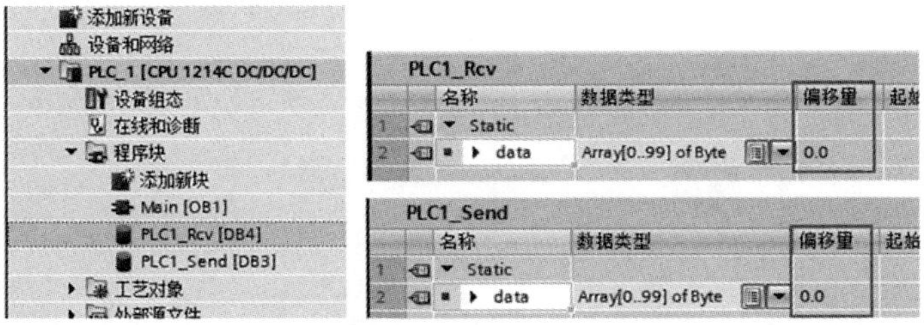

图 3.100 建立通信用 DB 块

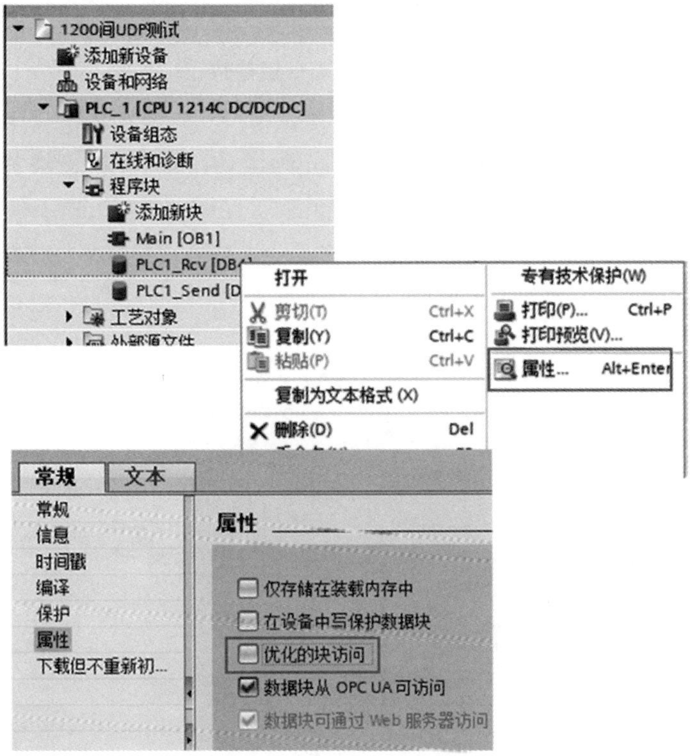

图 3.101 去除 DB 块的优化属性

(7) 建立通信连接

从指令表(图 3.102)加入指令块 TSEND_C 到主程序中。

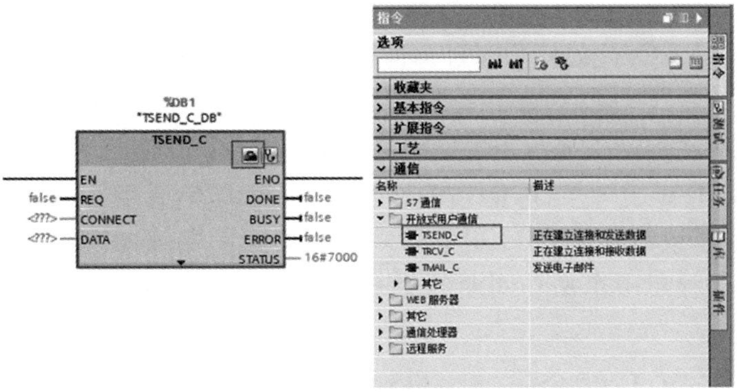

图 3.102 加入 TSEND_C 功能块

点击指令块上的开始“组态”按钮，打开“连接参数”组态窗口，如图 3.103 所示。

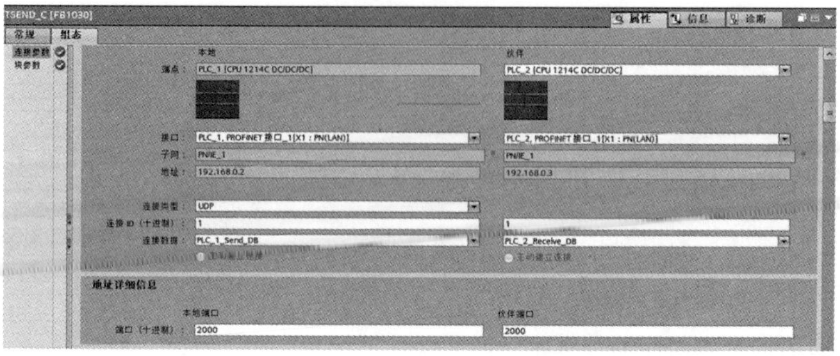

图 3.103 组态连接参数

图 3.103 中的参数如下：端点，连接伙伴侧选择 PLC_2；连接类型，UDP，此处使用 UDP 通信；连接 ID，不能和 CPU 中的其他通信 ID 冲突；连接数据，此处本地及伙伴处新建连接；端口，本例中双方通信端口都为 2000。

(8) 配置 TSEND_C 指令

如图 3.104 所示。

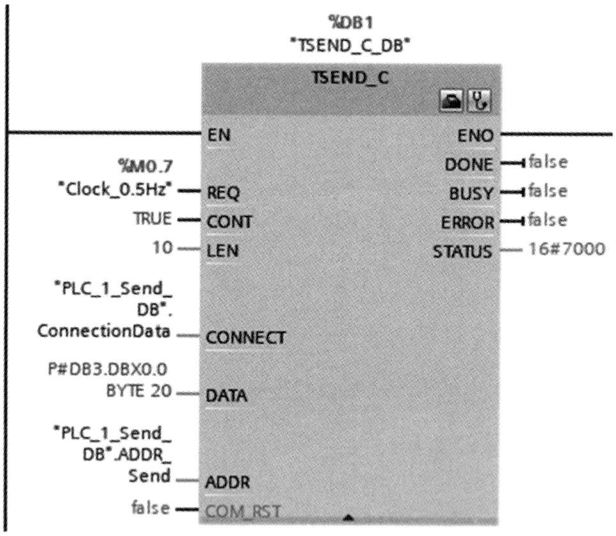

图 3.104 TSEND_C 功能块

参数说明如下：REQ，此处使用时钟脉冲信号，上升沿执行发送作业；LEN，发送数据长度，此值必须小于或者等于 DATA 中指定的发送区长度，单位为字节(此参数默认为隐藏参数，可以点击功能块底部箭头显示)，示例中发送 10 个 byte 到接收区；DATA，指向发送数据区的指针；p#db3.dbx0.0byte 20，起始地址为 db3.dbx0.0，长度为 20 个 byte，此处指向的地址及长度必须小于或者等于 DB3 块中的建立的数据长度；输出接口参数有 DONE，发送作业成功完成时，会显示一个循环周期的 1；ERROR，当功能块出现错误时为 1；STATUS，功能块的运行状态。

(9) 配置 TRCV_C 指令

从指令表(图 3.105)加入指令块 TRCV_C 到主程序中。

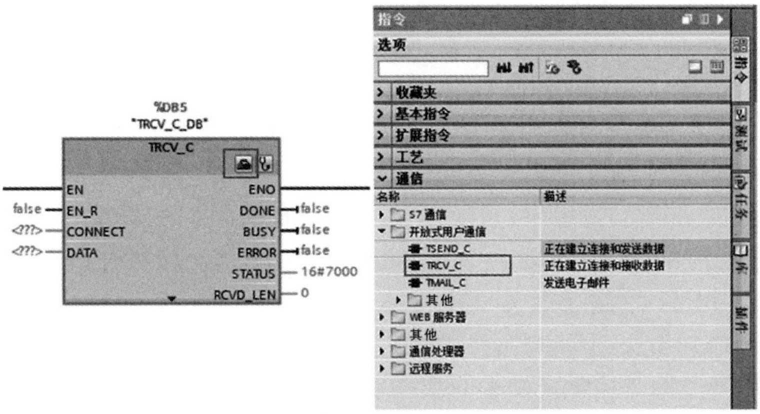

图 3.105　加入 TRCV_C 功能块

点击指令块上的开始“组态”按钮，打开“连接参数”组态窗口，并选择图 3.106 中组态好的参数块。

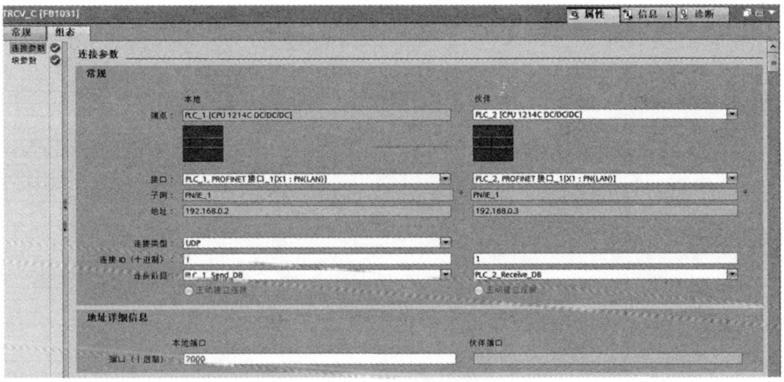

图 3.106　组态连接参数

配置 TRCV_C 指令，如图 3.107 所示。

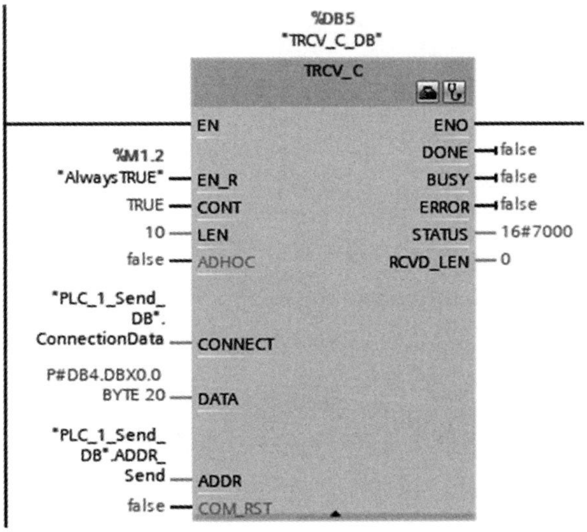

图 3.107　TRCV_C 功能块

参数说明如下：EN_R，启用接收功能，此处设置为 1，一直打开接收；LEN，接收数据长度，必须和通信伙伴的发送长度设置一致，单位为字节（此参数默认为隐藏参数，可以点击功能块底部箭头显示）；DATA，指向接收数据区的指针；p＃db4. dbx0. 0byte20，起始地址为 db4. dbx0. 0，长度为 20 个 byte，此处指向的地址及长度必须小于或者等于 DB4 块中的建立的数据长度。

DONE，接收作业成功完成时，会显示一个循环周期的 1；RCVD_LEN，接收到的字节数；ERROR，当功能块出现错误时为 1；STATUS，功能块的运行状态。

(10) 建立 PLC_2 侧通信用 DB

在项目树下添加新块，分别命名为 PLC2_Rcv，PLC2_Send。

在 DB 块中建立用于接收及发送的数据数组（本例中建立 100 个 byte），如图 3.108 所示。建立完成 DB 后，右键点击 DB 块，在打开的快捷菜单中打开 DB 的属性，去除 DB 的“优化的块访问”属性，如图 3.109 所示。

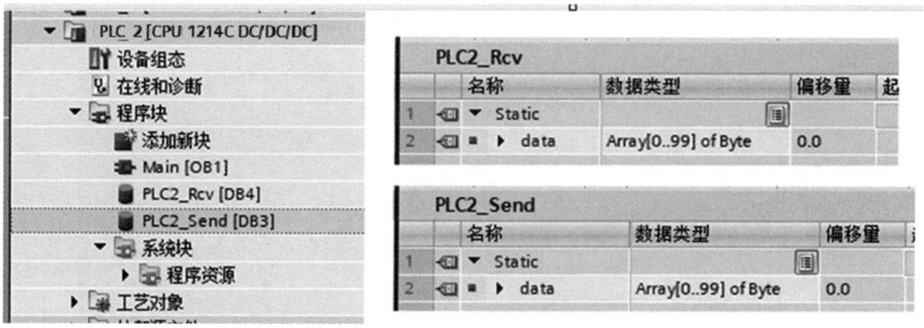

图 3.108　建立通信用 DB 块

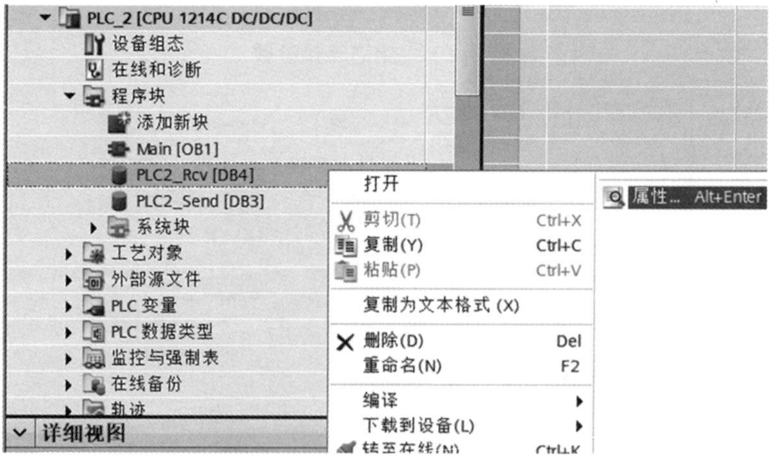

图 3.109　去除 DB 块的优化属性

(11) PLC_2 侧配置 TSEND_C 指令

从指令表加入指令块 TSEND_C 到主程序中。如图 3.110 所示。

点击指令块上的开始“组态”按钮，打开“连接参数”组态窗口，如图 3.111 所示。

配置 TSEND_C 指令，如图 3.113 所示。

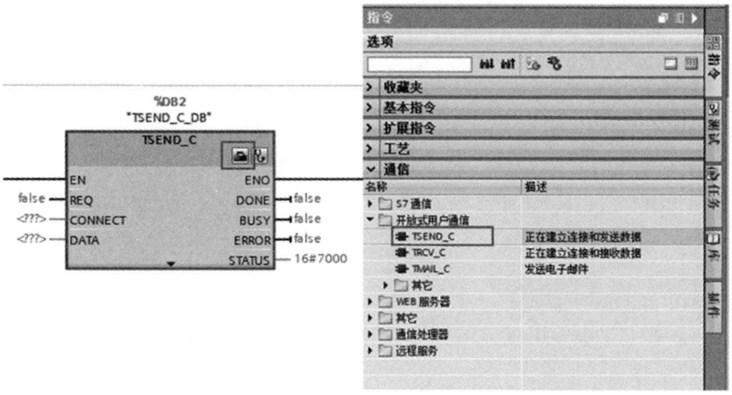

图 3.110　加入 TSEND_C 功能块

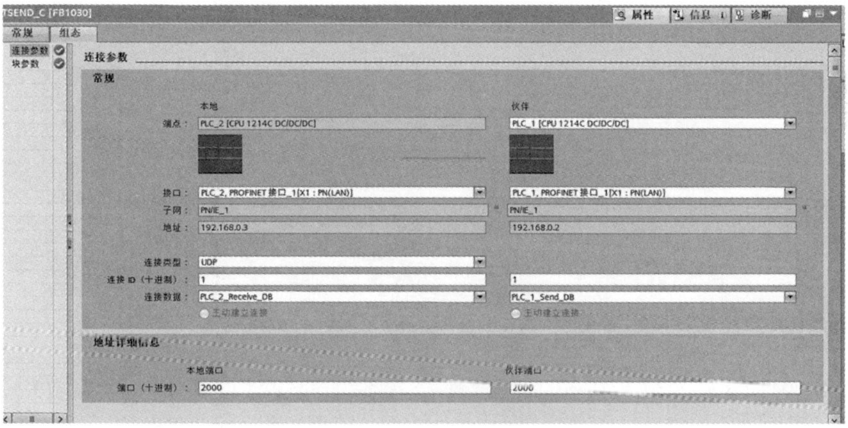

图 3.111　组态连接参数

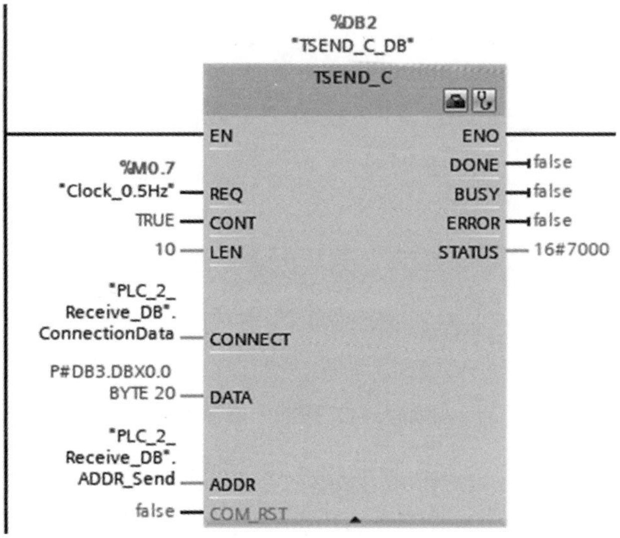

图 3.112　TSEND_C 功能块

参数说明如下：REQ，此处使用时钟脉冲信号，上升沿执行发送作业；LEN，发送数据长度，此值必须小于或者等于 DATA 中指定的发送区长度，单位为字节（此参数默认为隐藏参数，可以点击功能块底部箭头显示），示例中发送 10 个 byte 到接收区；DATA，指向发送数据区的指针；p#db3.dbx0.0byte20，起始地址为 db3.dbx0.0，长度为 20 个 byte，此处指向的地址及长度必须小于或者等于 DB3 块中的建立的数据长度；DONE，发送作业成功完成时，会显示一个循环周期的 1；ERROR，当功能块出现错误时显示为 1；STATUS，功能块的运行状态。

(12) 配置 TRCV_C 指令

从指令表（图 3.113）加入指令块 TRCV_C 到主程序中。

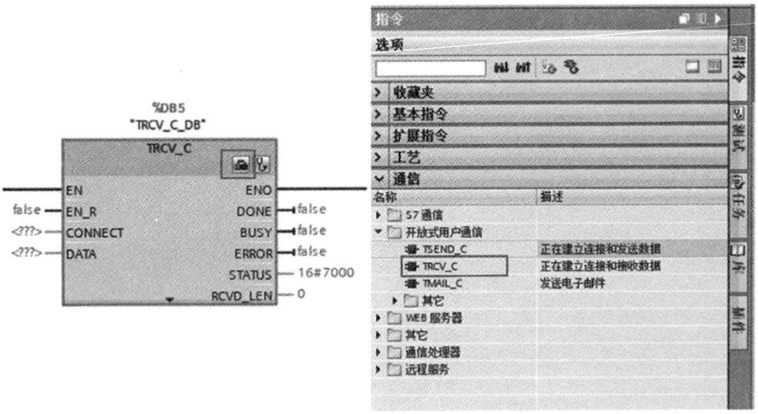

图 3.113　加入 TRCV_C 功能块

点击指令块上的开始组态按钮，打开"连接参数"组态窗口，并组态好参数块，如图 3.114 所示。

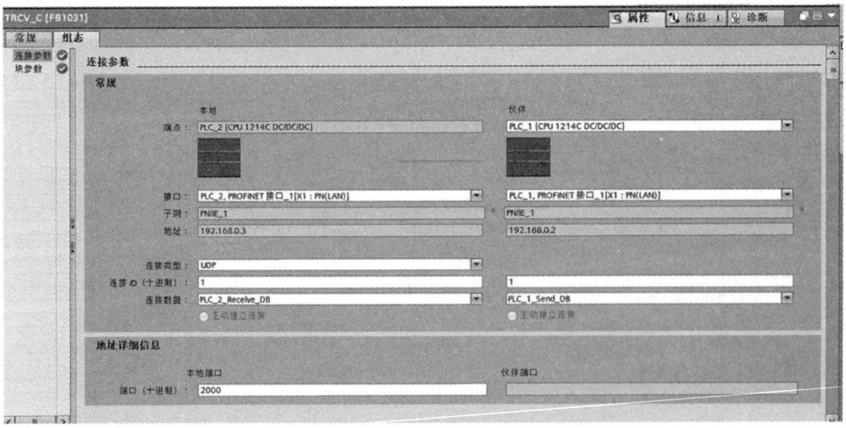

图 3.114　组态连接参数

配置 TRCV_C 指令，如图 3.115 所示。

参数说明如下：EN_R，启用接收功能，此处设置为 1，一直打开接收；LEN，接收数据长度，必须和通信伙伴的发送长度设置一致，单位为字节（此参数默认为隐藏参数，可以点击功能块底部箭头显示）；DATA，指向接收数据区的指针；p#db4.dbx0.0byte20，起始地址为

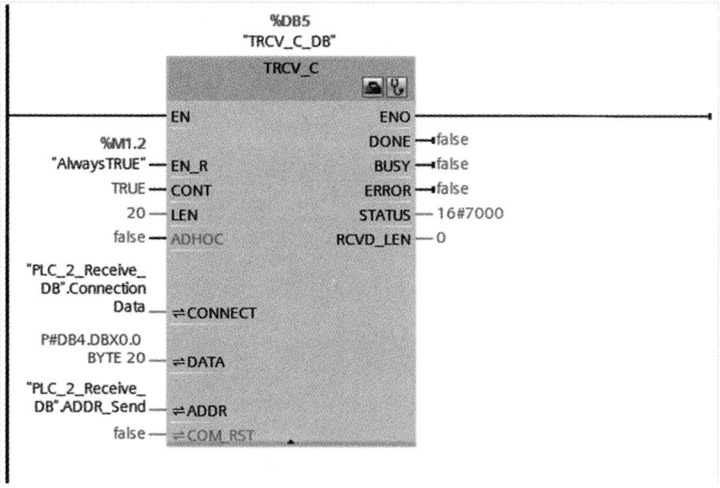

图 3.115　TRCV_C 功能块

db4.dbx0.0，长度为 20 个 byte，此处指向的地址及长度必须小于或者等于 DB4 块中的建立的数据长度；DONE，接收作业成功完成时，会显示一个循环周期的 1；RCVD_LEN，接收到的字节数；ERROR，当功能块出现错误时显示为 1；STATUS，功能块的运行状态。

(13) PLC_1 中的连接 DB 块检查

在“程序块”—“系统块”—“程序资源”下，双击打开 DB 块“PLC_1_Send_DB”，如图 3.116 所示。

图 3.116　检查通信连接 DB

红色框内填写通信伙伴的 IP(此处为 PLC_2 的 IP 地址)和端口。

(14) PLC_2 中的连接 DB 块检查

在“程序块”—“系统块”—“程序资源”下，双击打开 DB 块“PLC_2_Receive_DB”，如图 3.117 所示。

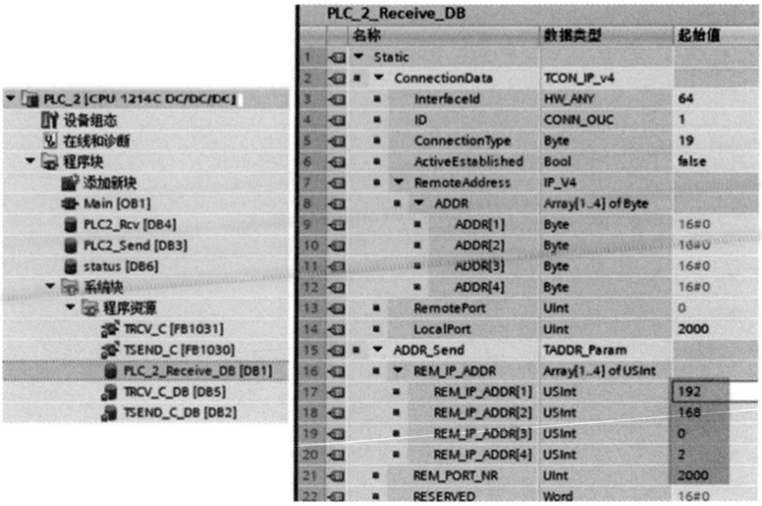

图 3.117 检查通信连接 DB

框内填写通信伙伴的 IP(此处为 PLC_1 的 IP 地址)和端口。

(15) 下载两个 CPU 的程序,并查看通信数据

如图 3.118 所示。

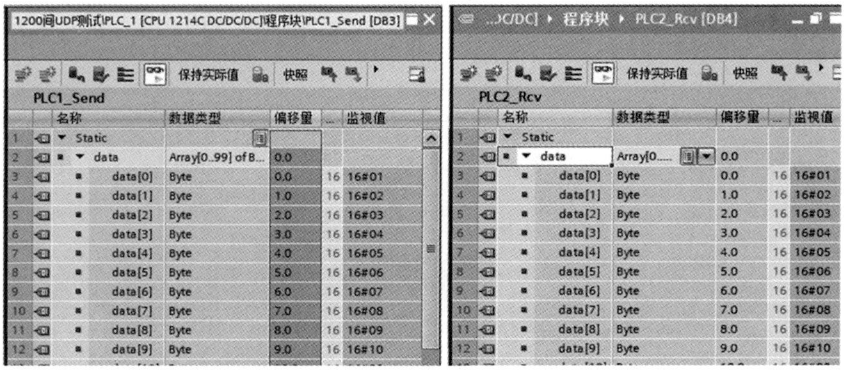

图 3.118 通信数据

(16) 连接诊断

将 1200 CPU 转至在线状态,打开"网络视图",可以在"连接"选项卡中看到端口状态,如图 3.119 所示。

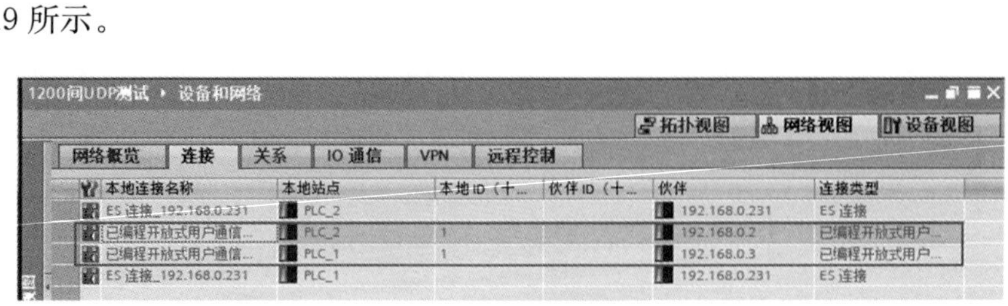

图 3.119 连接状态

将鼠标选中连接,在巡视窗口中,可以检查连接的具体状态,如图 3.120 所示。

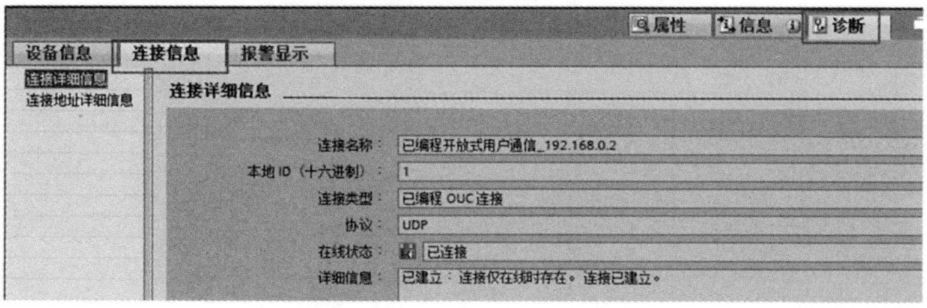

图 3.120　连接详细状态

(17) 利用功能块诊断通信状态

如图 3.121 至图 3.124 所示。

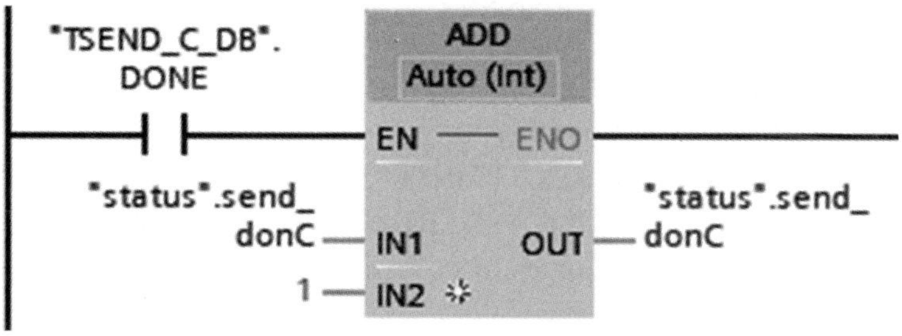

图 3.121　检查已发送次数

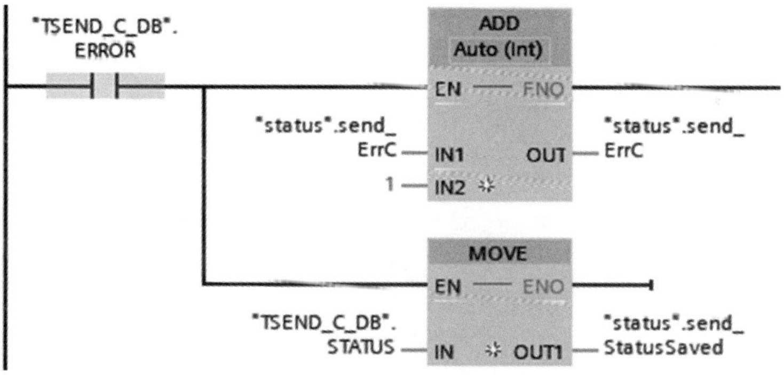

图 3.122　抓取发送错误代码

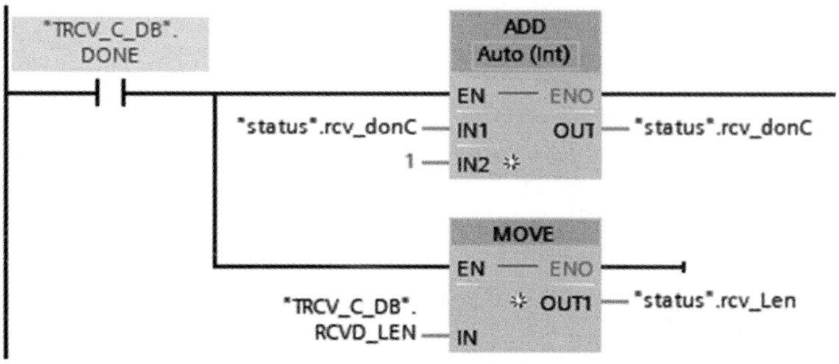

图 3.123　抓取接收次数及最后一次的接收长度

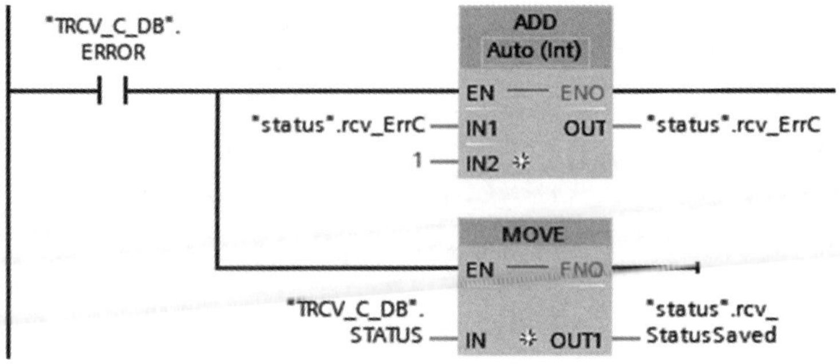

图 3.124 抓取接收错误代码

3.5.2 S7-1200 与 S7-1200/S7-1500 不同项目下 UDP 通信

S7-1200 与 S7-1200 之间的以太网通信可以通过 UDP 协议来实现。本列中使用 TSEND_C,TRCV_C 指令建立双方的 UDP 通信。TSEND_C,TRCV_C 指令在两台 PLC 间必须成对存在。此外 S7-1200 与 S7-1500 在不同项目下 UDP 通信也可以参考本例。

硬件:① 两台 S7-1200 CPU V4.4;② PC(带以太网卡);③ TP 电缆(以太网电缆);软件:STEP7 V17。

PLC_1 配置通信关系,如图 3.125 所示。

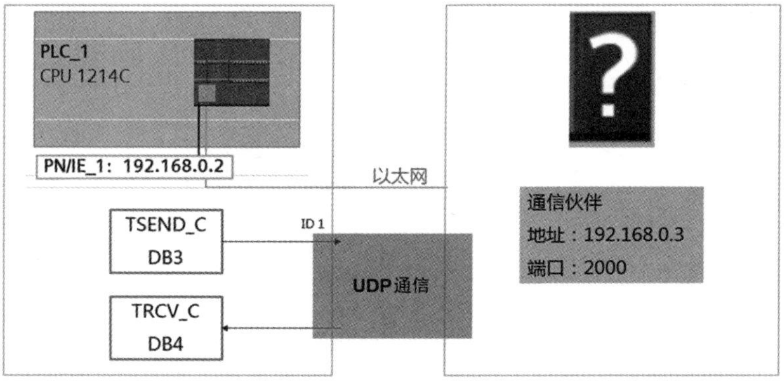

图 3.125 连接关系

(1) 打开 STEP7 V17 软件并新建项目

在 STEP7 V17 的“Portal 视图”中创建一个新项目。

(2) 添加硬件并命名 PLC

在“项目树”下双击“添加新设备”,在对话框中选择所使用的 S7-1200CPU 添加到机架上,命名为 PLC_1,如图 3.126 所示。

(3) 组态系统时钟

在 CPU 属性中定义的时钟位,在“项目树”>“PLC_1”>“设备组态”中,选中 CPU;然后在下面的属性窗口中,在“属性”>“常规”>“系统和时钟存储器”下,勾选“启用系统存储器字节”及“启用时钟存储器字节”,如图 3.127 所示。

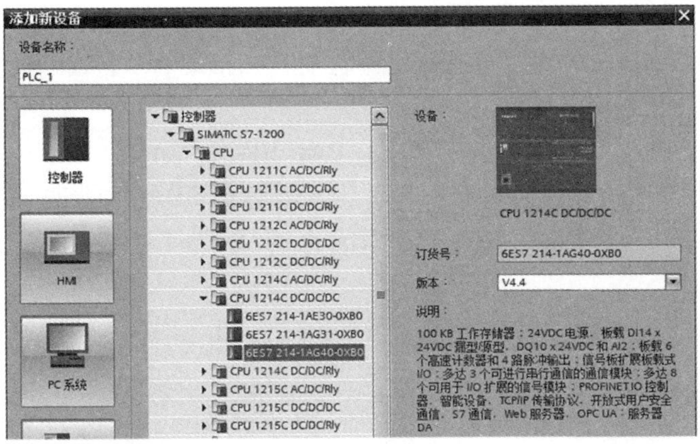

图 3.126　添加 CPU

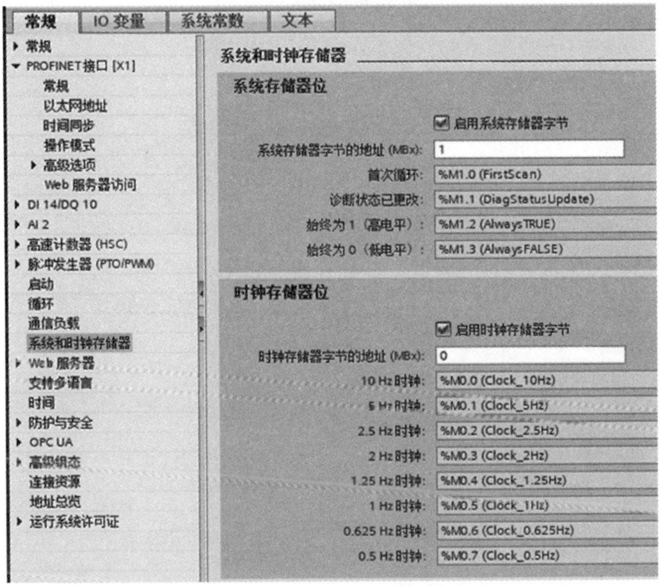

图 3.127　系统位与时钟位

(4) 组态 PROFINET 通信接口

在 CPU 的属性窗口中，在“属性”>“常规”>“PROFINET 接口[X1]”>“以太网地址”下，点击添加新子网，分配 PLC_1 IP 地址：192.168.0.2，子网掩码：255.255.255.0，如图 3.128 所示。

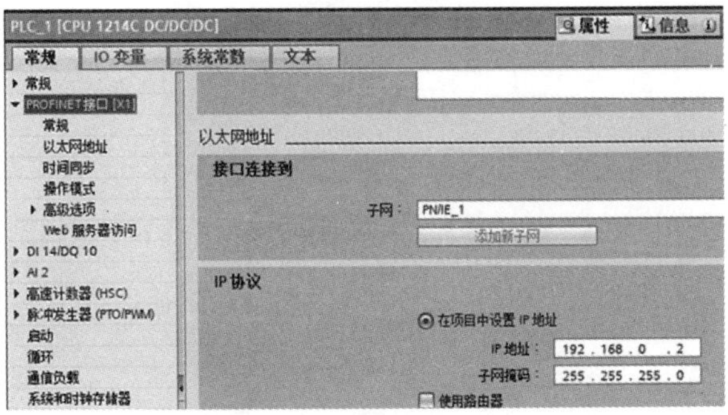

图 3.128　组态 PROFINET 接口

(5) 编译 CPU 的硬件组态并下载

在设备视图下，“编辑”>“编译”；在设备视图下，“在线”>“下载到设备”。

(6) 建立通信用 DB

在项目树下添加新块，分别命名为 PLC1_Rcv，PLC1_Send。在 DB 块中建立用于接收及发送的数据数组（本例中建立 100 个 byte）。建立完成 DB 后，右键点击 DB 块，在打开的快捷菜单中打开 DB 的属性，去除 DB 的“优化的块访问”属性，如图 3.129、图 3.130 所示。

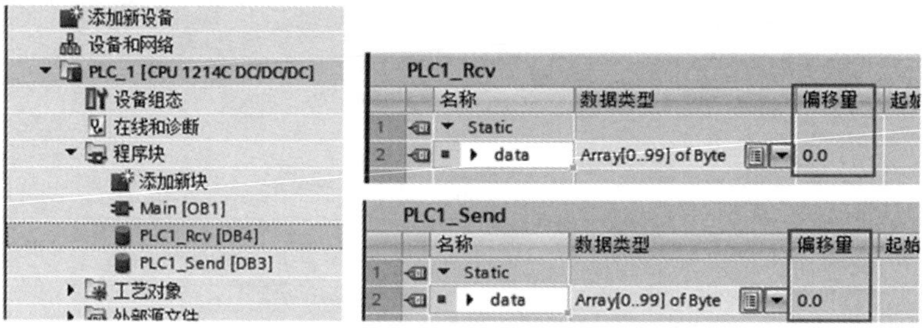

图 3.129 建立通信用 DB 块

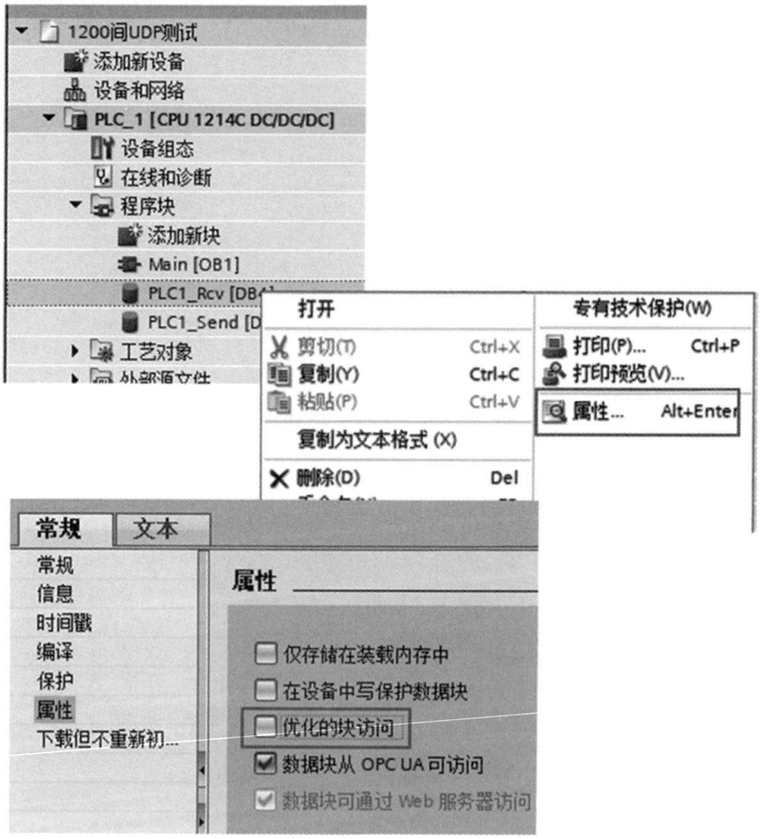

图 3.130 去除 DB 块的优化属性

(7) 配置 TSEND_C 指令

从指令表加入指令块 TSEND_C 到主程序中，如图 3.131 所示。

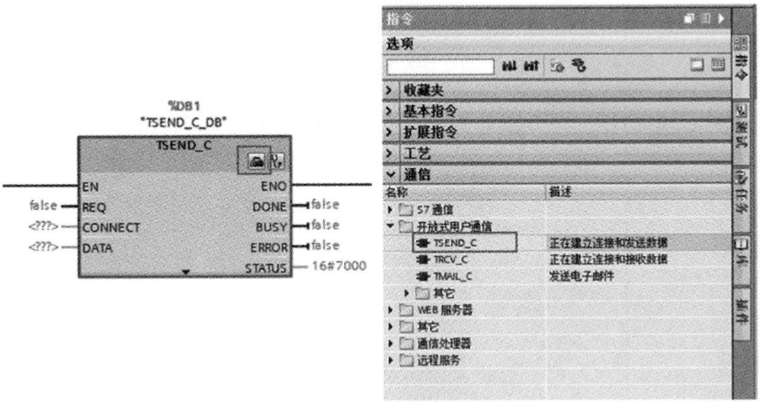

图 3.131　加入 TSEND_C 功能块

点击指令块上的开始组态按钮，打开“连接参数”组态窗口，如图 3.132 所示。

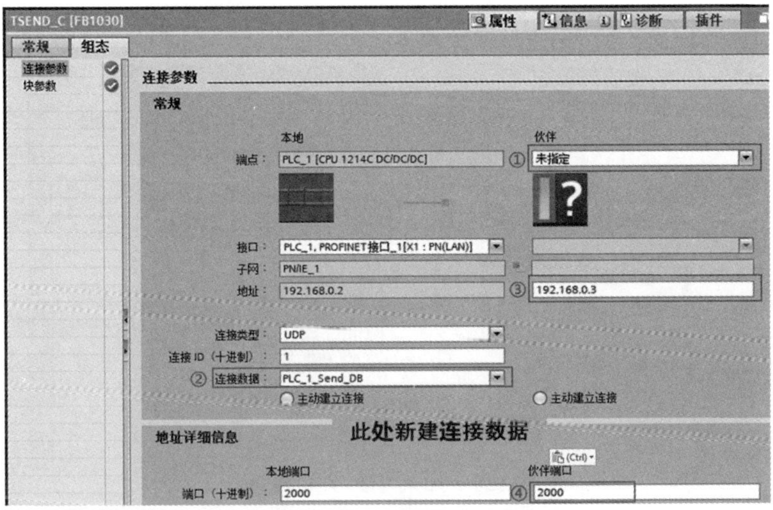

图 3.132　组态连接参数

参数说明如下：端点，连接伙伴未在同一项目中，此处选择未指定；连接类型，UDP，此处使用 UDP 通信；连接 ID，不能和 CPU 中的其他通信 ID 冲突；连接数据，此处新建连接；端口，本例中双边通信端口定为 2000。

(8) 配置 TSEND_C 指令管脚

如图 3.133 所示。

参数说明如下：REQ，此处使用时钟脉冲信号，上升沿执行发送作业；LEN，发送数据长度，此值必须小于或者等于 DATA 中指定的发送区长度，单位为字节（此参数默认为隐藏参数，可以点击功能块底部箭头显示），示例中发送 10 个 byte 到接收区；DATA，指向发送数据区的指针；p#db3.dbx0.0byte20，起始地址为 db3.dbx0.0，长度为 20 个 byte，此处指向的地址及长度必须小于或者等于 DB3 块中的建立的数据长度；DONE，发送作业成功完成时，会显示一个循环周期的 1，抓取 DONE 位状态程序；ERROR，当功能块出现错误时显示为 1；STATUS，功能块的运行状态，错误状态的抓取程序见诊断程序。

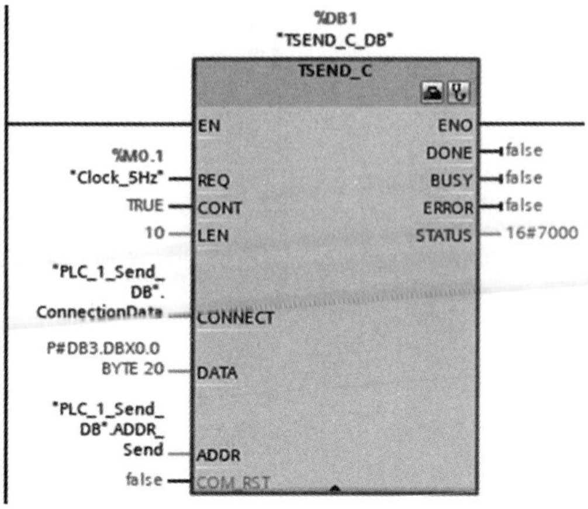

图 3.133　TSEND_C 功能块

(9) 配置 TRCV_C 指令

从指令表加入指令块 TRCV_C 到主程序中，如图 3.134 所示。

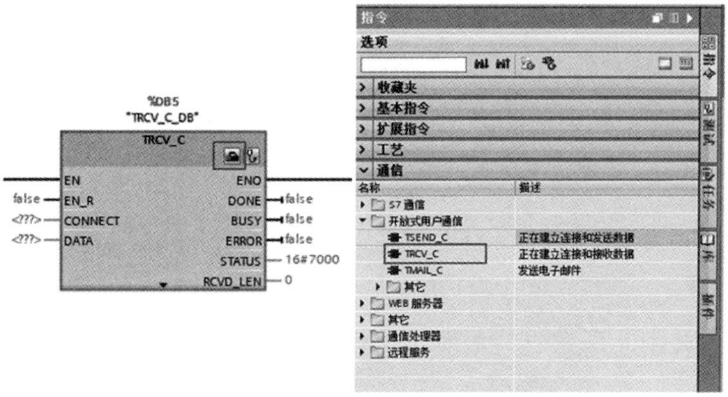

图 3.134　加入 TRCV_C 功能块

点击指令块上的开始"组态"按钮，打开"连接参数"组态窗口，并选择组态好的参数块，如图 3.135 所示。

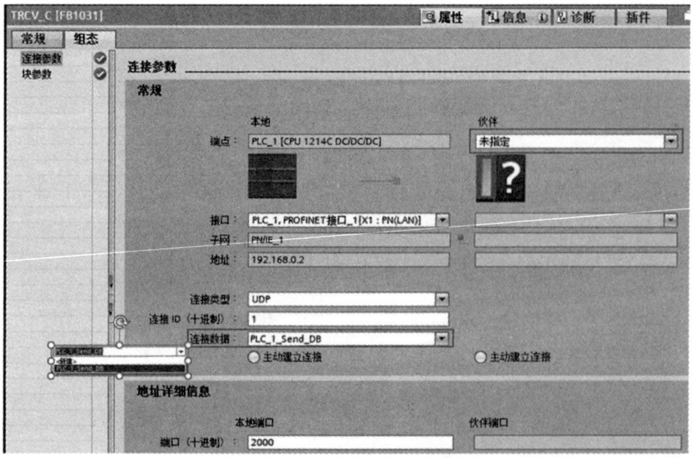

图 3.135　组态连接参数

(10) 配置 TRCV_C 指令管脚

如图 3.136 所示。

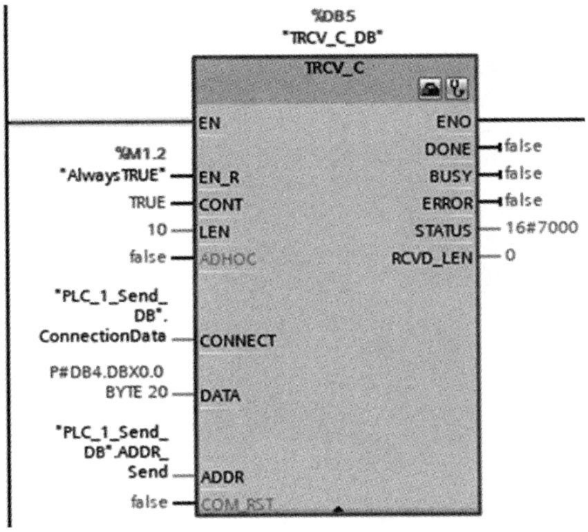

图 3.136　TRCV_C 功能块

参数说明如下:EN_R,启用接收功能,此处设置为 1,一直打开接收;LEN,接收数据长度,必须和通信伙伴的发送长度设置一致,单位为字节(此参数默认为隐藏参数,可以点击功能块底部箭头显示);DATA,指向接收数据区的指针;p # db4. dbx0. 0byte20,起始地址为 db4. dbx0. 0,长度为 20 个 byte,此处指向的地址及长度必须小于或者等于 DB4 块中的建立的数据长度;DONE,接收作业成功完成时,会显示一个循环周期的 1,抓取 DONE 位状态程序见诊断程序;RCVD_LEN,接收到的字节数;ERROR,当功能块出现错误时显示为 1;STATUS,功能块的运行状态,错误状态的抓取程序见诊断程序。

(11) 检查通信 DB 块

在"程序块"—"系统块"—"程序资源"下,双击打开 DB 块"PLC_1_Send_DB",如图 3.137 所示。

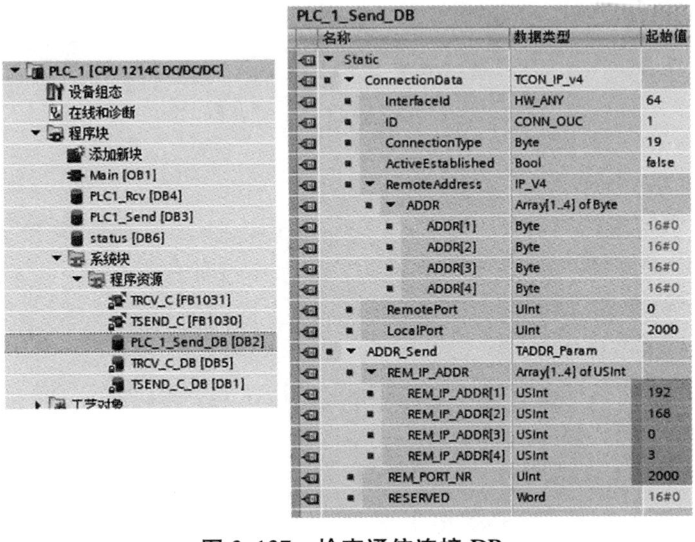

图 3.137　检查通信连接 DB

红色框内填写通信伙伴的 IP(此处为 PLC_2 的 IP 地址)和端口。

(12) PLC_2 CPU 配置连接关系

如图 3.138 所示。

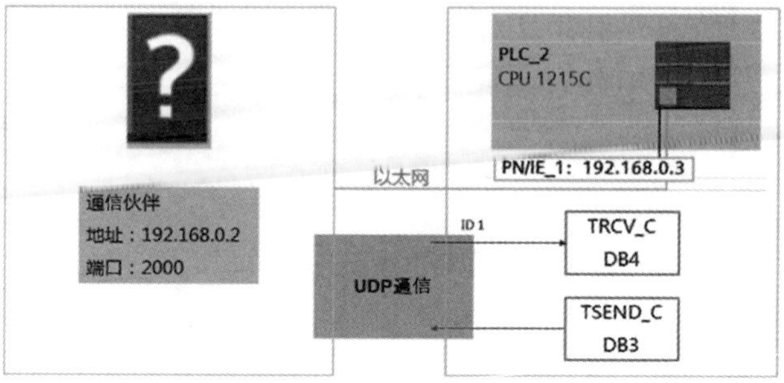

图 3.138　连接关系

(13) 打开 STEP7 V17 软件并新建项目

在 STEP7 V17 的“Portal 视图”中创建一个新项目。

(14) 添加硬件并命名 PLC

在项目树下双击“添加新设备”,在对话框中选择所使用的 S7-1200 CPU 添加到机架上,命名为 PLC_2,如图 3.139 所示。

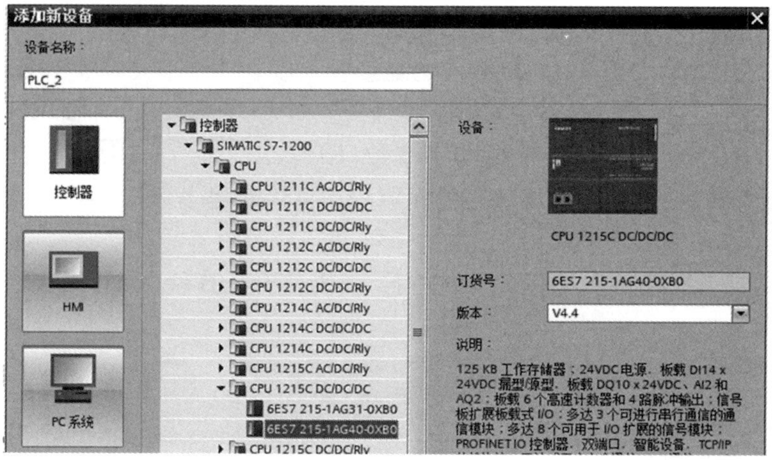

图 3.139　添加 CPU

(15) 组态系统时钟

在 CPU 属性中定义的时钟位,在“项目树”>“PLC_2”>“设备组态”中,选中 CPU;然后在下面的属性窗口中,在“属性”>“常规”>“系统和时钟存储器”下,勾选“启用系统存储器字节”及“启用时钟存储器字节”,如图 3.140 所示。

(16) 组态 PROFINET 通信接口

在 CPU 的属性窗口中,在“属性”>“常规”>“PROFINET 接口[X1]”>“以太网地址”下,点击添加新子网,分配 PLC_2 IP 地址:192.168.0.3,子网掩码:255.255.255.0,如图 3.141 所示。

(17) 编译 CPU 的硬件组态并下载

在设备视图下,“编辑”>“编译”;在设备视图下,“在线”>“下载到设备”。

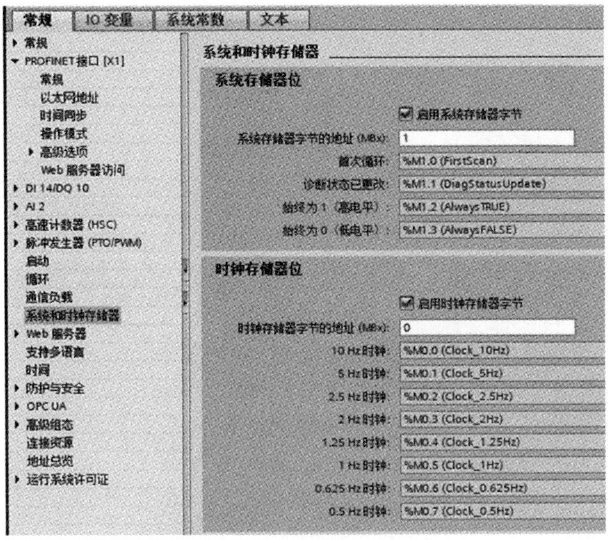

图 3.140　系统位与时钟位

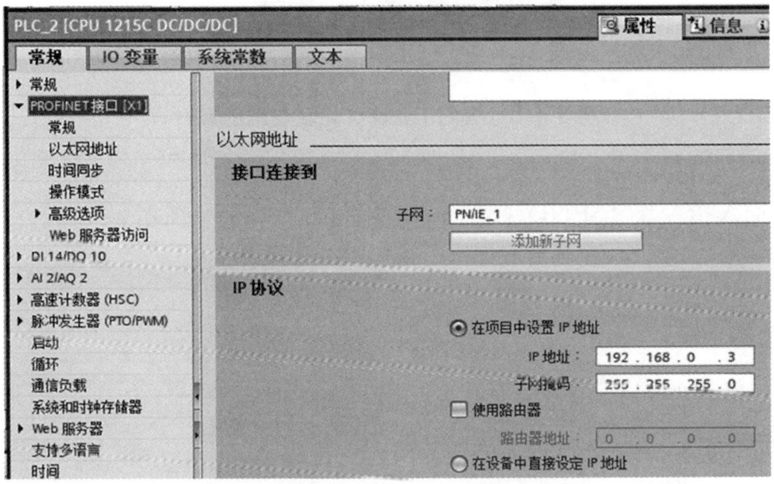

图 3.141　组态 PROFINET 接口

(18) 建立通信用 DB

在项目树下添加新块，分别命名为 PLC 2_Rcv，PLC 2_Send。

在 DB 块中建立用于接收及发送的数据数组(本例中建立 100 个 byte)。建立完成 DB 后，右键点击 DB 块，在打开的快捷菜单中打开 DB 的属性，去除 DB 的“优化的块访问”属性，如图 3.142、图 3.143 所示。

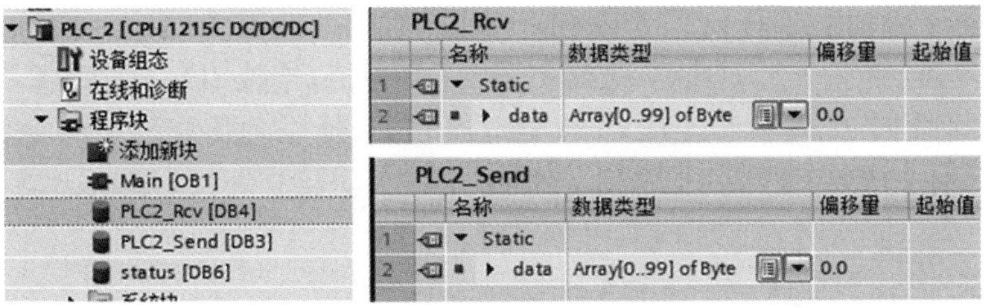

图 3.142　建立通信用 DB 块

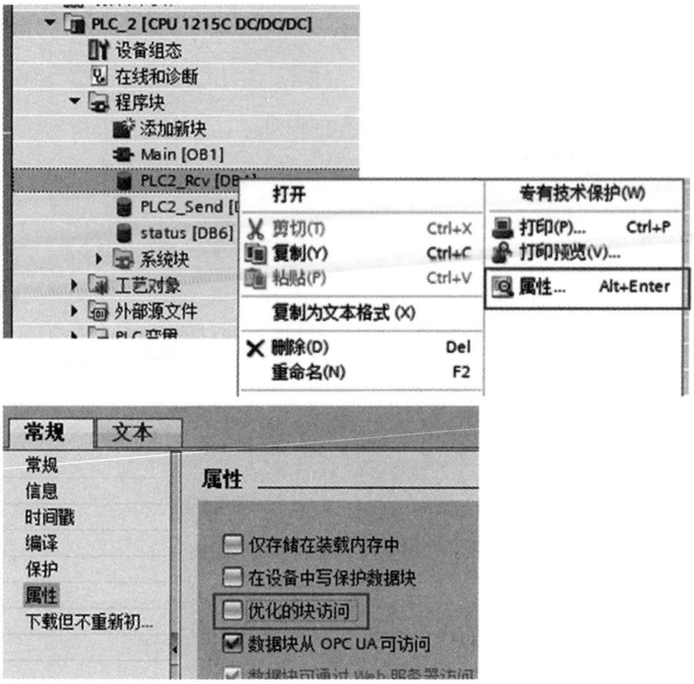

图 3.143　去除 DB 块优化块访问的属性

(19) 配置 TSEND_C 指令

从指令表加入指令块 TSEND_C 到主程序中,如图 3.144 所示。

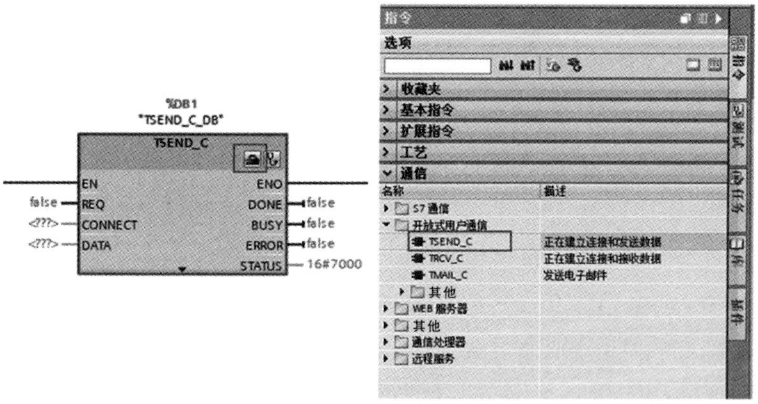

图 3.144　加入 TSEND_C 功能块

点击指令块上的开始"组态"按钮,打开"连接参数"组态窗口,如图 3.145 所示。

参数说明如下:端点,连接伙伴未在同一项目中,此处选择未指定;地址,在伙伴侧写入服务器的通信地址;连接类型,UDP,此处使用 UDP 通信;连接 ID,不能和 CPU 中的其他通信 ID 冲突;连接数据,此处新建连接;主动建立连接,选择主动建立连接的为客户端,另外一侧为服务器,本例中伙伴 CPU 为服务器,本地 CPU 主动建立连接;端口,本例中双边通信端口定为 2000。

(20) 配置 TSEND_C 指令管脚

如图 3.146 所示。

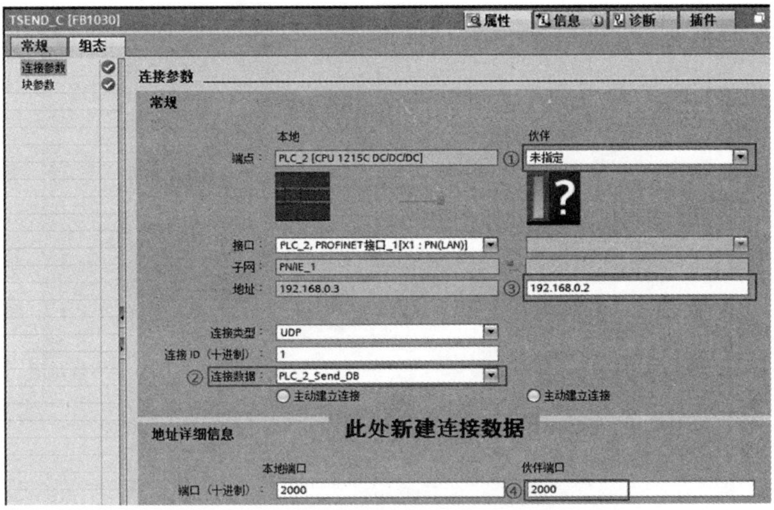

图 3.145　组态连接参数

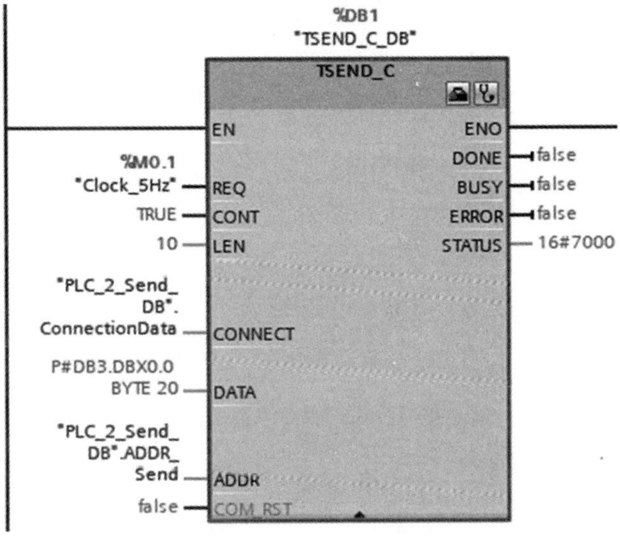

图 3.146　TSEND_C 功能块

参数说明如下：REQ，此处使用时钟脉冲信号，上升沿执行发送作业；LEN，发送数据长度，此值必须小于或者等于 DATA 中指定的发送区长度，单位为字节（此参数默认为隐藏参数，可以点击功能块底部箭头显示），示例中发送 10 个 byte 到接收区；DATA，指向发送数据区的指针；p＃db3.dbx0.0byte20，起始地址为 db3.dbx0.0，长度为 20 个 byte，此处指向的地址及长度必须小于或者等于 DB3 块中的建立的数据长度；DONE，发送作业成功完成时，会显示一个循环周期的 1，抓取 DONE 位状态程序见诊断程序；ERROR，当功能块出现错误时显示为 1；STATUS，功能块的运行状态，错误状态的抓取程序见诊断程序。

(21) 配置 TRCV_C 指令

从指令表加入指令块 TRCV_C 到主程序中，如图 3.147 所示。

点击指令块上的开始组态按钮，打开“连接参数”组态窗口，并选择如图 3.148 中组态好的参数块。

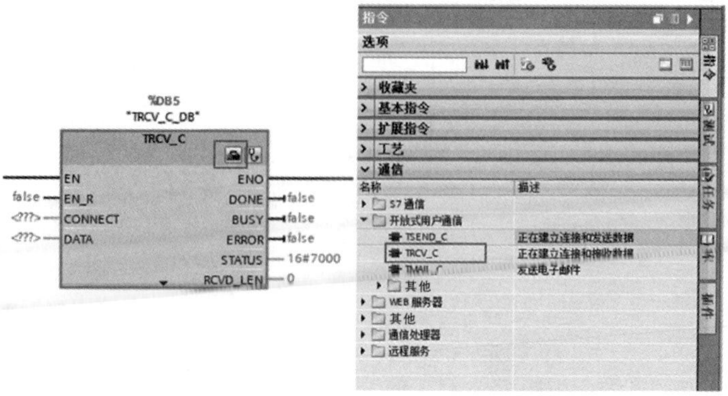

图 3.147 加入 TRCV_C 功能块

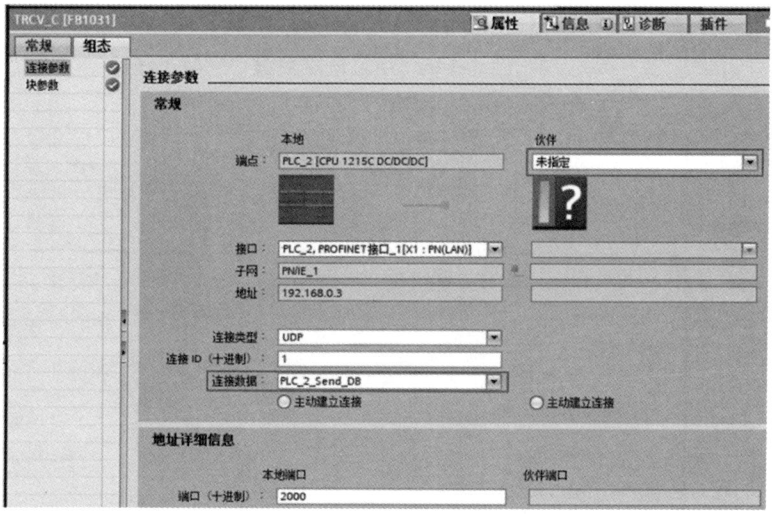

图 3.148 组态连接参数

(22) 配置 TRCV_C 指令管脚

如图 3.149 所示。

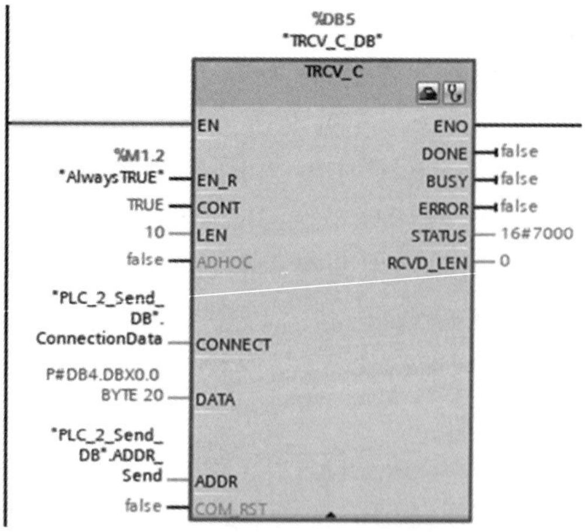

图 3.149 TRCV_C 功能块

参数说明如下：EN_R，启用接收功能，此处设置为 1，一直打开接收；LEN，接收数据长度，必须和通信伙伴的发送长度设置一致，单位为字节（此参数默认为隐藏参数，可以点击功能块底部箭头显示）；DATA，指向接收数据区的指针；p＃db4.dbx0.0byte20，起始地址为 db4.dbx0.0，长度为 20 个 byte，此处指向的地址及长度必须小于或者等于 DB4 块中的建立的数据长度；DONE，接收作业成功完成时，会显示一个循环周期的 1；RCVD_LEN，接收到的字节数；ERROR，当功能块出现错误时显示为 1；STATUS，功能块的运行状态。

（23）检查通信 DB 块

在“程序块”—“系统块”—“程序资源”下，双击打开 DB 块“PLC_2_Send_DB”，如图 3.150 所示。

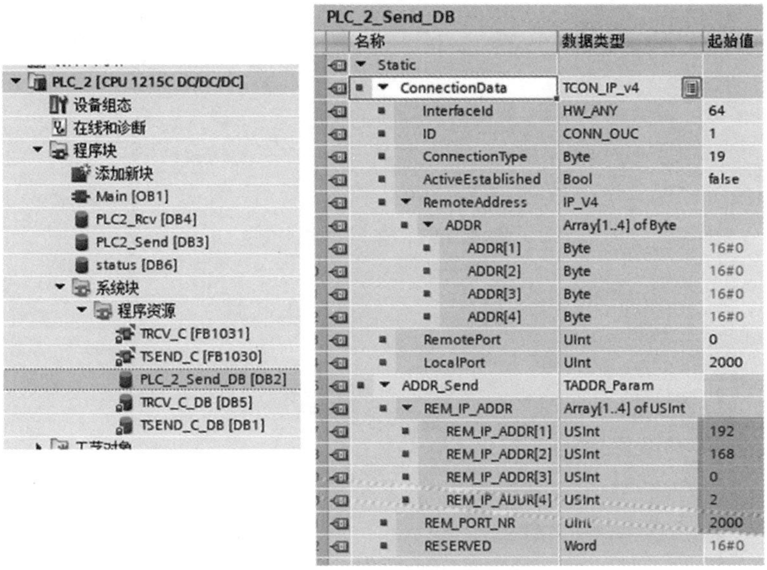

图 3.150　检查通信连接 DB

红色框内填写通信伙伴的 IP（此处为 PLC_1 的 IP 地址）和端口。

（24）通信诊断并数据查看

如图 3.151 所示。

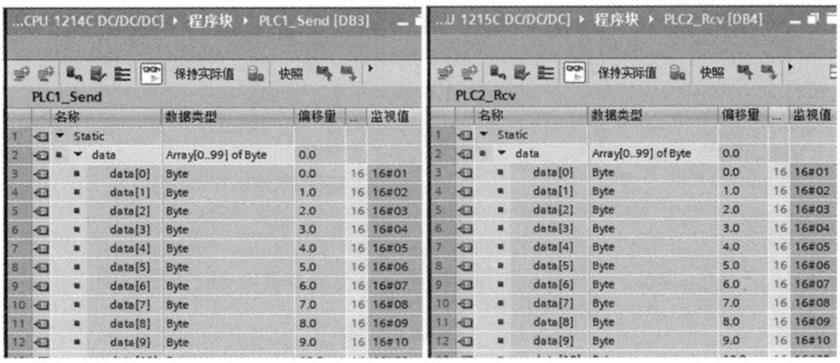

图 3.151　通信数据

（25）连接诊断

将 1200CPU 转至在线状态，打开“网络视图”，可以在“连接”选项卡中看到连接状态，如

图 3.152 所示。

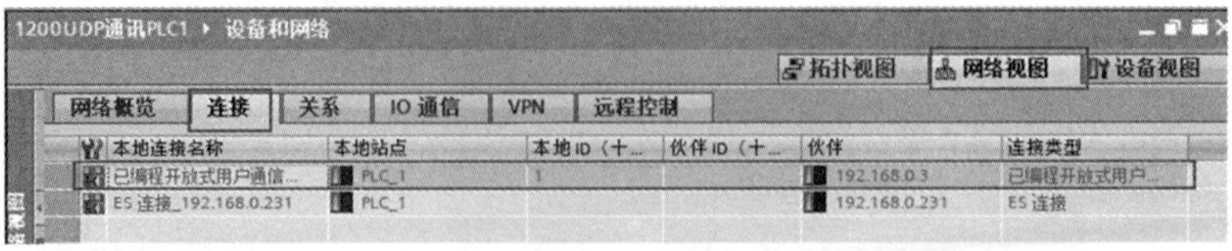

图 3.152　连接状态

将鼠标选中连接，在巡视窗口中，可以检查连接的具体状态，如图 3.153 所示。

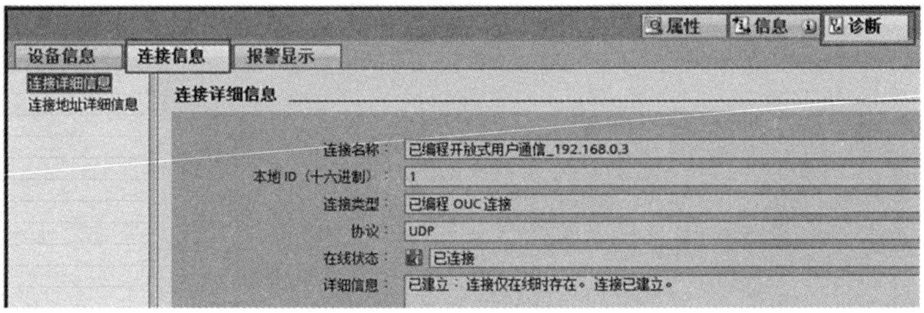

图 3.153　连接详细状态

(26) 利用功能块诊断通信状态

如图 3.154 至 3.157 所示。

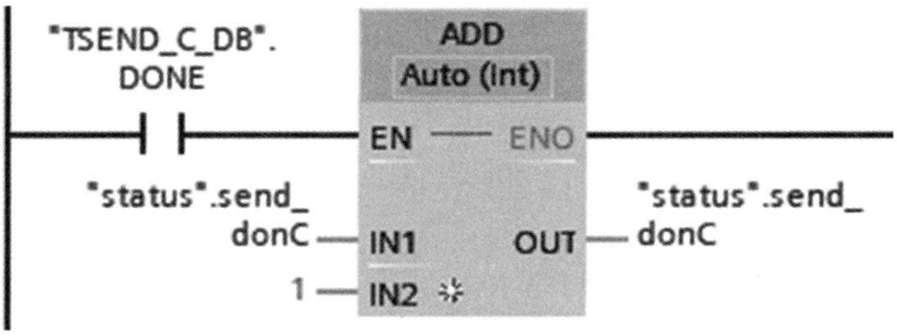

图 3.154　检查已发送次数

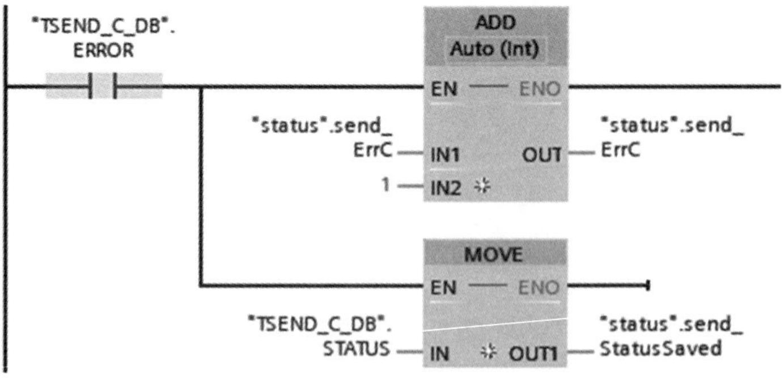

图 3.155　抓取发送错误代码

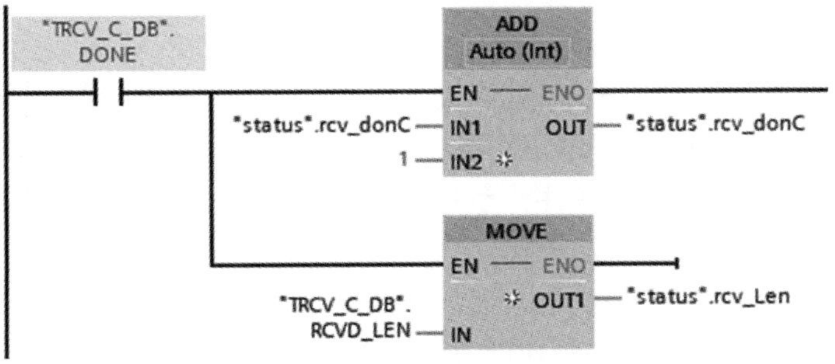

图 3.156　抓取接收次数及最后一次的接收长度

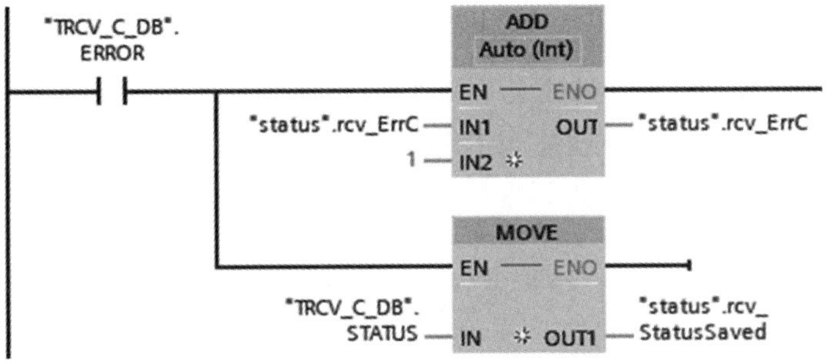

图 3.157　抓取接收错误代码

3.6　PROFINET 通信

PROFINET 是开放的、标准的、实时的工业以太网标准。PROFINET 作为基于以太网的自动化标准，它定义了跨厂商的通信、自动化系统和工程组态模式。

借助 PROFINET IO 实现一种允许所有站随时访问网络的交换技术。作为 PROFINET 的一部分，PROFINET IO 是用于实现模块化、分布式应用的通信概念。这样，通过多个节点的并行数据传输可更有效地使用网络。PROFINET IO 以交换式以太网全双工操作和 100 Mbit/s 带宽为基础。

PROFINET IO 基于 20 年来 PROFIBUS DP 的成功应用经验，并将常用的用户操作与以太网技术中的新概念相结合，这可确保 PROFIBUS DP 向 PROFINET 环境的平滑移植。

PROFINET 的目标是：基于工业以太网建立开放式自动化以太网标准，尽管工业以太网和标准以太网组件可以一起使用，但工业以太网设备更加稳定可靠，因此更适合于工业环境(温度、抗干扰等)；使用 TCP/IP 和 IT 标准；实现有实时要求的自动化应用；全集成现场总线系统。

PROFINET IO 分为 IO 控制器、IO 设备、IO 监视器。① PROFINET IO 控制器指用于对连接的 IO 设备进行寻址的设备，这意味着 IO 控制器将与分配的现场设备交换输入和输出信号，IO 控制器通常是运行自动化程序的控制器；② PROFINET IO 设备指分配给其中一个 IO 控制器(如远程 IO、阀终端、变频器和交换机)的分布式现场设备；

③ PROFINET IO 监控器指用于调试和诊断的编程设备、PC 或 HMI 设备。

CPU 的“I. Device”(智能设备)功能简化了与 IO 控制器的数据交换和 CPU 操作过程(如用作子过程的智能预处理单元)。智能设备可作为 IO 设备链接到上位 IO 控制器中,预处理过程则由智能设备中的用户程序完成。集中式或分布式(PROFINET IO 或 PROFIBUS DP)I/O 中采集的处理器值由用户程序进行预处理,并提供给 IO 控制器。

智能设备的应用领域有:① 分布式处理,可以将复杂自动化任务划分为较小的单元或子过程,这样简化了子任务的同时也优化了项目管理;② 单独的子过程,通过使用智能设备,可以将分布广泛的大量复杂过程划分为可管理的多个子过程。必要的话,这些子过程可存储在单个的 TIA 项目中,这些项目随后可合并在一起形成一个主项目;③ 专有技术保护,智能设备接口描述使用 GSD 文件传输,而不是通过 STEP7 项目传输,使用户程序的专有技术得以保护。

智能设备的优势有:① 简单链接 IO 控制器,实现 IO 控制器之间的实时通信;② 通过将计算容量分发到智能设备,可减轻 IO 控制器的负荷;③ 由于在局部处理过程数据,从而降低了通信负载;④ 可以管理单独 TIA 项目中子任务的处理;⑤ 可以作为共享设备。

3.6.1 S7-1200 与 S7-1200 PROFINET IO 通信过程

S7-1200 V4.0 及以上版本开始支持智能 IO 设备功能。本示例中介绍 1200CPU 之间如何进行智能设备 PROFINET 通信,分别在相同项目和不同项目下进行组态,实验环境如下所示。

软件环境有:TIA V17;硬件环境有:CPU 1214C DC/DC/DC V4.4,CPU 1214C DC/DC/DC V4.4,分配如表 3.5 所示。

表 3.5 设备角色及地址

模块	设备类型	设备名称	IP 地址	子网掩码
S7-1214C	IO 控制器	I_controller	192.168.0.1	255.255.255.0
S7-1214C	智能 IO 设备	I_Device	192.168.0.2	255.255.255.0

此外也可以用于 S7-1200 与 S7-1500 之间 PROFINET IO 通信。

1. 在同一项目下组态配置时

(1) 创建 TIA Portal 项目,并进行接口参数配置

使用 TIA V17 创建一个新项目,进入网络视图添加表 3.5 列出的所有设备,并进入各个设备以太网地址选项分别设置子网、IP 地址以及设备名称,如图 3.158 所示。

配置网络,并进行 IP 地址的设置,如图 3.159 所示。

地址数据如表 3.5 所示。

(2) 操作模式配置

I_Device 作为智能 IO 设备,需要将其操作模式改为 IO 设备,并且分配给对应 IO 控制器,配置所需的传输区。此外,如果不激活“PN 接口的参数由上位 IO 控制器进行分配”复选框,可指定是在上位 IO 控制器的项目中设置智能设备的更新时间、看门狗时间、伙伴端口、

图 3.158　添加硬件

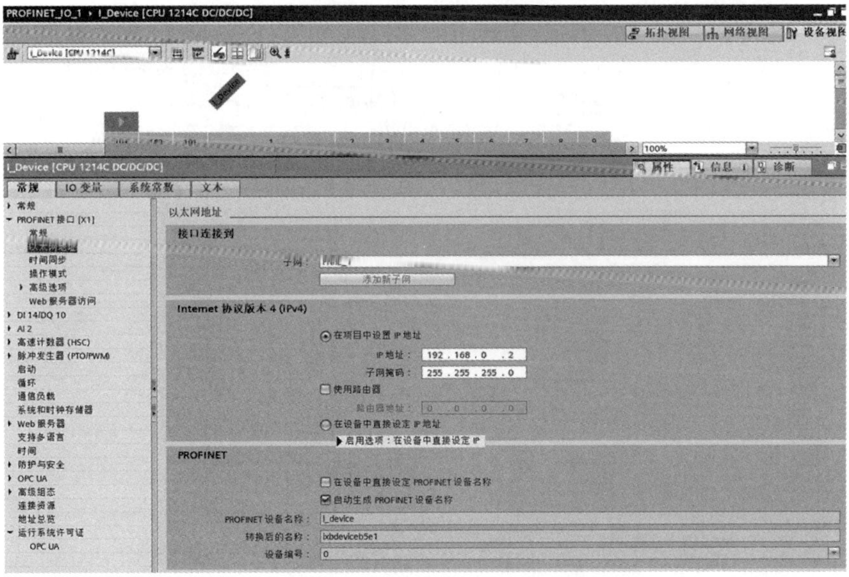

图 3.159　以太网地址配置

拓扑等功能。如果激活“PN 接口的参数由上位 IO 控制器进行分配”复选框，可指定是在上位 IO 控制器的项目中设置介质冗余、优先启动、传输速率等接口和端口的几乎所有功能。

需要强调的是，一旦激活“PN 接口的参数由上位 IO 控制器进行分配”复选框，则该智能设备将不再可以同时作为 IO 控制器使用。智能 IO 设备还支持优先启动，勾选后加快 IO 设备的启动速度，详情请了解优先启动相关功能。

设置传输区，分别为传输区_1，传输区_2，如图 3.160 所示。

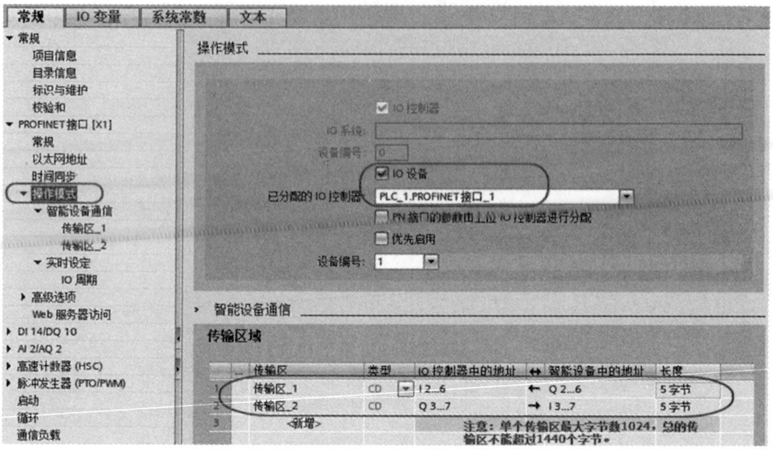

图 3.160 设置传输区

(3) 项目编译、下载、测试

分别下载组态数据到 1200PLC 中，在线模式如图 3.161 所示。

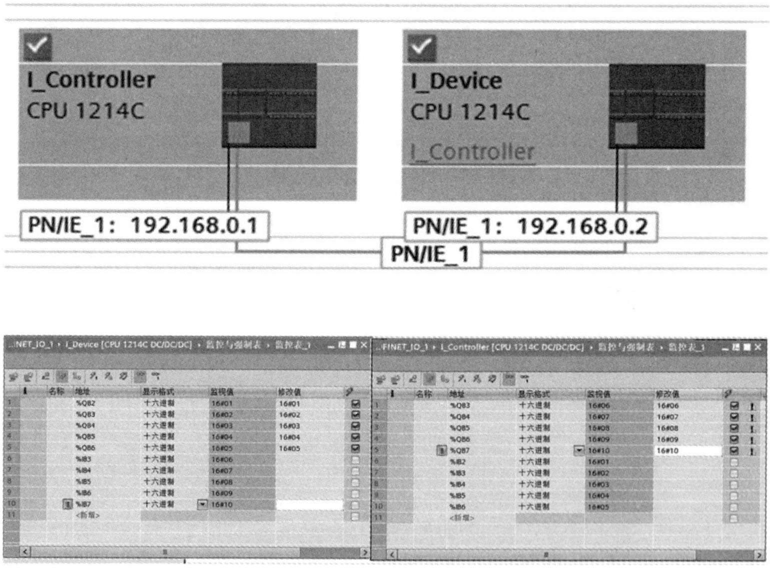

图 3.161 测试结果

2. S7-1200 智能设备在不同项目下组态

(1) 创建 TIA Portal 项目并进行接口参数配置

创建一个项目为 IO. Device，并添加 1214C 设备 PLC 名称为 device，设备以太网地址选项分别设置子网、IP 地址以及设备名称，如图 3.162 所示。

(2) 操作模式配置

本例 device 作为智能 IO 设备，需要将其操作模式改为 IO 设备，由于控制器未在同一项目，这里选择未分配。与相同项目下传输区的配置不同的是 IO 控制器的地址需要在主站

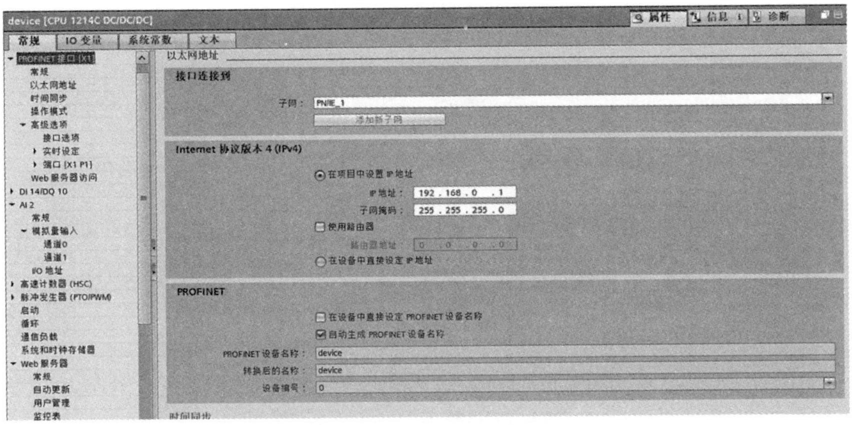

图 3.162　以太网地址配置

项目下才能分配。

此外，如果不激活“PN 接口的参数由上位 IO 控制器进行分配”复选框，可指定是在上位 IO 控制器的项目中设置智能设备的更新时间、看门狗时间、伙伴端口、拓扑等功能。

如果激活“PN 接口的参数由上位 IO 控制器进行分配”复选框，可指定是在上位 IO 控制器的项目中设置介质冗余、优先启动、传输速率等接口和端口的几乎所有功能。

需要强调的是，一旦激活“PN 接口的参数由上位 IO 控制器进行分配”复选框，则该智能设备将不再可以同时作为 IO 控制器使用。

智能 IO 设备还支持优先启动，不同项目下无法直接选择优先启动功能，需要先选择“PN 接口的参数由上位 IO 控制器进行分配”，然后在主站项目下为智能设备设置接口选项中的优先启动功能。增加两个传输区，如图 3.163 所示。

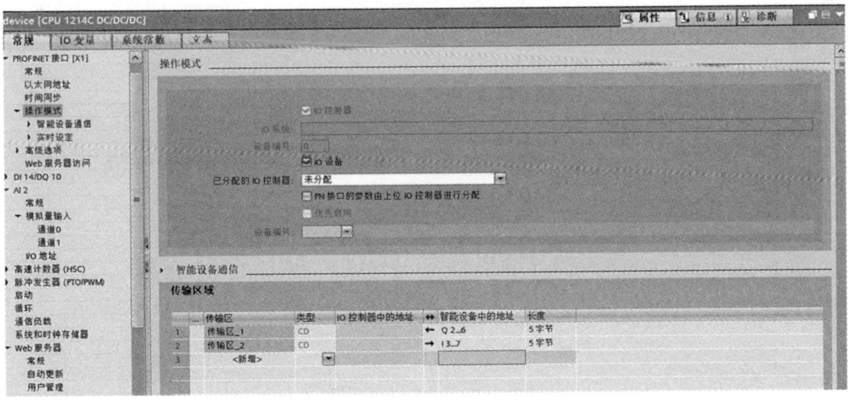

图 3.163　操作模式

(3) 项目编译后导出 GSD 文件

这里注意导出 GSD 之前需要正确编译项目的硬件配置，不然导出选项是灰色的，无法选择。导出 GSD 文件选项可以由用户设置 GSD 文件名称的标识部分(GSD 文件名称的版本、厂商、日期等部分为默认设置)，然后选择存储路径并导出文件。注意：导出的 GSD 文件不要修改文件名称，不然会造成无法导入项目中，如图 3.164 所示。

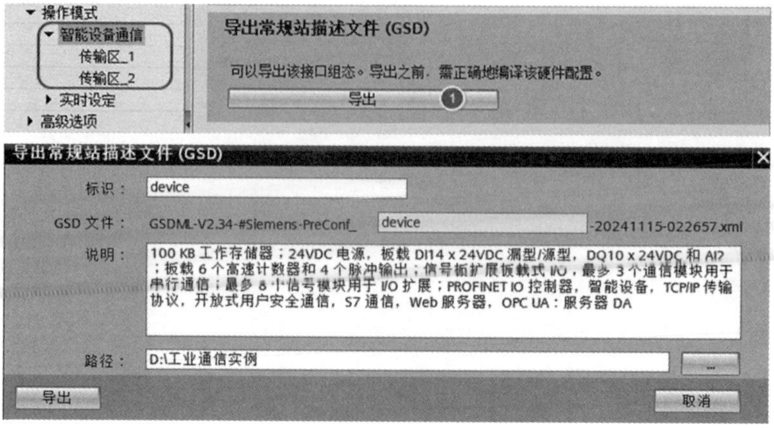

图 3.164　导出 GSD 文件

（4）导入 GSD 文件

创建一个项目为 IO.Controller，并添加 1214C 设备 PLC 名称为 controller，设备以太网地址选项分别设置子网、IP 地址以及设备名称，如图 3.165 所示。

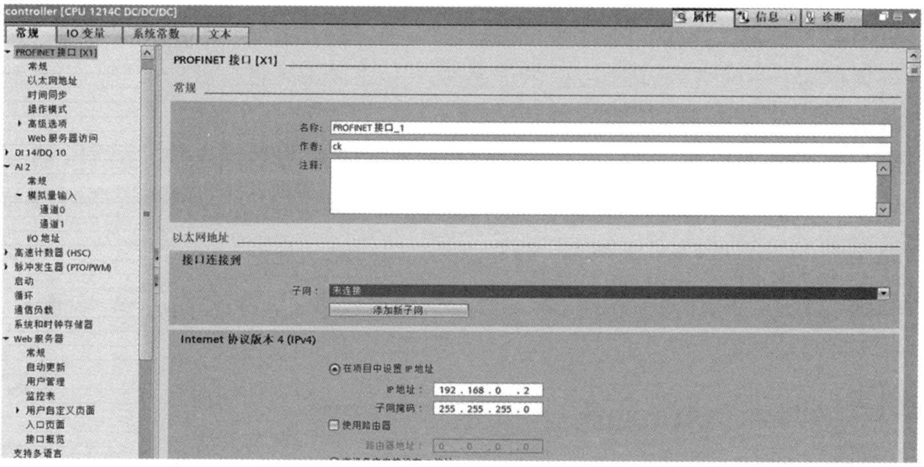

图 3.165　主站设备

在选项下拉菜单中选择管理通用站描述文件，进入项目管理 GSD 文件视图，选择存储 GSD 文件源路径，在路径下选择需要安装的文件进行安装，如图 3.166 所示。

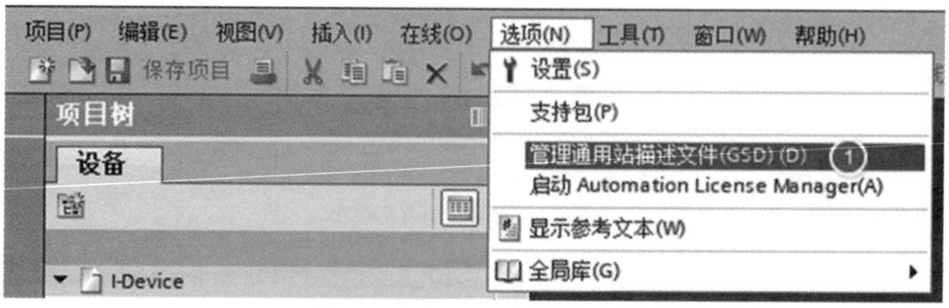

图 3.166　导入 GSD 文件

图 3.166　导入 GSD 文件(续图)

(5) 添加智能 IO 设备

进入硬件目录，在其他现场设备列表中找到安装的智能 IO 设备并添加，添加完成后进入以太网地址配置视图，检查智能 IO 设备的设备名称是否与源项目中名称一致(注意一定要保证名称一致)，检查无误后分配给控制器，如设备概览视图，分配给控制器后会自动分配地址，也可以手动设置控制器侧传输区地址，如图 3.167 所示。

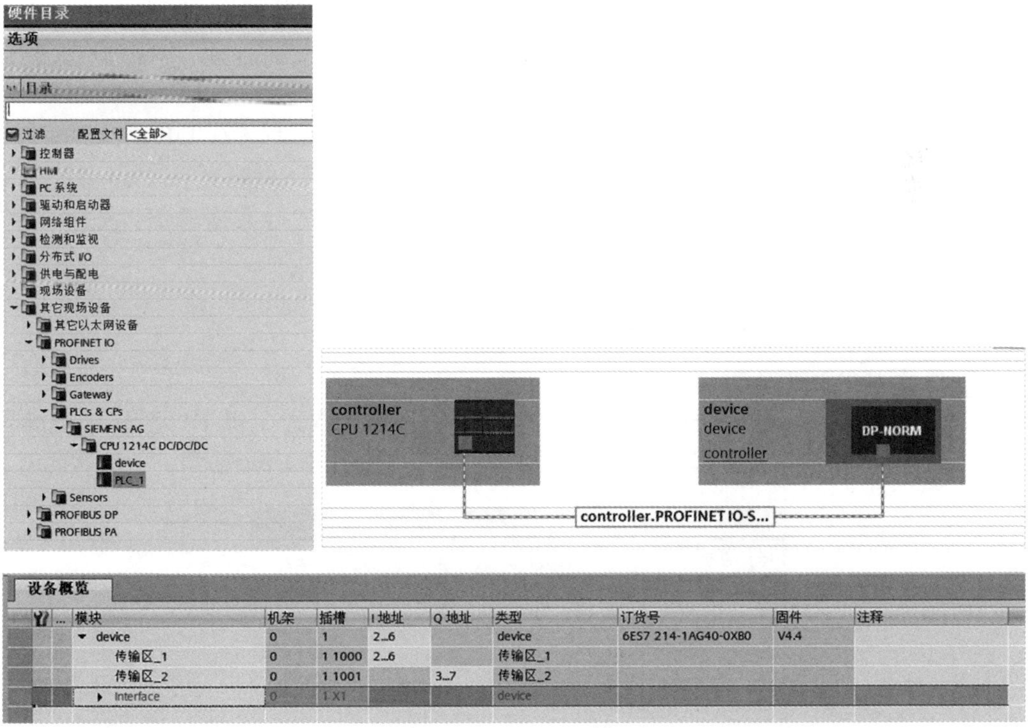

图 3.167　添加 IO 设备

(6) 项目编译、下载、测试

分别编译下载两个项目到 PLC，在监控表中添加传输区数据，给 Q 区赋值，监控发送和接收数据区是否一致，如图 3.168 所示。

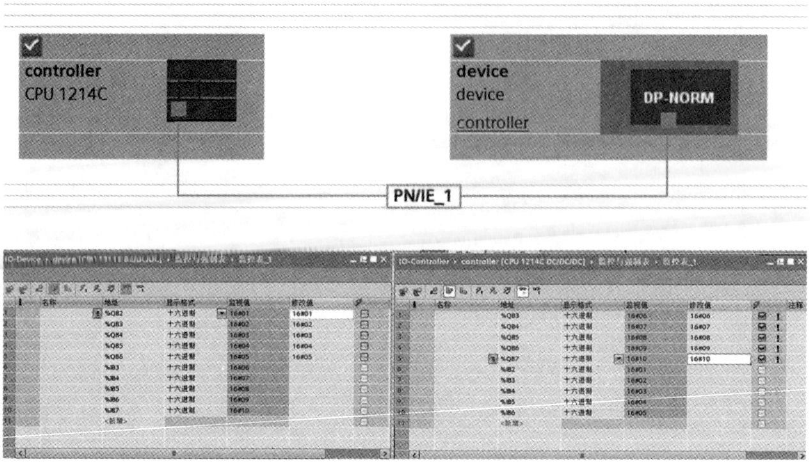

图 3.168　实验测试

3.7　S7-1200 通过网络视图建立开放式用户通信连接

S7-1200 V4.5 版本开始支持网络视图组态开放式用户通信连接，不需要在程序中调用 TCON 等建立连接指令，只需要调用发送接收指令即可实现数据的收发。下面以 TCP 通信为例，通过电脑上的网络调试助手与 S7-1200 建立 TCP 连接。

本示例中使用的软件和硬件环境有：① TIAPortalV17；② TCP/UDP 网络调试工具；③ CPU 1214C DC/DC/DC(6ES7214_1AG40_0XB0)，V4.5；④ 电脑；⑤ 以太网线。

需要完成的通信任务：① S7-1200 作为客户端和调试助手进行数据通信；② S7-1200 作为服务器和调试助手进行数据通信。

1. S7-1200 作为客户端

(1) 创建 TCP 服务器

打开网络调试助手，选中协议类型为“TCP Server”；选择本地主机 IP 地址，即电脑网卡 IP 地址；设置本地主机端口为“2000”；点击“打开”按钮。如图 3.169 所示。

图 3.169　网络调试助手创建服务器

(2) 创建 TCP 客户端

打开 TIA Portal,创建一个新项目,添加 CPU 1214C DC/DC/DC V4.5,添加子网并设置 CPU 的 IP 地址,如图 3.170 所示。

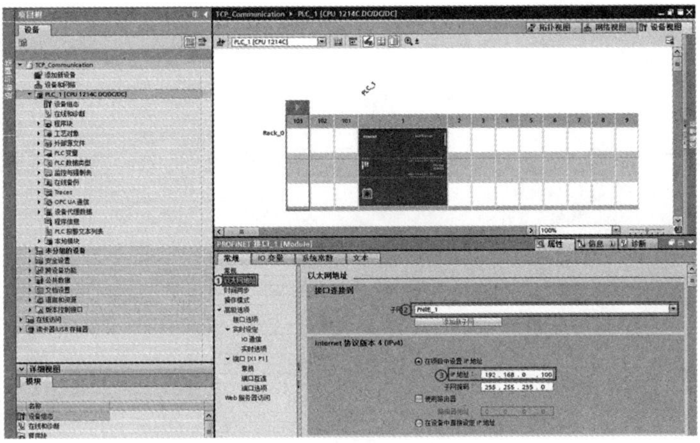

图 3.170　添加子网并设置 IP 地址

点击以太网地址属性添加新子网;设置 IP 地址;对通信进行组态。如图 3.171 至图 3.173 所示。

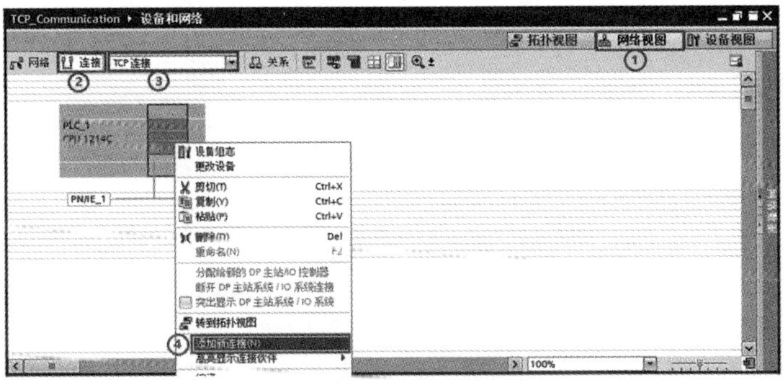

图 3.171　添加新连接

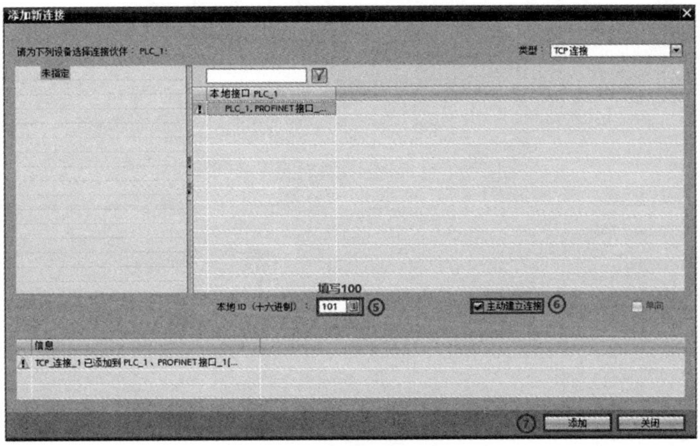

图 3.172　设置参数

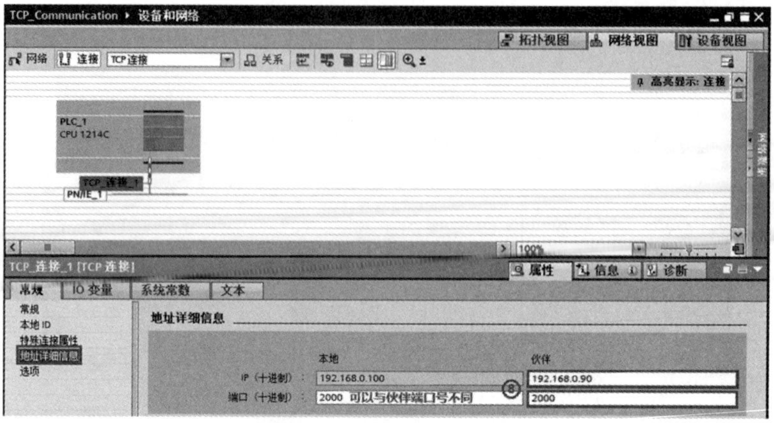

图 3.173 设置伙伴

打开网络视图；点击连接；在下拉菜单中选择 TCP 连接；右键点击 PLC 选择添加新连接；在弹出的新窗口中填写本地 ID 号 100；因为 S7-1200 作客户端，所以需要勾选主动建立连接；点击添加按钮，信息窗口中会提示“TCP_连接_1”已经添加到 PLC_1，然后点击关闭按钮关闭此窗口；在“TCP_连接_1”的地址详细信息属性中根据图中的 IP 与端口号填写伙伴 IP 地址及端口号，本地端口号可以不填或者指定，本例中指定了本地端口号为 2000。

(3) 编写发送和接收指令并下载组态和程序

如图 3.174 所示。

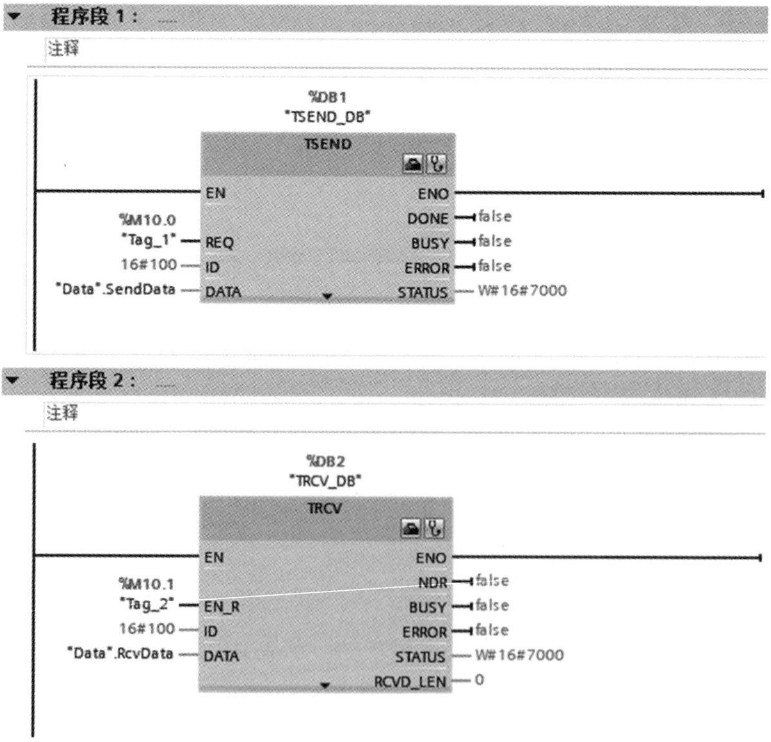

图 3.174 数据收发指令

(4) 确认连接

在网络视图中的连接中查看,连接名称前的图标为绿色,代表连接成功,如图 3.175 所示。

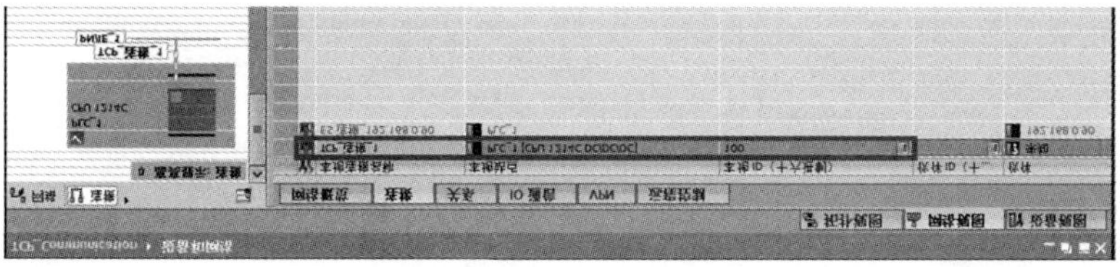

图 3.175　TCP 连接建立

(5) 数据交互

通过在线监视 DB 块,可以看到与网络调试助手发送接收数据一致,如图 3.176 所示。

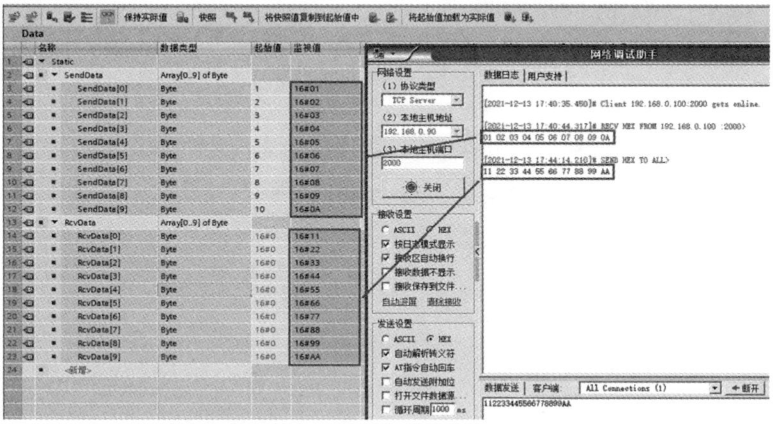

图 3.176　数据交互

2. S7-1200 作为服务器

(1) 创建 TCP 服务器

打开 TIA Portal,创建一个新项目,添加 CPU 1214C DC/DC/DC V4.5 并设置 CPU 的 IP 地址,如图 3.177 所示。

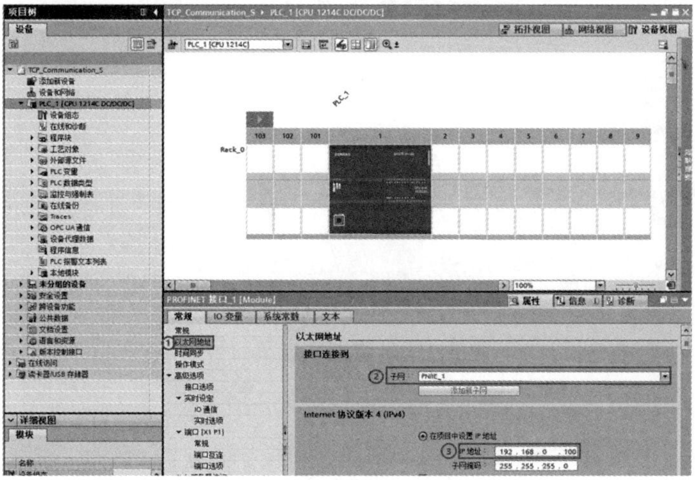

图 3.177　设置 IP 地址

（2）对通信进行组态

如图 3.178 至图 3.180 所示。

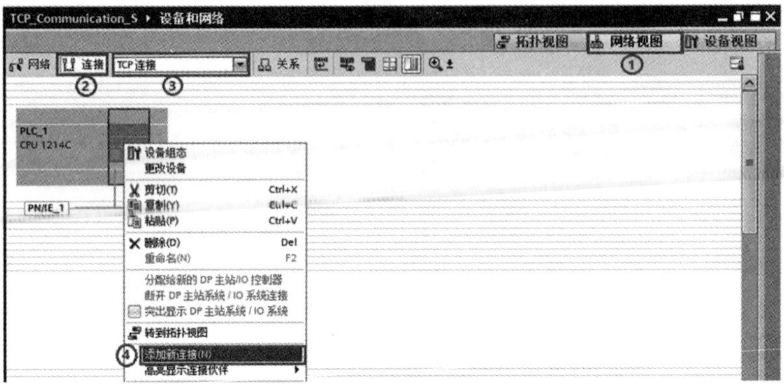

图 3.178 添加新连接

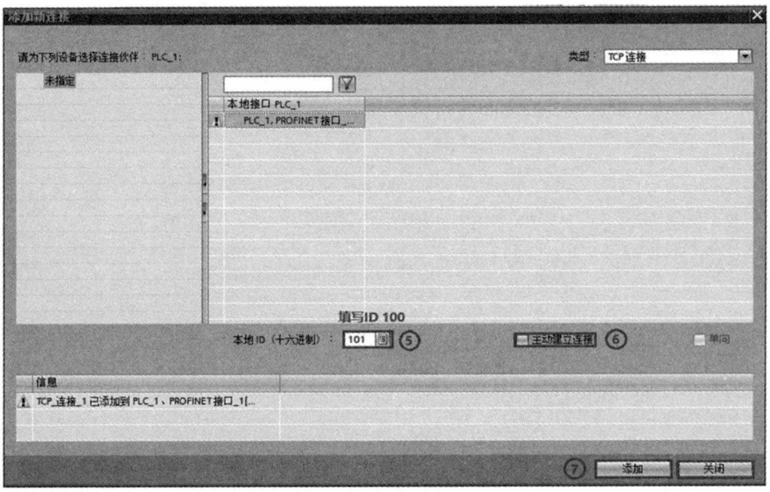

图 3.179 设置参数

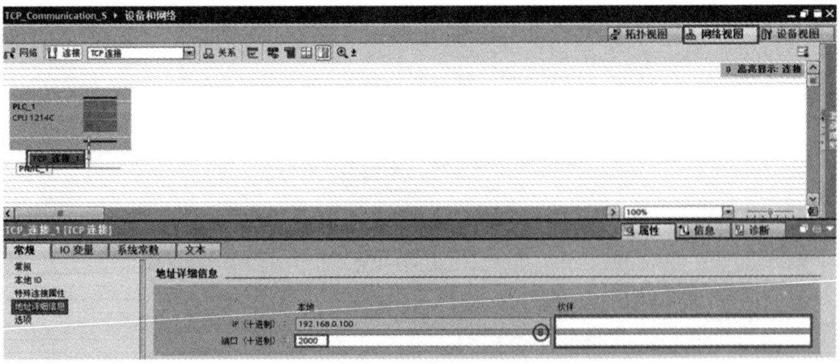

图 3.180 设置本地端口号

打开网络视图；点击连接；在下拉菜单中选择 TCP 连接；右键点击 PLC 选择添加新连接；在弹出的新窗口中填写本地 ID 号为 100；因为作为服务器，所以不需要激活主动建立连接；点击添加按钮，信息窗口中会提示“TCP_连接_1”已经添加到 PLC_1，然后可以点击关闭按钮关闭此窗口；在“TCP_连接_1”的地址详细信息属性中设置本地端口号，伙伴 IP 与端口号不填。

(3) 编写发送和接收指令并下载组态和程序

如图 3.181 所示。

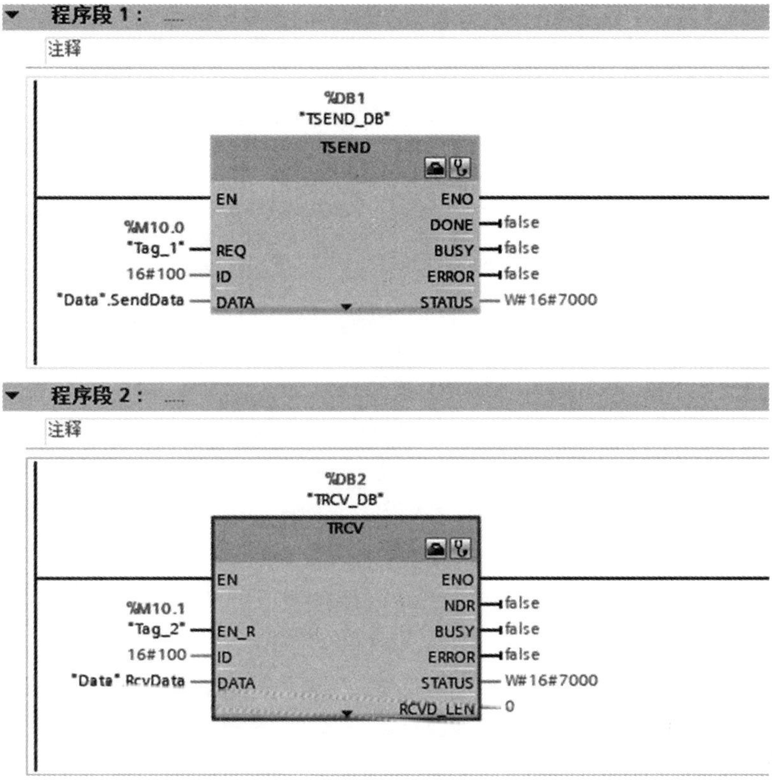

图 3.181　数据收发指令

(4) 创建 TCP 客户端

打开网络调试助手，选中协议类型为 TCP Client。根据本地 IP 填写远程主机地址；根据本地端口号填写远程主机端口；点击连接。如图 3.182 所示。

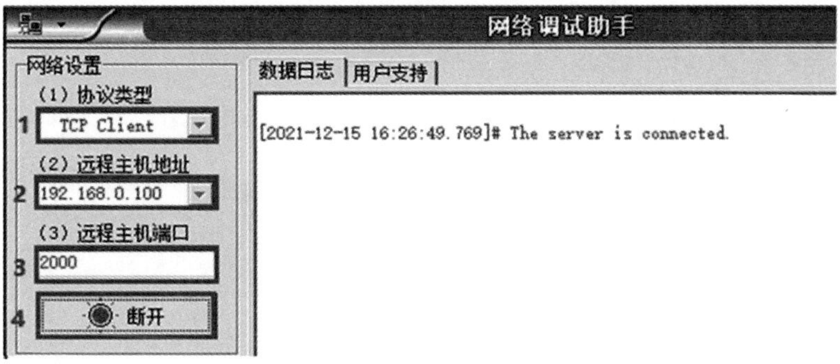

图 3.182　网络调试助手创建客户端

(5) 确认连接

在网络视图中的连接中查看，连接名称前的图标为绿色，代表连接成功。如图 3.183

所示。

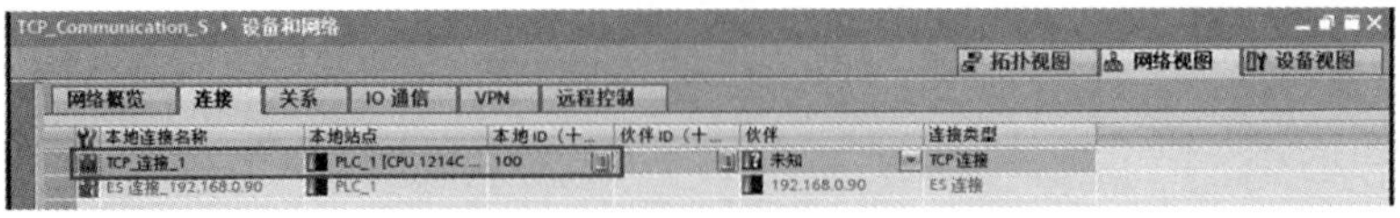

图 3.183 TCP 建立连接

(6) 数据交互

通过在线监视 DB 块,可以看到与网络调试助手发送、接收数据一致。如图 3.184 所示。

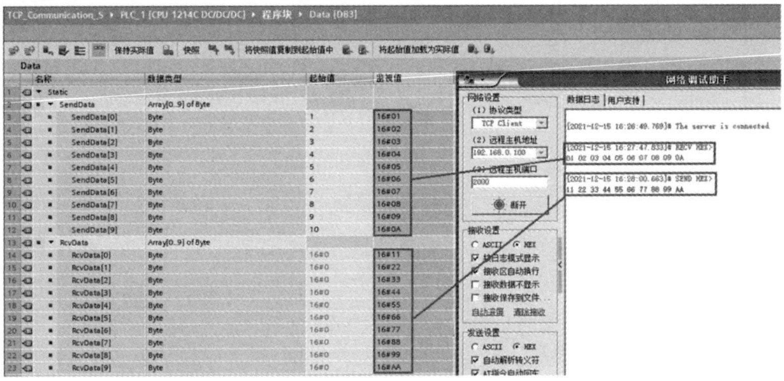

图 3.184 数据交互

第 4 章　人机界面的应用

4.1　人机界面介绍

1. 人机界面

人机界面(Human Machine Interface)又称人机接口,简称 HMI。从广义上说,HMI 泛指计算机与操作人员交换信息的设备;在控制领域,HMI 一般特指用于操作人员与控功能。

人机界面主要承担以下任务:

① 过程可视化,在人机界面上动态显示过程数据(即 PLC 采集的现场数据)。

② 操作员对过程的控制,操作员通过图形界面来控制过程。

③ 显示报警,当变量超出或低于设定值时,会自动触发报警。

④ 记录功能,顺序记录过程值和报警信息,用户可以检索以前的生产数据。

⑤ 输出过程值和记录报警,如可以在某一轮班结束时打印输出生产报表。

⑥ 过程和设备的参数管理,将过程和设备的参数存储在配方中,可以一次性将这些参数从人机界面下载到控制系统中,以便改变产品的品种。制系统间进行对话和相互作用的专用设备。

2. 触摸屏

西门子的触摸屏面板(Touch Panel,TP),俗称触摸屏。触摸屏是人机界面的发展方向,用户可以在触摸屏的屏幕上生成满足自己要求的触摸式按键。触摸屏使用直观方便,易于操作。画面上的按钮和指示灯可以取代相应的硬件元件,减少 PLC 需要的 I/O 点数,降低系统的成本,提高设备的性能和附加价值。

3. 人机界面的工作原理

人机界面的基本工作原理是显示现场设备(通常是 PLC)中开关量的状态和寄存器中数字变量的值,用监控画面向 PLC 发出开关命令,并修改 PLC 寄存器中的参数。人机界面的工作原理如图 4.1 所示。

西门子提供了范围广泛的 SIMATICHMI 面板:从简单的操作员键盘和移动设备,到灵活多变的多功能面板。多年来,这些面板作为人机交互设备,已被成功用于各行各业中。SIMATICHMI 面板结构紧凑,功能齐全,可以完美集成到任何生产设备和自动化系统中,如图 4.2 所示。

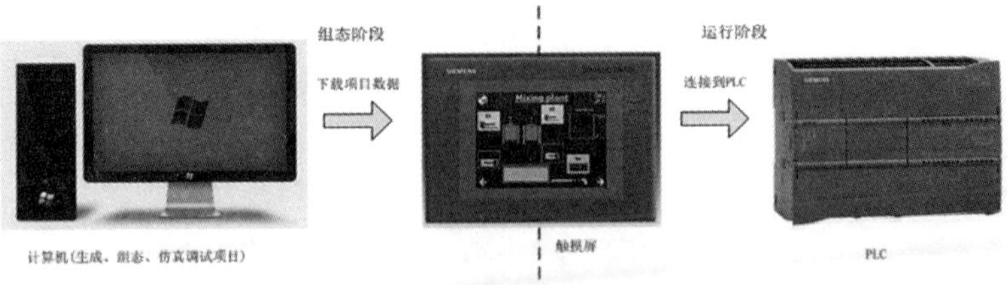

图 4.1　人机界面角色

图 4.2　西门子人机界面

(1) 精简系列面板简介

SIMATICHMI 精简系列面板可以有 4、6 或 10 个显示屏，键盘或触摸控制，可以提供一个 15 英寸的基本面板触摸屏。每个 SIMATIC Basic Panel 都设计采用了 IP65 防护等级，可以理想地用在简单的可视化任务中——甚至是恶劣的环境中。其他优点包括集成了软件功能，如报告系统、配方管理以及图形功能。SIMATIC S7-1200 与 SIMATICHMI 精简系列面板的完美整合，为小型自动化应用提供了一种简单的可视化和控制解决方案。SIMATIC STEP7 Basic 是西门子开发的高集成度工程组态系统，可以提供直观易用的编辑器，用于对 SIMATIC S7-1200 和 SIMATICHMI 精简系列面板进行高效组态。

(2) 精简系列面板结构特点

KTP700BASIC 是第二代 SIMATICHMI 精简系列面板，西门子满足了用户对高品质可视化和便捷操作的需求，即使在小型或中型机器和设备中也同样适用。根据旧款的价格确定了新一代精简系列面板的价格，同时其性能范围也有了显著扩展。高分辨率和 65500 色的颜色深度是其突出优势。借助 PROFINET 或 PROFIBUS 接口及 USB 接口，其连通性也有了显著改善。借助 WinCC(TIA Portal)的最新软件版本可进行简易编程，从而实现新面板的简便组态与操作。

(3) 精简系列面板组态软件介绍

精简系列面板是利用个人计算机上的组态软件来生成满足用户需要的监控画面，从而实现对生产现场的管理和监控。西门子精简系列面板之前广泛使用的是 SIMATIC WinCC flexible 组态软件，目前 TIA 博图软件已经把 S7-1200 编程软件和精简系列面板的组态软件

WinCC 集成在一起，使用 TIA 博图软件，就能实现精简系列面板的组态和 PLC 的编程，使得整个项目开发变得简单、高效。

4.2　人机界面实例

4.2.1　系统功能与结构

本系统是实现小车往返 A、B 两地实现装料、送料、卸料过程的动态过程。小车开始时停在最右边。按下系统启动按钮，小车左行，驶向装料区。到达左限位时，小车停止向前，开始装料，装料时间可以提前设定；装料完成后，小车右行开始，当小车到达右限位，停止进行卸料状态，卸料时间由用户设定，完成卸料后，继续左行，如此循环。在这个过程中，可以通过按钮控制小车的启动与停止，通过面板上的滑块可以调节小车运行速度。若按下系统复位按钮，系统回到初始状态。如图 4.3 所示。

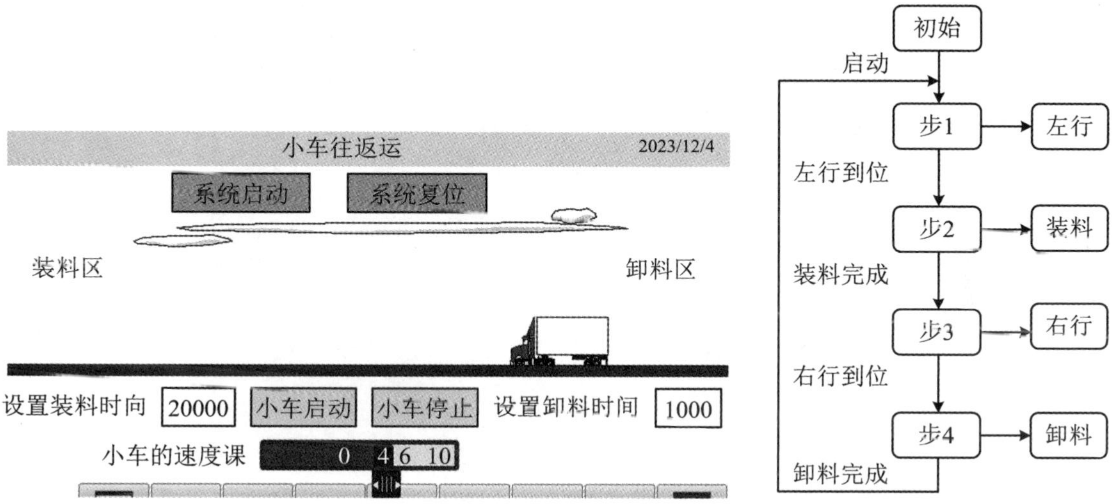

图 4.3　系统结构与流程图

4.2.2　实现过程

1. 添加 HMI 与控制器

在项目视图中生成一个名为“小车往返送料”的新项目。双击项目数中的“添加新设备”，单击打开的对话框中的“控制器”按钮，如图 4.4 所示，生成名为“PLC_1”的 PLC 站点，CPU 为 1214C。再次双击“添加新设备”，单击“HMI”按钮，去掉复选框“启动设备导向”中的勾，选中 9in 的精智面板 TP900 Comfort。单击“确定”按钮，生成名为“HMI.1”的面板，如图 4.5 所示。

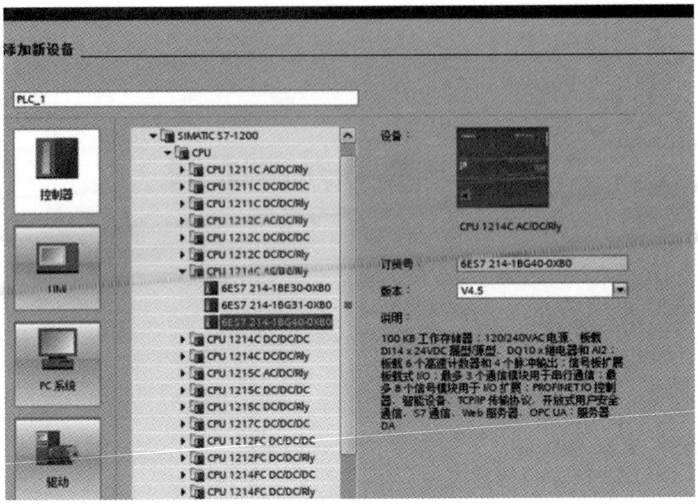

图 4.4 添加控制器

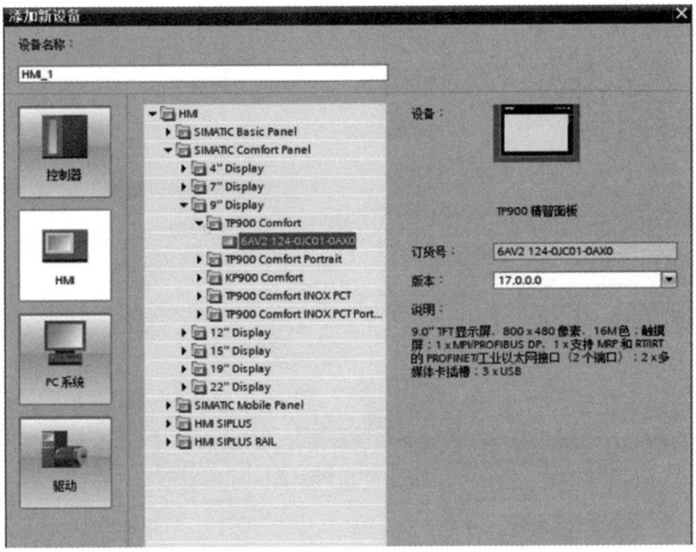

图 4.5 添加 HMI

2. 组态连接

CPU 和 HMI 默认的 IP 地址分别为 192.168.0.1 和 192.168.0.2，子网掩码均为 255.255.255.0。生成 PLC 和 HMI 设备后，双击项目树中的“设备和网络”，打开网络视图，此时还没有连接网络，如图 4.6 所示。单击工具栏上的“连接”按钮，右边的下拉式列表显示连接类型为“HMI 连接”。单击选中 PLC 中的以太网接口（小方框），按住鼠标左键，移动鼠标，拖出一条直线。将它拖到 HMI 的以太网接口，松开鼠标左键，生成图中的“HMI_连接_1”。

单击图 4.6 连接视图右边竖条上向左的小三角形按钮，打开从右到左弹出的视图中的“连接”选项卡，可以看到 HMI 连接的详细信息，如图 4.7 所示。单击竖条上向右的小三角形按钮，关闭弹出的视图。

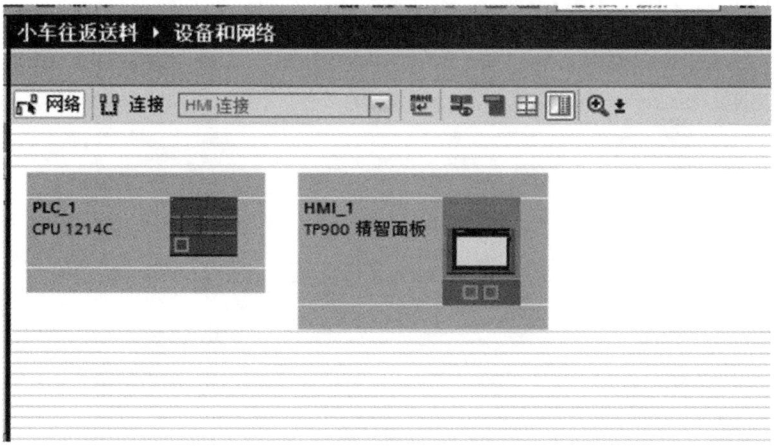

图 4.6　项目中的设备与网络

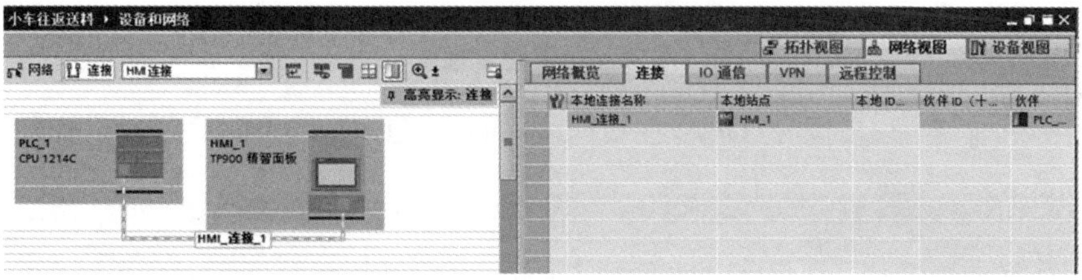

图 4.7　HMI 连接

3. PLC 程序设计

通过设备组态窗口，双击加载的 1200PLC，在巡视窗口中，在“系统和时钟存储器”中启动系统存储器字节和启动时钟存储器字节。如图 4.8 所示。

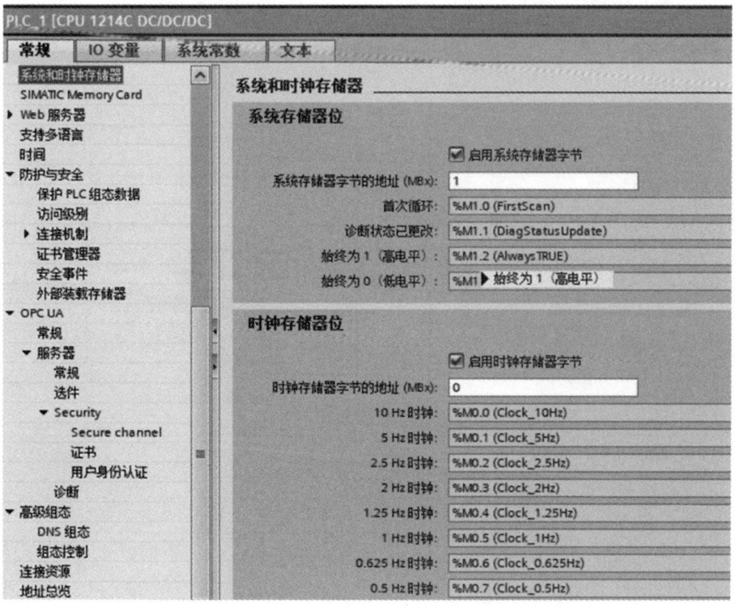

图 4.8　启动系统和时钟存储器

通过项目树打开 PLC 变量，在默认变量表中增加如图 4.9 所示变量。

15	启动	Bool	%M2.0
16	停止	Bool	%M2.1
17	左限位	Bool	%M2.2
18	右限位	Bool	%M2.3
19	左行	Bool	%Q0.0
20	右行	Bool	%Q0.1
21	第一步	Bool	%M10.0
22	初始完成	Bool	%M4.0
23	第二步	Bool	%M10.1
24	第三步	Bool	%M10.2
25	第四步	Bool	%M10.3
26	装料时间	Time	%MD20
27	卸料时间	Time	%MD24
28	左行数据	Int	%MW30
29	小车速度	Int	%MW32
30	右行数据	Int	%MW34
31	左行小车显示	Bool	%M60.0
32	右行小车显示	Bool	%M60.1
33	Tag_1	Bool	%M50.0
34	Tag_2	Bool	%M50.1
35	小车启动	Bool	%M70.1
36	小车运动中	Bool	%M70.2
37	小车停止	Bool	%M70.0
38	系统复位	Bool	%M2.6
39	<新增>		

图 4.9　项目变量表

添加数据块，命名为定时器数据块，在数据块中新建 T1、T2 两个时间变量。如图 4.10 所示。

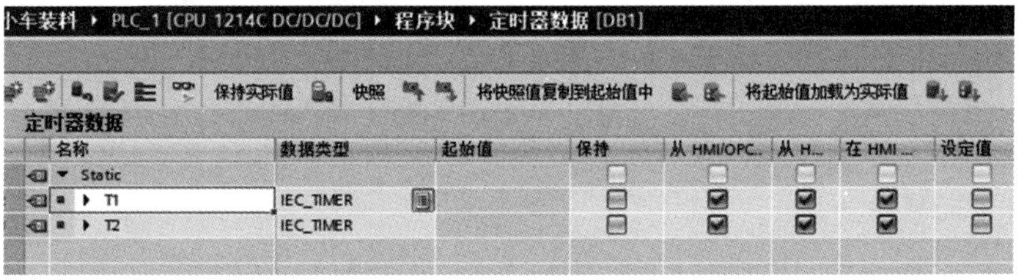

图 4.10　定时器数据块

按照图 4.1 流程图编写梯形图程序，如图 4.11 所示。

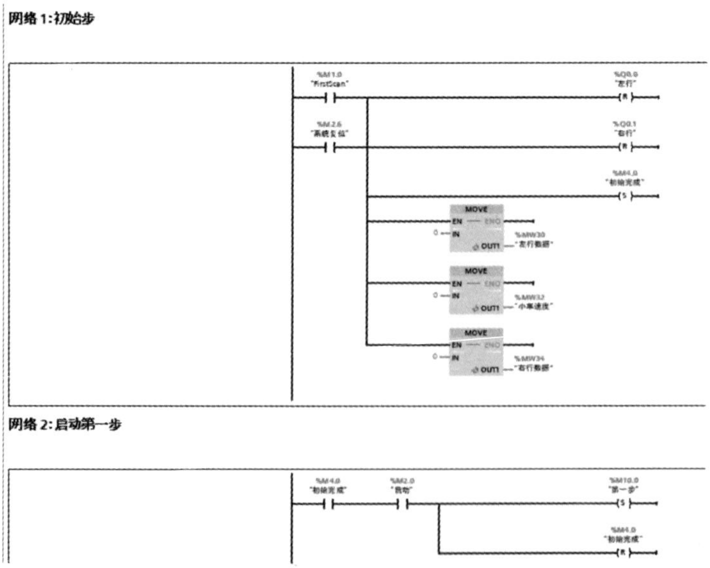

图 4.11　完整的梯形图程序

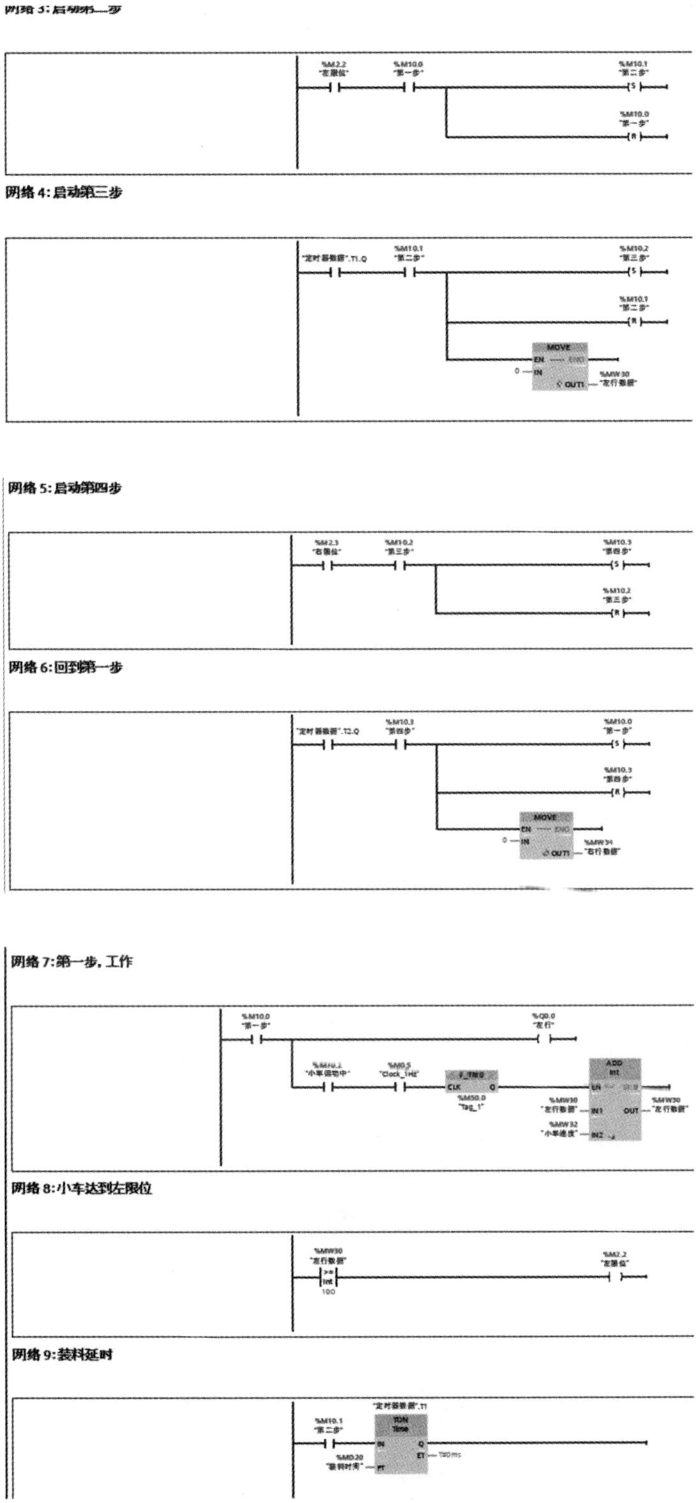

图 4.11　完整的梯形图程序(续图)

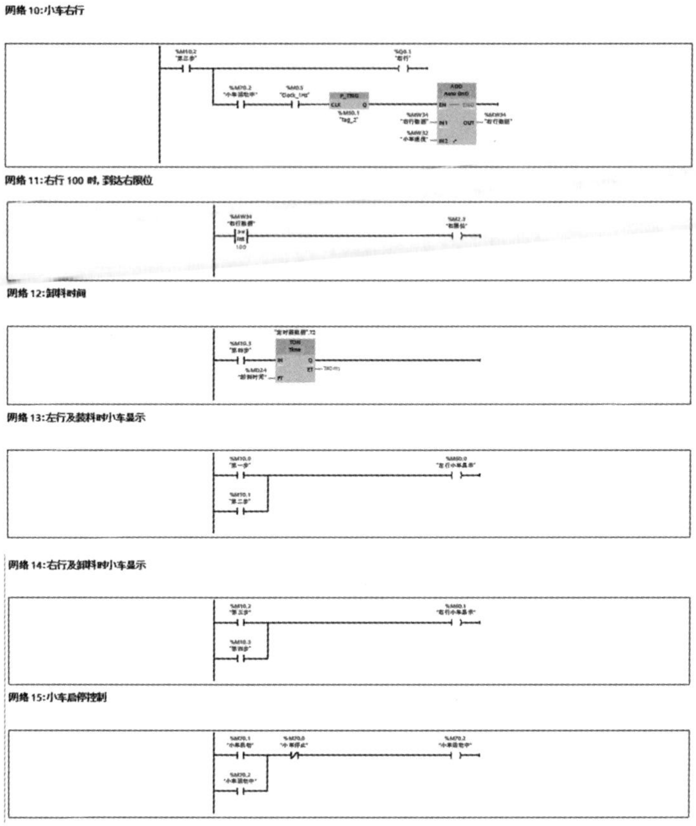

图 4.11　完整的梯形图程序(续图)

4. 组态画面设计

生成 HMI 设备后,在“画面”文件夹中自动生成一个名为“画面_1”的画面,将其名称改为“根画面”。双击打开该画面,可以用图 4.12 工作区下面的放大倍数(25%～400%)下拉式列表,来改变画面的显示比例。也可以用其右边的滑块快速设置画面的显示比例。

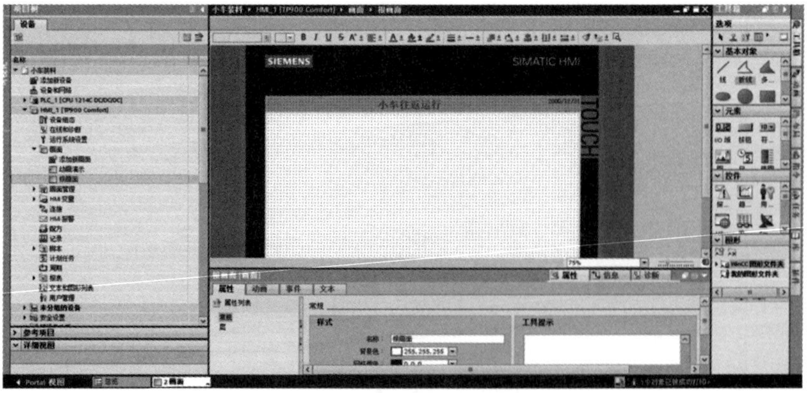

图 4.12　画面比例设置

单击选中工作区中的画面后，再选中巡视窗口的“属性>属性>常规”，可以用巡视窗口设置画面的名称、编号等参数。单击“背景色”下拉式列表的键，用出现的颜色列表设置画面的背景色为白色。单击“工具箱”中的空白处，勾选出现的复选框“大图标”用大图标显示工具箱中的元素(图4.12)。单击复选框“显示描述”，在显示大图标的同时显示元素的名称。未勾选“大图标”时同时显示小图标和元素的名称。

(1) 组态文本域

将画面窗口工具箱中的“文本域”(图标为字母A)拖拽到画面上，默认的文体为“Text”。单击选中生成的文本域，选中巡视窗口的“属性>常规”，在右边窗口的“文本”中键入“小车往返运行”。可以在属性中进行字体大小和“使对象适合内容”，也可以分别在“文本格式”和“布局”属性中设置它们。如图4.13所示。

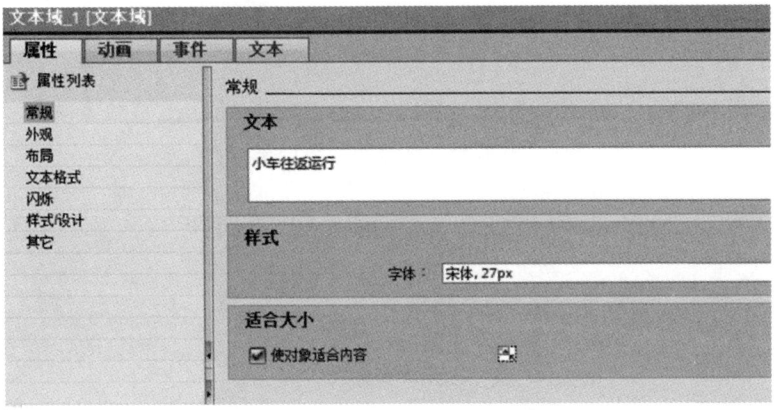

图4.13　组态文本域的常规属性

其中，外观主要设置背景颜色、字体颜色及过框样式等，布局主要设置位置和大小等。

上述同样的方法，加载“文本域”，文本分别为“装料区”“卸料区”“设置装料时间”“设置卸料时间”“设置小车运动速度”。如图4.14所示。

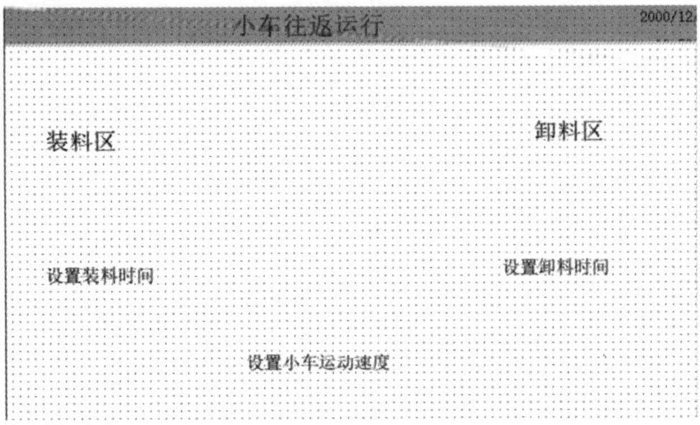

图4.14　文本域加载

(2) 加载“矩形”与“符号库”

为了实现更逼真的动画，有时需要添加一些基本对象来完成上画面功能，例如，通过添加矩形框来模拟路面，添加“基本对象”中的“矩形”，拖拽到工作界面，通过“巡视窗口”属性进行设置，外观颜色为“绿色”，填充图案为“实心”，其他默认。加载“小车”，在工具箱“元素”

中找到“符号库”，拖拽到工作区，显示为“冷却泵”。双击“冷却泵”属性，在“常规“＞”类别“..”交通工具中选择“加载小车，如图 4.15 所示。点击卸料区小车“属性＞动画＞可见性”过程变量选择 PLC 变量“左行小车显示”；移动，选择“水平移动”，变量名称“左行数据”。如图 4.15、图 4.16 所示。

图 4.15 加载路面与小车

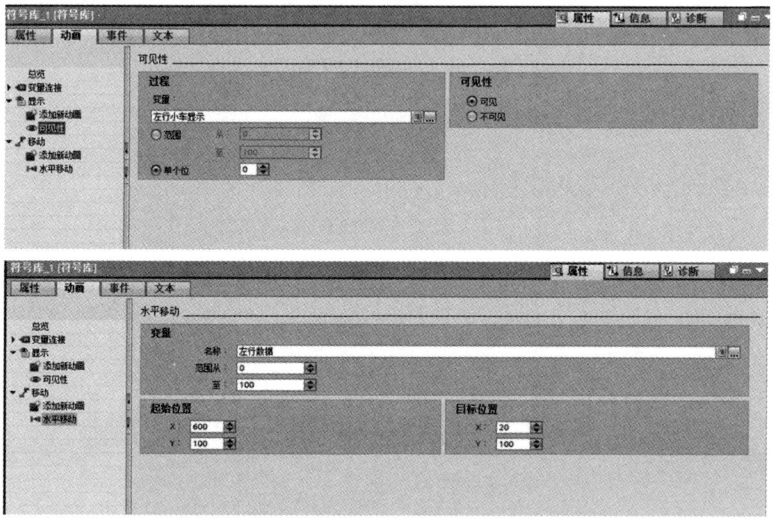

图 4.16 加载小车行驶数据

同理，对装料区小车进行组态数据连接。

(3) 生成各组态按钮

画面上的按钮功能比接在 PLC 输入端的物理按钮的功能强大得多，用来将各种操作命令发送给 PLC，通过 PLC 的用户程序来控制生产过程。将工具箱的“元素”窗格中的按钮拖拽到画面上，用鼠标调节按钮的位置和大小。

单击选中放置好的按钮，选中巡视窗口的“属性”＞“属性”＞“常规”，用单选框中“模式”域和“标签”域的“文本”，输入按钮未按下时显示的文本为“系统启动”。

如果勾选了复选框“按钮”按下时显示的文本，可以分别设置未按下时和按下时显示的文本，未勾选该复选框时，按下和未按下时按钮上的文本相同。选中巡视窗口的“属性”＞“属性”＞“外观”，设置背景为“浅灰色”，填充图案为“实心”，文本的颜色为“黑色”。按钮的变量连接,“属性>事件”,点击左边“按下”,右侧窗口中选择“置位位”,变量(输入/输出)选择“PLC 变量”“启动”,确认。点击左边“释放”,右侧窗口中选择“复位位”,变量(输入/输出)选择“PLC 变量”“启动”,确认。如图 4.17 所示,系统“启动”按钮变量连接。

图 4.17　系统启动按钮的数据连接

用同样的方法,设置另外的按钮,“系统复位”“小车启动”“小车停止”。数据连接对应 PLC 变量,“系统复位”“小车启动”“小车停止”。如图 4.18 所示。

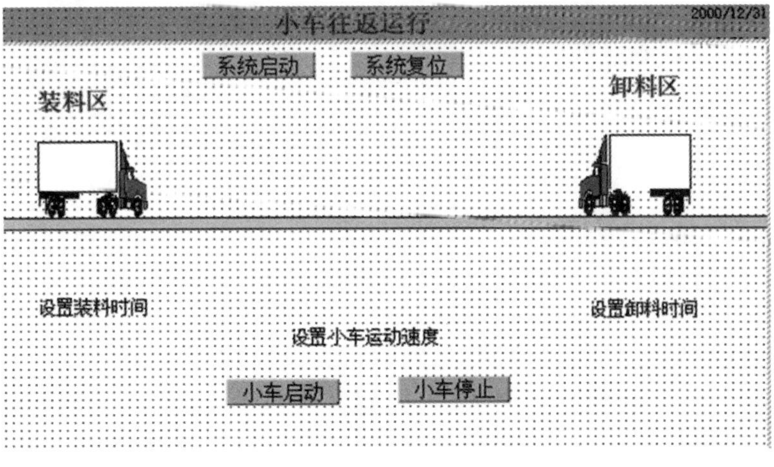

图 4.18　加载按钮

(4) 生成与组态 IO 域

有 3 种模式的 IO 域。输出域:用于显示 PLC 中变量的数值;输入域:用于操作员键入数字或字母,并用指定的 PLC 的变量保存它们的值;输入/输出域:同时具有输入域和输出域的功能,操作员用它来修改 PLC 中变量的数值,并将修改后 PLC 中的数值显示出来。

将工具箱中的“I/O 域”拖拽到画面上文本域“设置装料时间”的上边,选中生成的 I/O 域。选中巡视窗口的“属性”>“属性”>“常规”,用“模式”下拉列表设置 I/O 域为输入/输出域,连接的过程变量为“装料时间”。该变量的数据类型为 Time,是以 ms 为单位的双整数时间值。在“格式”域，采用默认的显示格式“十进制”，设置“格式样式”为有符号数 s9999999（需要手工添一个 9），如图 4.19 所示。在外观设置中，设置单位为 s。

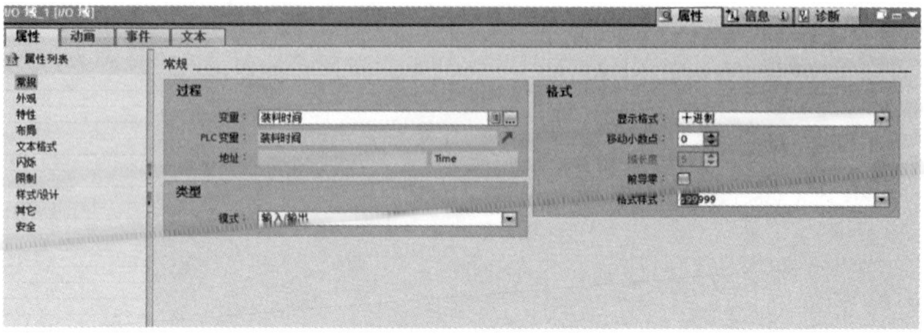

图 4.19 装料时间 I/O 域

同理，在卸料区设置“卸料 I/O”域，变量为卸料时间。

（5）生成与组态滑块

滑块即为滚动条，用于操作员输入和监控变量的数字值。它用来显示数字值时，滚动条中的滑块位置指示控件输出的过程值。操作员通过改变滑块的位置来输入数字值。此实例中将使用滑块来设置小车运行速度。拖拽滑块到工作界面，点击“属性”>“属性”>“常规”，在“过程”中设置最小刻度值为 0，最大刻度值为 10，“过程变量”和“PLC 变量”均设置为“小车速度”。如图 4.20 所示。

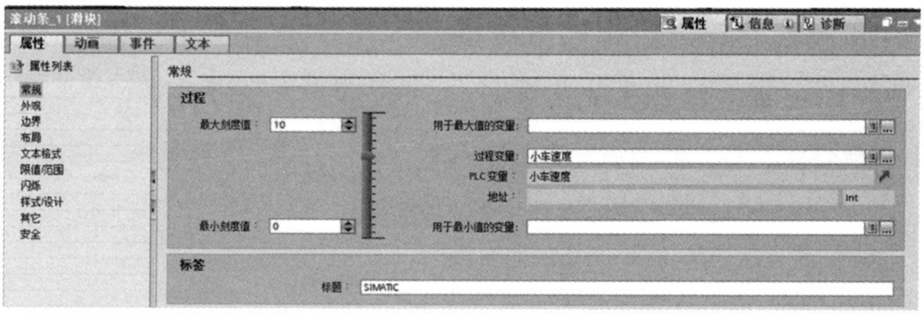

图 4.20 滑块常规设置

（6）PLC 与 HMI 集成仿真

WinCC 的运行系统（runtime）是一种过程可视化软件，用来在组态计算机上运行和测试用 WinCC 的工程系统组态的项目。HMI 的价格较高，初学者一般都没有条件用硬件来做实验。在没有 HIM 设备的情况下，可以用 WinCC 的运行系统来对 HMI 设备仿真，用它来测试项目，调试已组态的 HMI 设备的功能。仿真调试也是学习 HMI 设备的组态方法和提高动手能力的重要途径。

有下列 3 种仿真调试的方法，本节主要介绍集成仿真。① 使用变量仿真器仿真，如果手中既没有 HMI 设备，也没有 PLC，可以用变量仿真器来检查人机界面的部分功能。选中项目视图中的“HIMI_1”，执行菜单命令“在线>仿真>使用变量仿真器”，打开变量仿真器。这种测试称为离线测试，可以模拟画面的切换和数据的输入过程，还可以用仿真器来改变输出域显示的变量的数值或指示灯显示的位变量的状态，或者用仿真器读取来自输入域的变量的数值和按钮控制的位变量的状态。因为没有运行 PLC 的用户程序，仿真系统与实际系统的性能有很大的差异。② 使用 S7. PLCSIM 和运行系统的集成仿真，如果将 PLC 和 HMI 集成在博途的同一个项目中，可以用 WinCC 的运行系统对 HMI 设备仿真，用 PLC 的仿真软件 S7.PLCSIM 对 PLC 仿真。同时还可以对仿真系统中的 HMI 和 PLC 之间的通信和数据交换进行仿真。这种仿真不需要 HMI 设备和 PLC 的硬件，只用计算机就能很好地模拟 PLC 和 HMI 设备组成的实际控制系统的功能。③ 连接硬件 PLC 的 HMI 仿真，设计好 HMI 设备的画面后，如果没有 HMI 设备，但是有硬件 PLC，可以在建立起计算机和 S7PLC 通信连接的情况下，用计算机模拟 HMI 设备的功能。这种测试称为在线测试，可以减少调试时刷新 HMI 设备的闪存的次数，节约调试时间。这种仿真的效果与实际系统基本上相同。

使用系统的集成仿真，第一步，修改项目属性。鼠标右键单击项目名称处，打开项目“属性”窗口。如图 4.21 所示，支持块仿真。

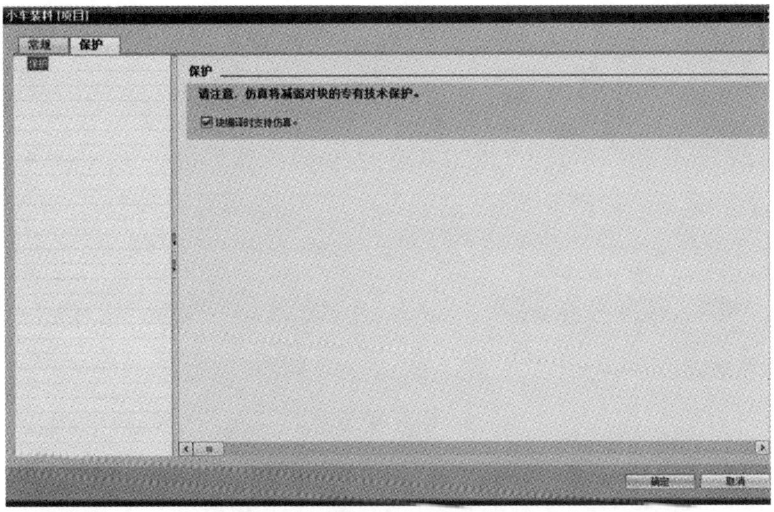

图 4.21　项目块编译时支持仿真

第二步，启动 PLC 程序仿真，通过项目树选中 PLC_1，点击工具栏“在线”“仿真”“启动”。如图 4.22 所示，启动 PLC 程序仿真。

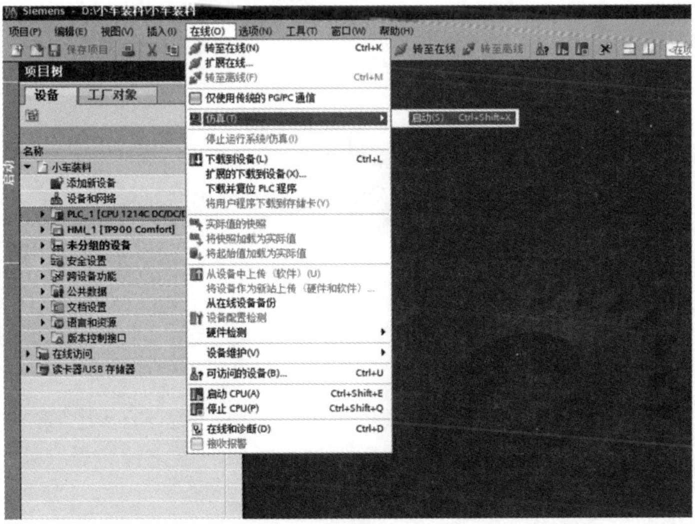

图 4.22　启动 PLC 仿真

下载程序后，把 PLC 模式改为 RUN，启用监视，如图 4.23 所示。

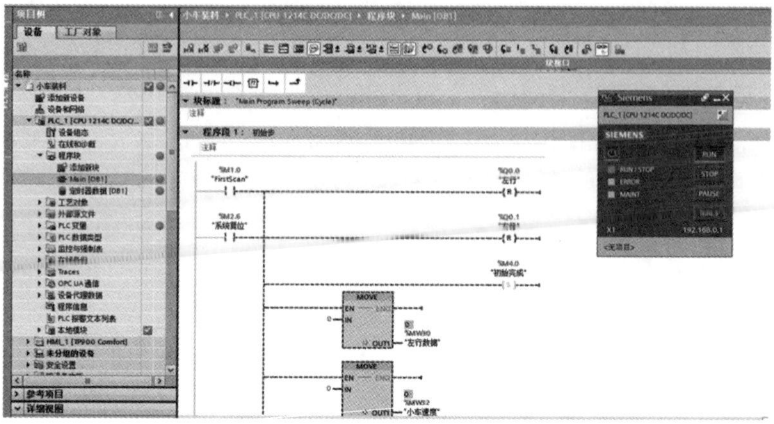

图 4.23　PLC 仿真及监视

第三步，启动 HMI 程序仿真，点击工具栏上，仿真按钮即可启动，如图 4.24 所示。

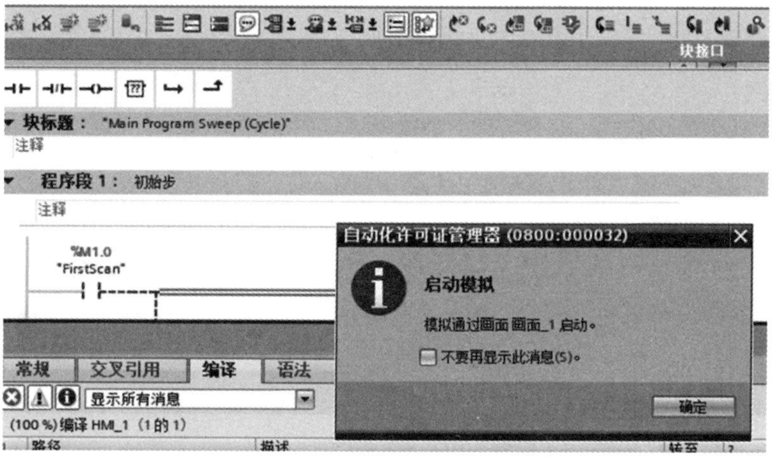

图 4.24　HMI 界面启动界面

第四步，集成仿真。启动两个仿真后，可以通过 HMI 界面进行小车运行的动态仿真，如图 4.25 所示。

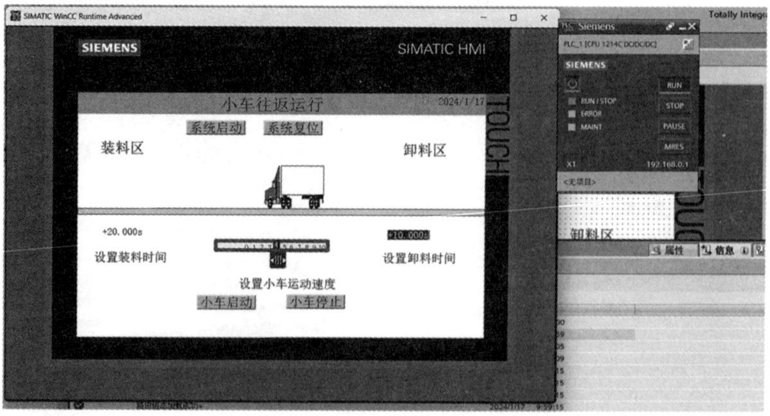

图 4.25　集成仿真画面

第 5 章　工业网络通信实训

5.1　工业以太网电缆接头制作实训

5.1.1　技术背景

以太网电缆是从一个网络设备连接到另外一个网络设备传递信息的介质，是以太网网络的基本构件。

以太网有线传输介质主要包括：双绞线（也就是平时说的网线）、光纤和同轴电缆（早期的产品，现在很少用）。在这三者中，同轴电缆由于价格比较高、性能一般而逐渐被市场所淘汰；光纤的性能非常优良，但价格过高且安装起来也比较困难，一般只应用在各项指标都要求较高的网络环境中，家庭网络很少有此应用；双绞线由于其低廉的价格，简单的安装方法，良好且稳定的性能在有线网络中广为使用。

双绞线电缆一般分为 8 类：1 类线主要用于语音传输；2 类线由于传输频率只有 1 MHz，主要用于旧的令牌网；3 类线主要用于 10BASE-T 的网络；4 类线主要用于令牌网和 10BASE-T/100BASE-T 网络；5 类线传输率为 100 MHz，用于 100BASE-T 和 10BASE-T 网络，它是最常用的以太网电缆；超 5 类线主要用于千兆位以太网（1000 Mbit/s）；6 类线的传输频率为 1～250 MHz，适用于传输速率高于 1 Gbit/s 的网络；7 类线是最新的一种非屏蔽双绞线，传输频率至少可达 500 MHz，传输速率为 10 Gbit/s。

双绞线还分为非屏蔽和屏蔽 2 种。办公日常应用中最多的为 5 类非屏蔽双绞线，而屏蔽双绞线由于其增加了屏蔽层，所以比普通的非屏蔽双绞线更具可靠性和稳定性。

光纤光缆是新一代的传输介质，与铜质介质相比，光纤无论是在安全性、可靠性还是网络性能方面都有了很大的提高。除此之外，光纤传输的带宽大大超出铜质线缆，而且其支持的最大连接距离达两公里以上，是组建较大规模网络的必然选择。由于光纤光缆具有抗电磁干扰性好、保密性强、速度快、传输容量大等优点，所以它的价格也较为昂贵，在家用场合很少使用。

由于工业生产环境存在电磁干扰、腐蚀等，且有时需要长距离传输，因此在工业以太网络中，通常使用的物理传输介质有屏蔽双绞线（Twisted Pair，TP）、工业屏蔽双绞线（Industrial Twisted Pair，ITP）以及光纤。工业以太网使用 8 芯和 4 芯双绞线，电缆连接方式也有两种：正线（标准 568B）和反线（标准 568A），其中正线也称直通线，反线也称交叉线。

5.1.2 实验目的

以西门子四芯“快速连接”工业以太网线缆为例，掌握其网线接头的做法。

5.1.3 实验准备

完成本实验所需准备的实验材料如下：1 根西门子四芯工业以太网线缆；2 个“快接”工业以太网 RJ45 接头；1 个做线工具，如图 5.1 所示。

图 5.1 工业以太网线缆接头制作材料

5.1.4 实验内容

了解四芯工业以太网线缆的内部构造；
按照实验步骤制作以太网线缆接头并进行测试。

5.1.5 实验步骤

① 截取一根 500 mm 长的工业以太网线。
② 线的两端剥去 25 mm 长外皮，金属屏蔽网保留 5 mm 长，如图 5.2 所示。

图 5.2 网线的裁取

③ 打开金属接头，按照头内线颜色标识把对应线插入到底，如图 5.3 所示。

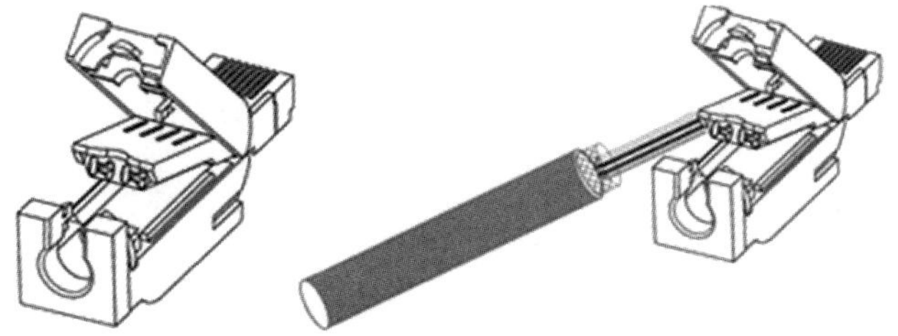

图 5.3　网线与端子的连接

④ 合拢金属接头，用螺丝刀插入金属圆环的孔内，顺时针旋转 90 度完成固定，如图 5.4 所示。

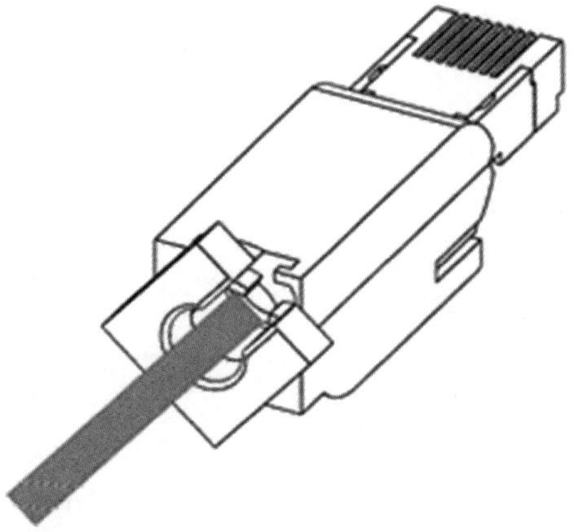

图 5.4　接头的固定

⑤ 将制作完成的 ProfiNet 线接到线测试仪上进行测试，1、2、3、6 灯亮为正常。

5.1.6　课后作业

① 了解工业以太网四芯和八芯线的区别。
② 了解光纤的种类及其在工业上的应用场合。

5.2　网络配置实训

5.2.1　实验目的

① 了解网络配置的目的。
② 掌握使用 PRONETA 工具为交换机和 PLC 分配 IP 地址。
③ 掌握通过 WEB 界面配置交换机的方法（以 SCALANCE XB208 为例）。

5.2.2　实验准备

完成本实验所需准备的材料有：1 个交换机 XB208；1 个 PLC S7-1200；1 个上位机（PRONETA）；2 根工业以太网线。

5.2.3　实验内容

① 网络拓扑结构实施，图 5.5 为网络结构逻辑拓扑图。

② 通过 PRONETA 软件为 SCALANCE XB208 和 S7-1200 分配 IP 地址。

③ 通过 WEB 界面，利用 IP 地址对 SCALANCE XB208 进行配置。

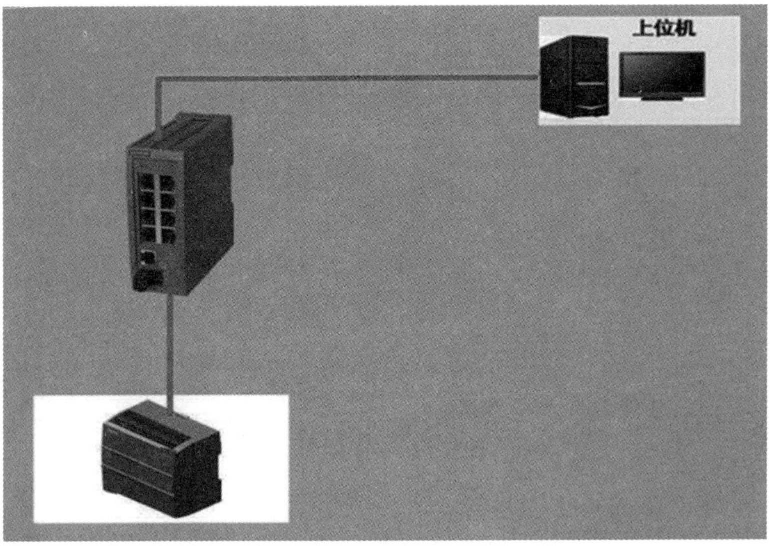

图 5.5　网络配置实验逻辑拓扑结构图

5.2.4　实验步骤

1. 网络结构实施

将 SCALANCE XB208 和 S7-1200 安装到导轨上；用工业以太网线缆将上位机与 SCALANCE XB208 的 P1 端口相连，将 SCALANCE XB208 的 P2 端口与 S7-1200 的以太网接口相连（说明：可以使用 SCALANCE XB208 的其他端口与上位机和 S7-1200 相连）；接通电源。

2. 配置上位机、SCALANCE XB208 和 S7-1200 的 IP 地址

为了能够让上位机与网络部件处在一个局域网内，将上位机的有线网卡的 IP 地址设置为 192.168.0.100，子网掩码为 255.255.255.0，如图 5.6 所示。

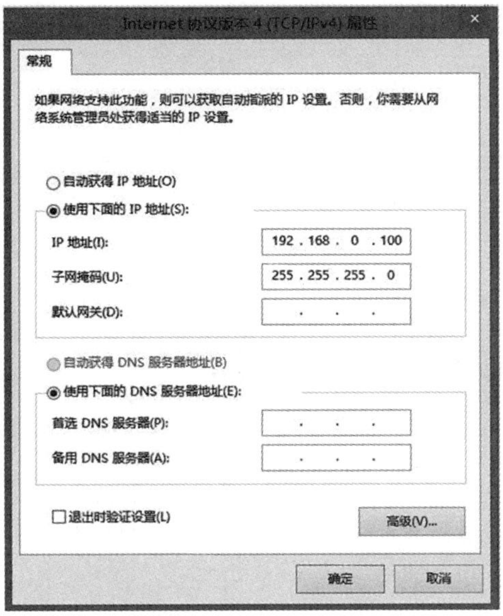

图 5.6　配置上位机的 IP 地址和子网掩码

3. 启动 PRONETA 软件

界面如图 5.7 所示。其中，软件可以通过西门子官网下载，免安装。

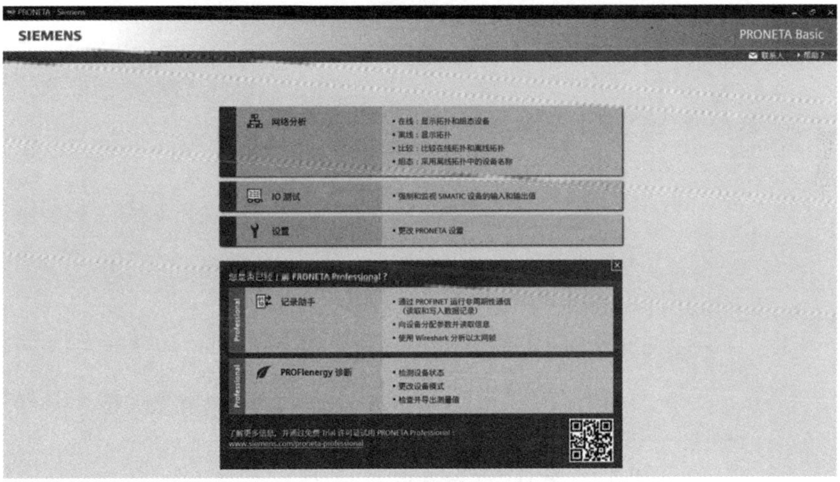

图 5.7　软件主界面

4. 点击网络分析菜单

在线搜索设备，找到设备后的界面如图 5.8 所示。

5. 点击 SCALANCE XB208

打开如图 5.9 所示设置界面，设置 IP 地址为 192.168.0.11，子网掩码设置为 255.255.255.0。

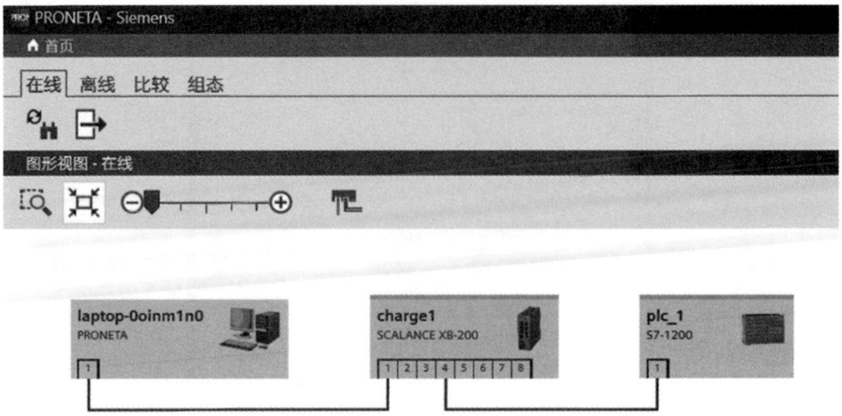

图 5.8　软件搜索到设备后的界面

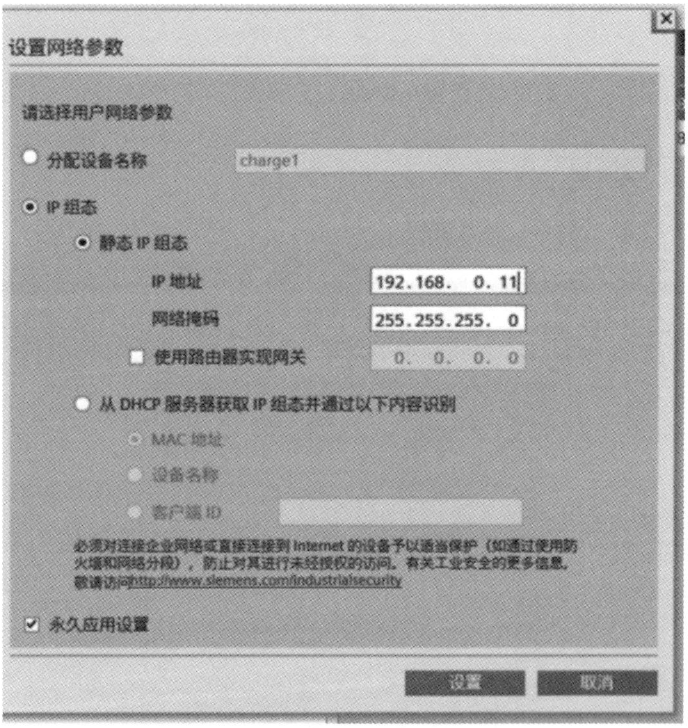

图 5.9　软件配置交换机 IP 地址和子网掩码

6．设置 S7-1200

同理，设置 S7-1200 的 IP 地址为 192.168.0.21，子网掩码设置为 255.255.255.0，如图 5.10 所示。这个设置有个前提，通过 TIA 对 1200PLC 进行硬件配置时，PROFINET 接口，勾选上“在设备中直接设定 PROFINET 设备名称”，点击设置，即可。

7．通过浏览器配置交换机

打开浏览器，在地址栏中输入 192.168.0.11，进入 SCALANCE XB208 的网络配置登

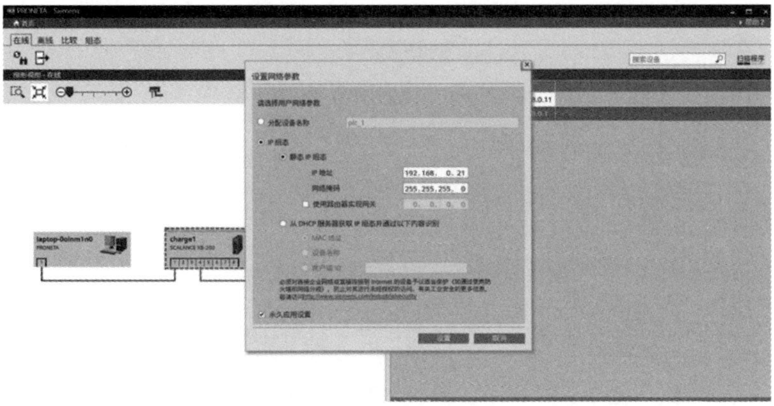

图 5.10　用 PROFINETA 软件配置 S7-1200 的 IP 地址和子网掩码

录界面。输入用户名 admin 和密码(默认为 admin)后,弹出提示框,如图 5.11 所示。点击“OK”按钮后,进入密码修改界面,如图 5.12 所示,设置好新密码后,点击“Set Values”按钮,保存密码设置配置,此时网页自动进入 SCALANCE XB208 配置界面,如图 5.13 所示。SCALANCE XB208 配置界面包含 5 个部分,即“Information”“System”“Layer2”“Layer3”和“Security”。点击这 5 个部分的任意一个子项,在配置界面的右上方会出现一个问号,点击问号,将弹出对该子项进行说明的帮助界面,如图 5.14 所示。

图 5.11　要求修改密码提示框

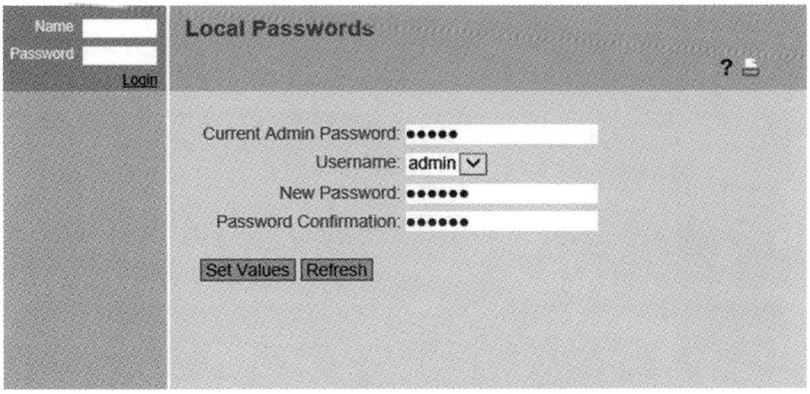

图 5.12　SCALANCE XB208 密码修改界面

点击 XB208 右上角的,弹出 XB208 模块指示灯监视界面,如图 5.15 所示。

在网络配置界面的左侧列表中,选中“Layer2”下的“Ring Redundancy”。在“Ring Redundancy”界面中,将“Ring Redundancy”前的复选框勾上;在“Ring Redundancy Mode”

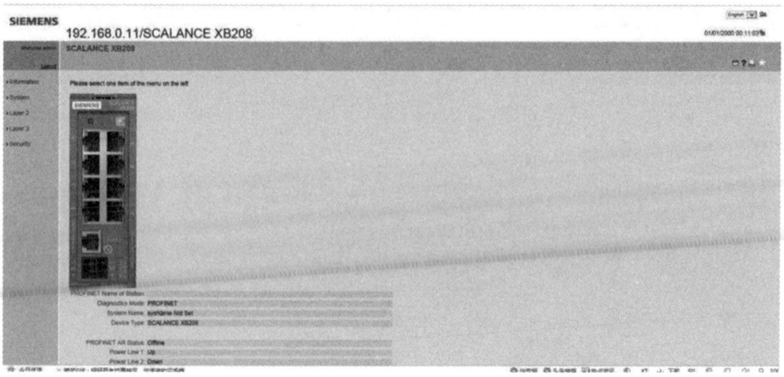

图 5.13　SCALANCE XB208 网络配置主界面

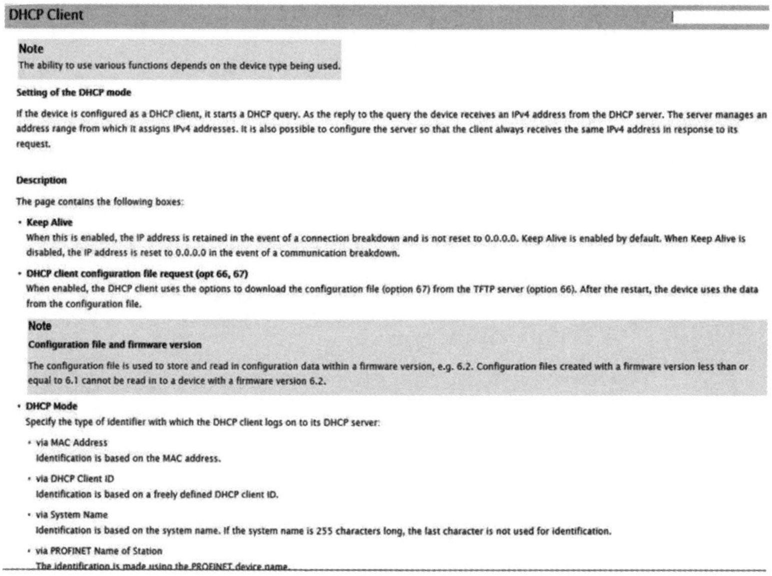
DHCP Client

Note

The ability to use various functions depends on the device type being used.

Setting of the DHCP mode

If the device is configured as a DHCP client, it starts a DHCP query. As the reply to the query the device receives an IPv4 address from the DHCP server. The server manages an address range from which it assigns IPv4 addresses. It is also possible to configure the server so that the client always receives the same IPv4 address in response to its request.

Description

The page contains the following boxes:

- **Keep Alive**
  When this is enabled, the IP address is retained in the event of a connection breakdown and is not reset to 0.0.0.0. Keep Alive is enabled by default. When Keep Alive is disabled, the IP address is reset to 0.0.0.0 in the event of a communication breakdown.
- **DHCP client configuration file request (opt 66, 67)**
  When enabled, the DHCP client uses the options to download the configuration file (option 67) from the TFTP server (option 66). After the restart, the device uses the data from the configuration file.

  Note

  Configuration file and firmware version

  The configuration file is used to store and read in configuration data within a firmware version, e.g. 6.2. Configuration files created with a firmware version less than or equal to 6.1 cannot be read in to a device with a firmware version 6.2.
- **DHCP Mode**
  Specify the type of identifier with which the DHCP client logs on to its DHCP server:
  - via MAC Address
    Identification is based on the MAC address.
  - via DHCP Client ID
    Identification is based on a freely defined DHCP client ID.
  - via System Name
    Identification is based on the system name. If the system name is 255 characters long, the last character is not used for identification.
  - via PROFINET Name of Station
    The identification is made using the PROFINET device name.

图 5.14　XB208 帮助界面

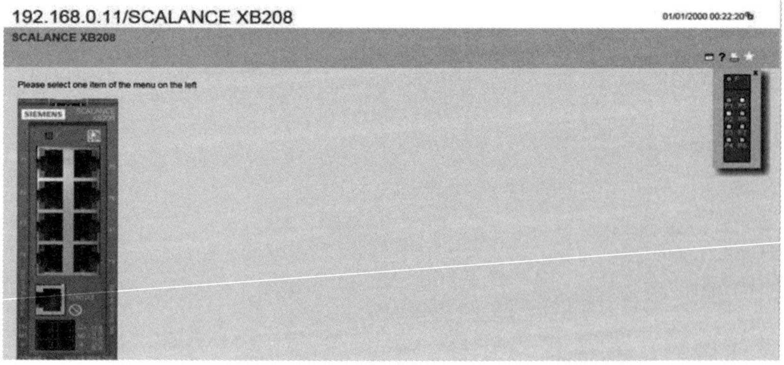

图 5.15　XB208 模块指示灯监视界面

的下拉列表中选择“HRP Manager”；然后配置在冗余环中使用的“Ring Ports”，如 P0.1 和 P0.4。如图 5.16 所示。

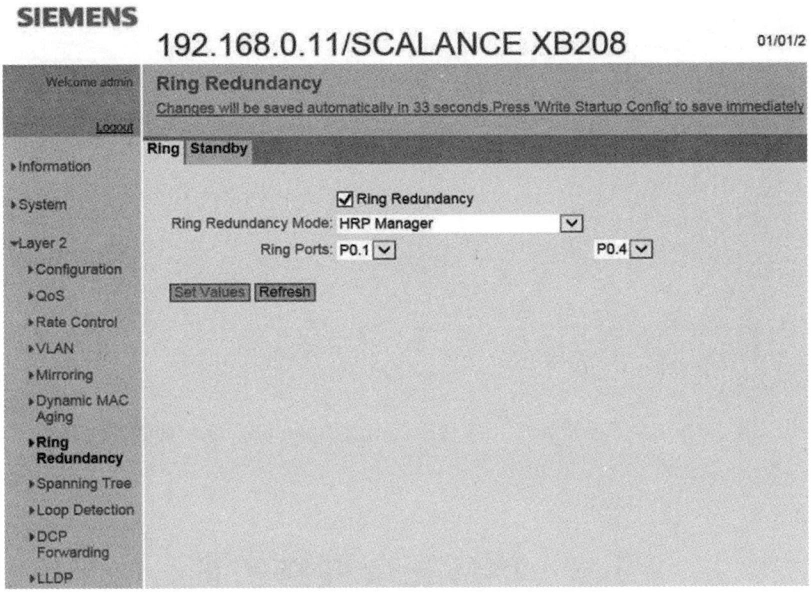

图 5.16　SCALANCE XB208 环形冗余配置界面

注意：第一次对该交换机进行配置时，在勾选“Ring Redundancy”前的复选按钮时，会弹出提示，如图 5.17 所示。这是因为交换机在出厂时默认将 Spanning Tree 选中。此时，需要进入 Layer2 下的 Spanning Tree 界面。在此界面将“Spanning Tree”前的复选框中的“√”勾掉，并点击“Set Values”按钮。如图 5.18 所示。

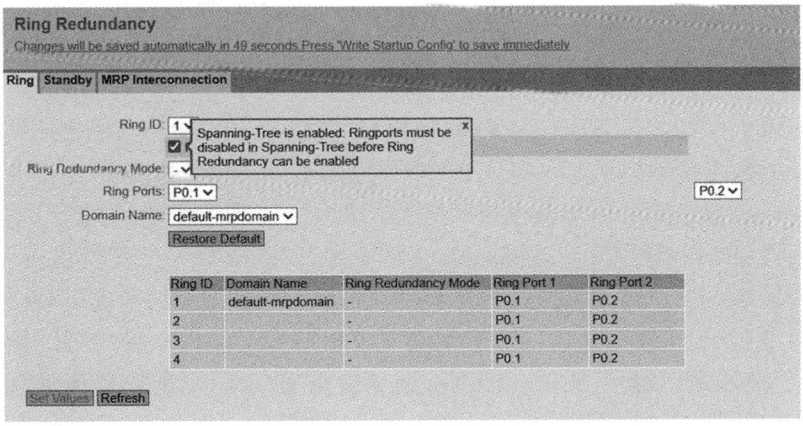

图 5.17　勾选“Ring Redundancy”前的复选按钮时可能弹出的提示

配置好 XB208 的环形冗余参数后，点击“Set Values”按钮，则冗余管理器设置成功。

5.2.5　课后作业

通过 WEB，了解 SCALANCE XB208 配置页面的每一项配置功能。

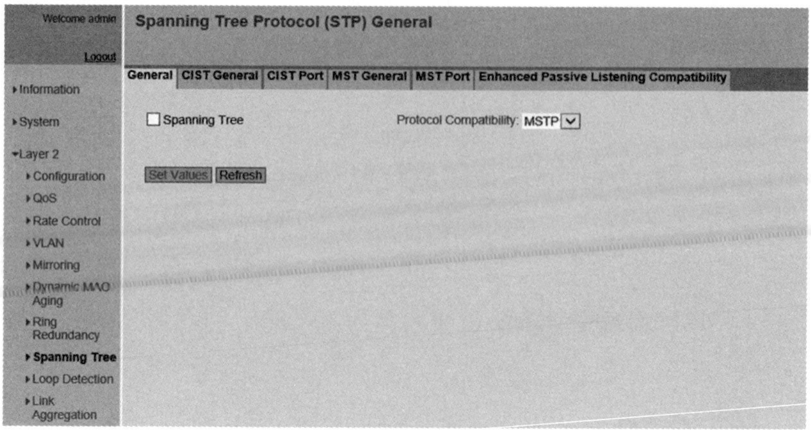

图 5.18　为了设置环形冗余功能勾选掉 Spanning Tree 前的复选框

5.3　单环冗余网络实训

5.3.1　技术背景

网络冗余是工业网络的一项保障策略。作为快速反应备份系统,网络冗余的目的是减轻意外中断的风险,通过即时响应保证生产连续,从而降低关键数据流上任意一点失效所带来的影响。

工业网络对可靠性要求较高,环网冗余是提高网络可靠性的重要手段。

环形工业以太网技术是基于以太网发展起来的,继承了以太网速度快、成本低的优点,同时为网络上的数据传输提供了一条冗余链路,提高了网络的可靠性。

将各台交换机通过冗余环口依次进行连接,即构成了环形网络结构。其中一个交换机作为冗余管理器(RM),管理冗余环网。在一个环网中,只能有一台交换机设置成冗余管理器。冗余管理器通过发送监测帧监控网络链路状态,在网络正常的情况下,RM 的其中一个冗余环口会处于逻辑断开状态,这样整个网络在逻辑结构上保持一种线型结构,避免广播风暴(当网络中存在环路,就会造成每一帧都在网络中重复广播,引起广播风暴)。冗余管理器监控网络状态,当网络上的连接线断开或交换机发生故障时,它会通过连通一个替代路径恢复成另外一种逻辑上的线型结构。如果故障被消除,网络逻辑结构会恢复原有的线型结构。环网可以是电气环网也可以是光纤环网,还可以是电气和光纤混合的环网。

5.3.2　实验目的

理解环网冗余的工作原理;

掌握单环冗余网络的配置及测试方法。

5.3.3　实验设备

完成本实验所需设备的材料如下：1 台上位机；2 个 SCALANCE XB208；1 个 S7-1200PLC；4 根工业以太网线缆。

5.3.4　实验内容

① 通过 WEB 界面配置交换机。

② 通过博途软件配置 S7-1200PLC，即硬件组态、配置 IP 地址和子网掩码，在变量表中设置。

③ 网络结构实施，图 5.19 为网络结构拓扑图。

a. 利用工业以太网线缆，将各个交换机通过配置的冗余接口相连，构成高速冗余环网 HSR。

b. 利用工业以太网线缆，将上位机、PLC 与环网中的交换机相连。

④ 通信测试：将环网中 SCALANCE XB208 的用于通信的激活的端口的线缆拔掉，观察通信网络能否重构通信链路，并保证数据能够从 PLC 传输到上位机。

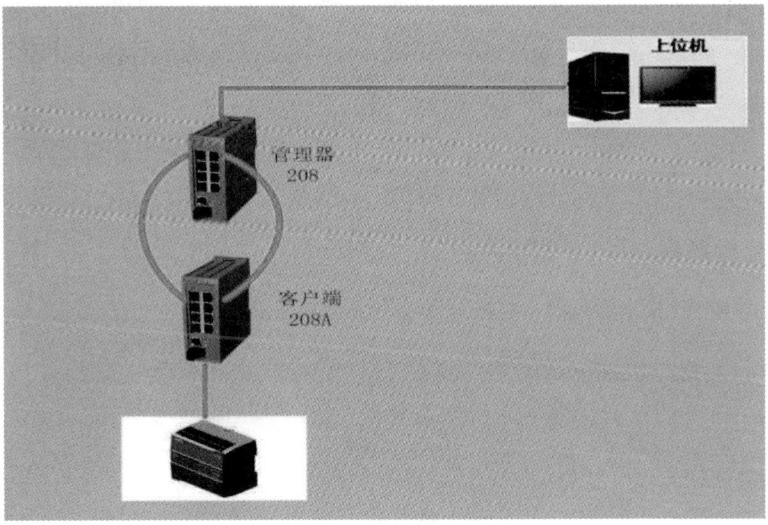

图 5.19　网络结构拓扑图

5.3.5　实验步骤

注意：在完成两个交换机配置前，不能将两个交换机连成环。

1. 配置上位机的 IP 地址和子网掩码

将上位机的有线网卡的 IP 地址设置为 192.168.110.100，子网掩码设置为 255.255.255.0。

2. 配置交换机 SCALANCE XB208 管理器

将上位机用以太网线连接。启动 PRONETA 软件，界面如图 5.20 所示。

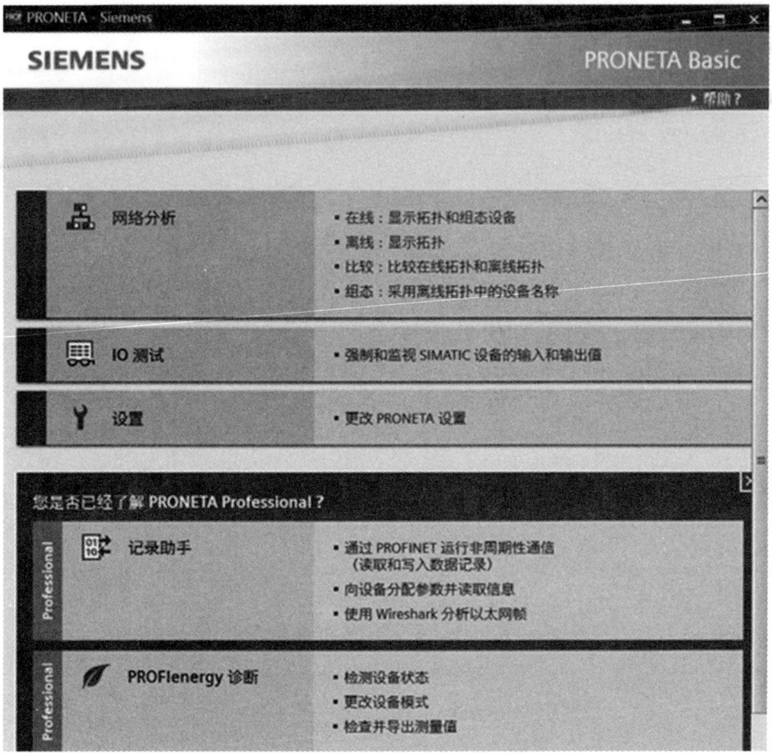

图 5.20 PRONETA 软件主界面

点击网络分析菜单，可以开始搜索设备，找到设备后的界面如图 5.21 所示。

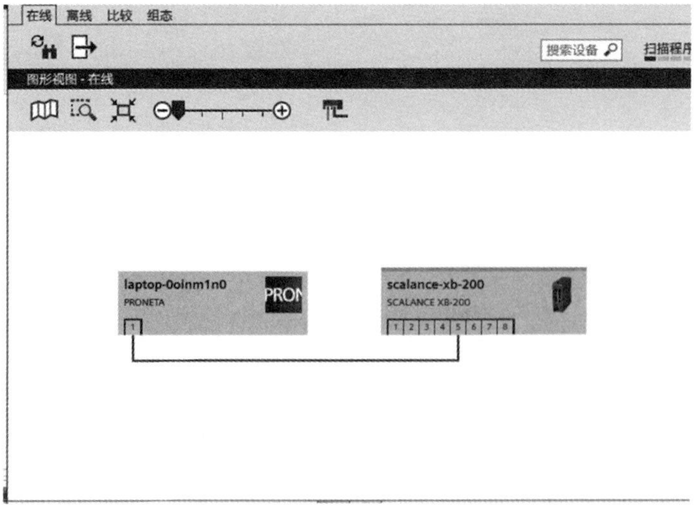

图 5.21 搜索到设备后的界面

双击 SCALANCEX-xb-200，展开树状结构。选中静态 IP 组态，在下侧界面中设置交换机 IP 地址为 192.168.110.11，子网掩码设置为 255.255.255.0，如图 5.22 所示。

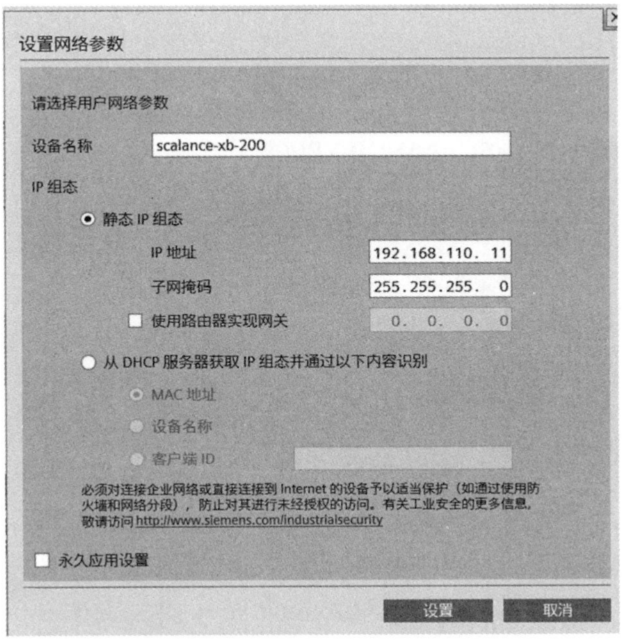

图 5.22　配置交换机 IP 地址和子网掩码

点击设置，将配置下载到交换机 SCALANCE XB208 中。

打开浏览器，在地址栏中输入 192.168.110.11，进入 SCALANCE XB208 的网络配置登录界面（首次进入该页面需要修改密码）。输入用户名 admin 和密码后，进入 SCALANCE XB208 配置界面，如图 5.23 所示。

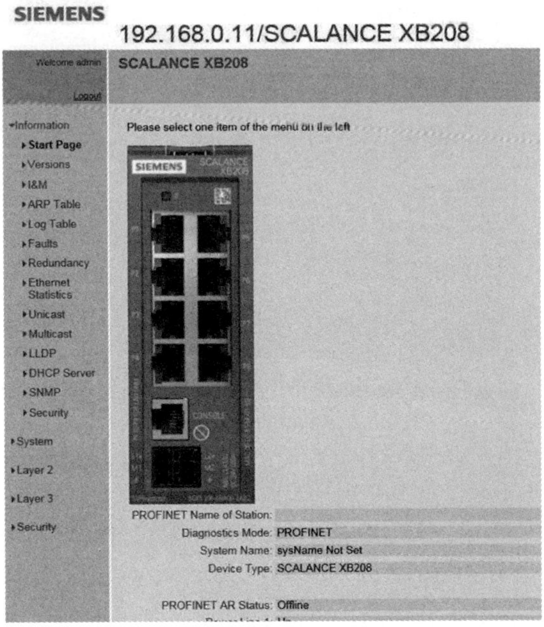

图 5.23　SCALANCE XB208 网络配置主界面

在网络配置界面的左侧列表中，选中“Layer2”下的“Ring Redundancy”。在“Ring Redundancy”界面中，将“Ring Redundancy”前的复选框勾上；在“Ring Redundancy Mode”的下拉列表中选择“HRP Manager”；然后配置在冗余环中使用的“Ring Ports”，P0.1 和 P0.5，如图 5.24 所示。

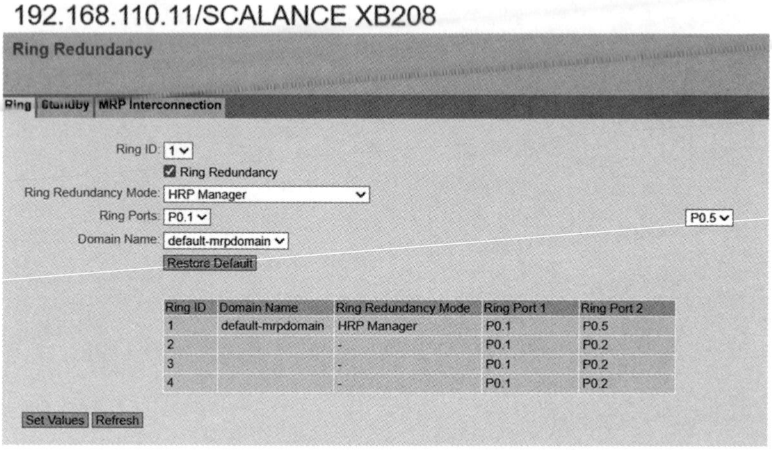

Ring ID	Domain Name	Ring Redundancy Mode	Ring Port 1	Ring Port 2
1	default-mrpdomain	HRP Manager	P0.1	P0.5
2		-	P0.1	P0.2
3		-	P0.1	P0.2
4		-	P0.1	P0.2

图 5.24 SCALANCEXB208.8C 环形冗余配置

注意：第一次对该交换机进行配置时，在勾选“Ring Redundancy”前的复选按钮时，会弹出提示，如图 5.25 所示。这是因为交换机在出厂时默认将“Spanning Tree”选中。此时，需要进入 Layer 2 下的“Spanning Tree”界面。在此界面将“Spanning Tree”前的复选框中的“√”勾掉，并点击“Set Values”按钮。如图 5.26 所示。

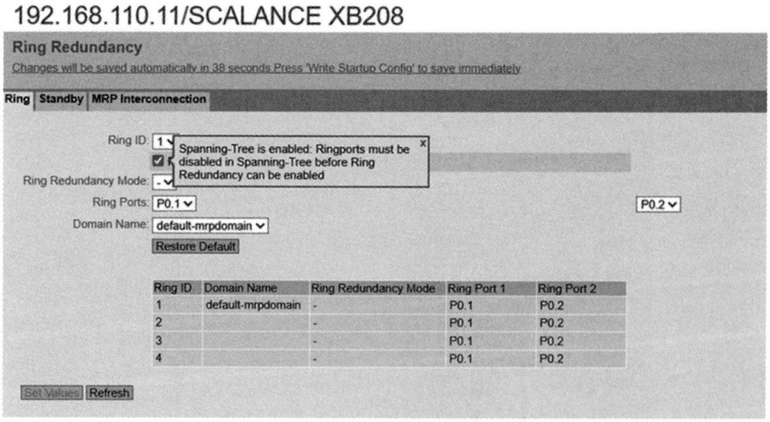

Ring ID	Domain Name	Ring Redundancy Mode	Ring Port 1	Ring Port 2
1	default-mrpdomain	-	P0.1	P0.2
2		-	P0.1	P0.2
3		-	P0.1	P0.2
4		-	P0.1	P0.2

图 5.25 勾选“Ring Redundancy”前的复选按钮时可能弹出的提示

3. 配置客户端 SCALANCE XB208(A)

网线接口连接到上位机，使用 PRONETA 软件，配置 SCALANCE XB208(A)的 IP 地址为 192.168.110.12，子网掩码设置为 255.255.255.0，点击保存按钮，将配置下载到交换机 SCALANCE XB208(A)中。

打开浏览器，在地址栏中输入 192.168.110.12，进入 SCALANCE XB208 的网络配置登录界面。输入用户名 admin 和密码(默认为 admin)后，进入 SCALANCE XB208 配置界

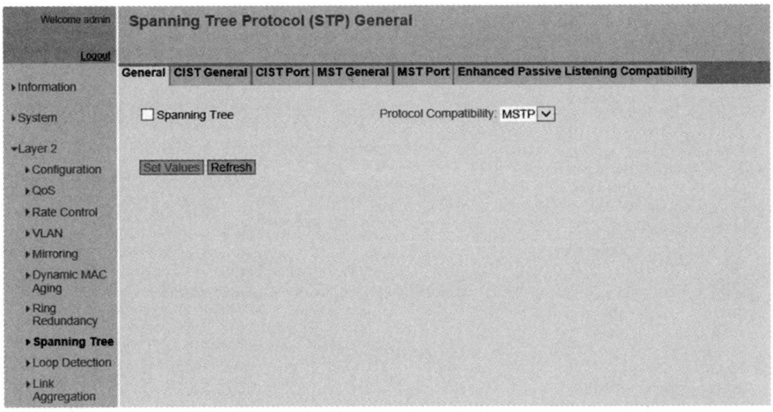

图 5.26　为了设置环形冗余功能勾选掉 Spanning Tree 前的复选框

面，如图 5.27 所示。

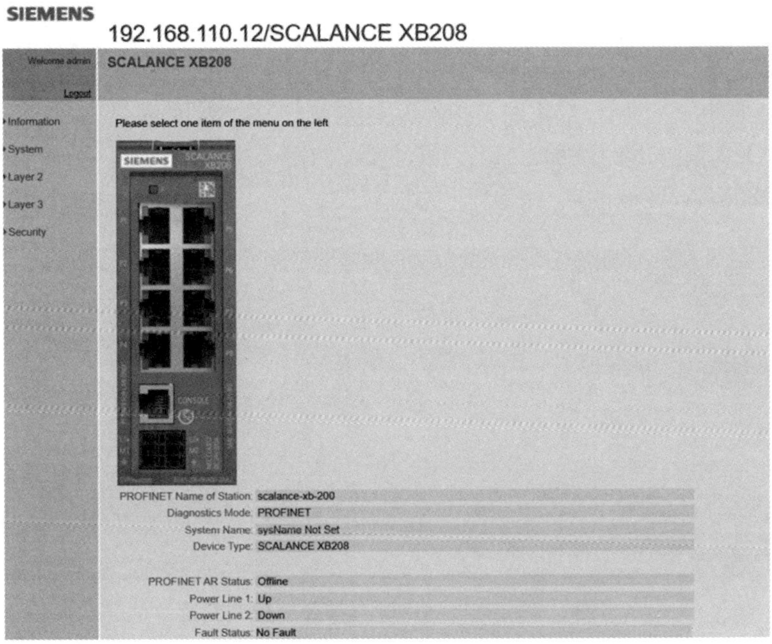

图 5.27　SCALANCE XB208 网络配置主界面

在网络配置界面的左侧列表中，选中“Layer2”下的“Ring Redundancy”。在“Ring Redundancy”界面中，将“Ring Redundancy”前的复选框勾上；在“Ring Redundancy Mode”的下拉列表中选择“HRP Client”；然后配置在冗余环中使用的 Ring Ports，将“P0.4”（第 4 个端口）和“P0.8”（第 8 个端口）设置为冗余端口。如图 5.28 所示。

4．在博途中配置 PLC S7-1200（A）

在博途中配置 PLC 的目的是利用博途软件对 PLC 中的变量进行监视，同时测试 I/O 变量在通信网络中的传输过程。

① 在博途软件中，在“硬件目录”中选择正确订货号的 S7-1200，添加到“设备视图”中；

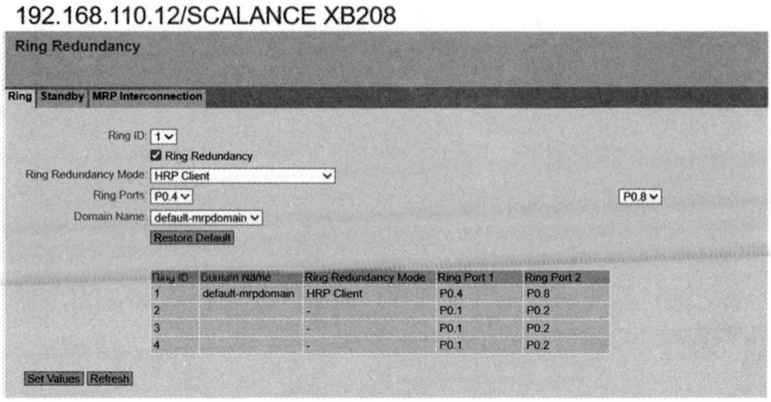

图 5.28　SCALANCE XB208(A)环形冗余配置

在“硬件目录”中选择正确订货号的信号板，拖拽到“设备视图”中 S7-1200 中信号板位置上。

② 在“设备视图”中选中 S7-1200 模块，在博途的“属性”界面中为其配置 IP 地址为 192.168.110.21 和子网掩码 255.255.255.0。

③ 在博途软件“项目树”中，找到“CPU 1214C”并在其树状结构的子项中找到“PLC 变量”，在“PLC 变量”的子项中，双击打开“默认变量表”。在“默认变量表”中添加需要监视的 DI、DO、AI、AO 变量。本例添加了 4 个 DI 变量，如图 5.29 所示(说明：这四个变量与操作面板中的“S7-1200(A)区域的四个钮子开关对应”)。

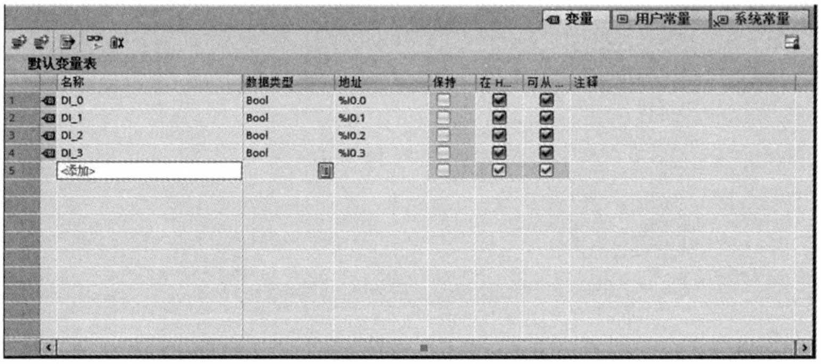

图 5.29　在博途中配置需要监视的变量

④ 编译程序；下载程序到 S7-1200(A)中。

5. 网络线缆连接

将 2 个交换机连成环网，按照每个交换机环形冗余配置界面中配置的“Ring Port”号，将 2 个交换机连成环网。此时可以看到：SCALANCE XB208 的 RM 指示灯常亮，因为 CALANCE XB208 为 HRP Manager；SCALANCE XB208(A)的两个 RingPort4 和 8 对应的指示灯一个快闪，一个慢闪，慢闪端口对应的通信线路处于“热备”状态(即暂时不通)。

将 S7-1200(A)与 SCALANCE XB208(A)连接。

利用工业以太网线将 SCALANCE XB208 与安装有博途软件的上位机连接。

6. 环形冗余通信测试

在博途软件“项目树”中，选中“CPU 1214C”项，点击工具栏中的“转到在线”按钮，然后在“PLC 变量”的子项中，双击打开“默认变量表”。在“默认变量表”中点击“全部监视”按钮。变量监视界面如图 5.30 所示。显示 DI_0 与 DI_2 对应变量值为 TRUE，DI_1 与 DI_3 对应变量值为 FALSE，与实际开关状态一致。说明此时的数据传输路径“S7-1200(A)→XB208 客户端 P1→XB208 客户端 P4→XB208 管理器 P1→XB208 管理器 P8→上位机”是通的，且数据传输正确。

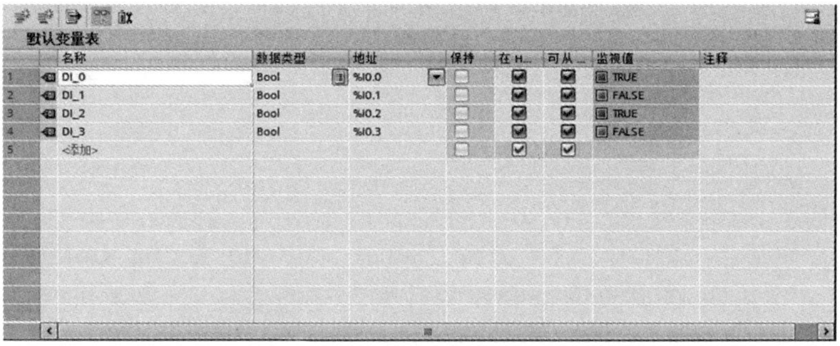

图 5.30　正常通信时的变量监视界面

7. 环网通信故障测试

将插入 SCALANCE 客户端 XB208 的 P4 端口的网线拔掉，此时 XB208 的 8 端口立刻变为快闪状态，说明该端口已经“激活”，提示网络结构已经改变，网络中已经有地方出现故障。现在修改 S7-1200(A)的 DI 输入，即改变 IO 操作面板上 S7-1200(A)部分的钮子开关状态，此时博途变量监视界面中的变量值将相应改变，如图 5.31 所示。说明环网在网络故障情况下进行了重构，数据通过另一路径“S7-1200(A)→XB208 客户端 P8 口→管理器 XB208 P5 口→上位机”进入上位机，且数据传输正确。

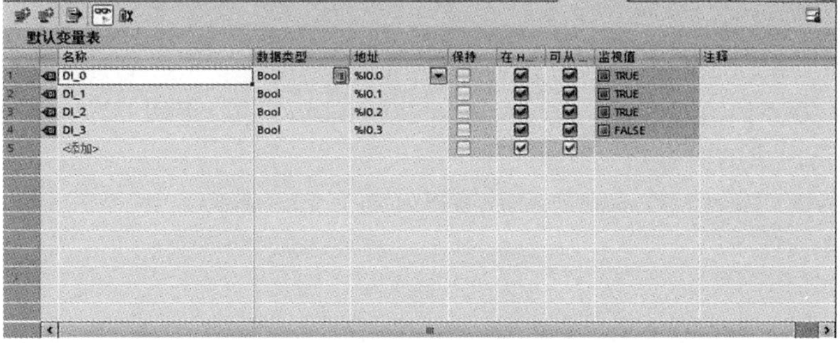

图 5.31　环网重构后变量监视界面

环网通信故障恢复测试，当从 XB208 的 P4 端口断开的线缆重新连接上时，XB208 的 P4 端口指示灯立刻恢复为快闪状态，P4 端口立刻恢复为慢闪状态，说明冗余环网故障已经修复。此时 XB208 检测到网络故障已经恢复，重新将 P8 端口设置为逻辑断开状态。

5.3.6 课后作业

① 在工业通信过程中为什么要采用环形冗余网络结构？
② 在实施环形冗余网络结构时应注意哪些问题？
③ 环形冗余网络在哪些行业中广泛应用？

5.4 虚拟网络 VLAN 实训

5.4.1 技术背景

以太网是一种基于 CSMA/CD(Carrier Sense Multiple Access/Collision Detect，载波侦听多路访问/冲突检测)的共享通信介质的数据网络通信技术，当主机数目较多时会导致冲突严重、广播泛滥、性能显著下降甚至使网络不可用等问题。通过交换机实现 LAN 互联虽然可以解决冲突(collision)严重的问题，但仍然不能隔离广播报文。在这种情况下出现了虚拟局域网(Virtual Local Area Network，VLAN)技术。

VLAN 是把一个物理网络划分成为多个逻辑工作组的逻辑网段。VLAN 不是一个物理网络，但存在于物理网络上。这种技术可以把一个 LAN 划分成多个逻辑的 LAN-VLAN，每个 VLAN 是一个广播域，VLAN 内的设备间通信就和在一个 LAN 内一样，广播报文被限制在一个 VLAN 内。而属于不同 VLAN 的设备之间不能直接相互访问，它们间的通信依赖于路由。VLAN 的特殊优点就是为节点和其他 VLAN 网段降低网络负荷。

VLAN 在 IEEE802.1Q 标准中定义，其中包括：基于端口的 VLAN(第 2 层)、基于 MAC 地址的 VLAN(第 2 层)、基于 IP 地址的 VLAN(第 3 层)。

一个规模较大的工业企业控制系统，包括管理层、控制层和设备层，为保证对不同系统管理与控制的方便性和安全性以及整体网络运行的稳定性，通常采用 VLAN 技术进行虚拟网络划分，如在工业控制系统内部将各个生产车间和指挥调度中心划分 VLAN，通过配置路由，可以使各个生产车间和指挥调度中心之间互联互通(说明：本实验不涉及不同 VLAN 之间通过路由进行通信的内容)。

基于以太网的 VLAN 技术的应用能够很好地完成工业控制生产中实时性与安全可靠性要求的有机统一。

5.4.2 实验目的

① 掌握 VLAN 的配置方法。
② 掌握基于 VLAN 的通信测试方法。

5.4.3 实验准备

完成本实验所需准备的实验材料有：2 个 SCALANCE XB208、2 个 S7-1200、5 根工业以太网线缆、1 台上位机。

5.4.4 实验内容

1. 网络结构实施

利用工业以太网线缆，按照如图 5.32 所示的网络结构逻辑拓扑图将两个交换机、交换机与上位机、交换机与 S7-1200 连接起来。

2. 配置 VLAN

静态 VLAN，基于端口的 VLAN。

3. 通信测试

属于同一 VLAN 中的设备可以 Ping 通，而属于不同 VLAN 的设备间不能 Ping 通。

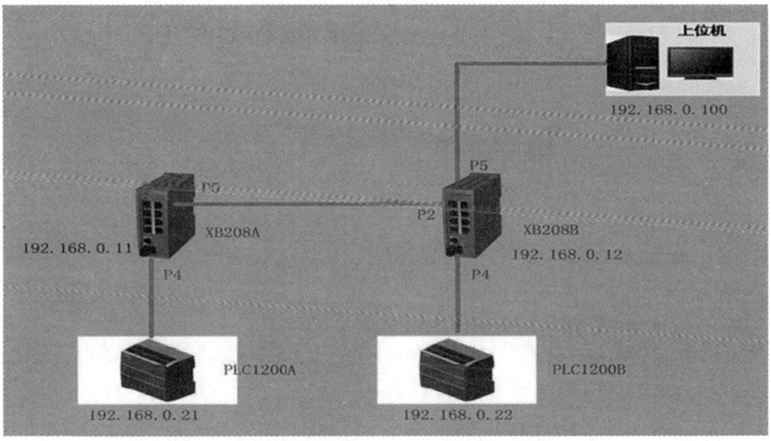

图 5.32　虚拟网络 VLAN 实验逻辑拓扑图

上位机与 IP 为 192.168.0.21 的 S7-1200 在 VLAN10，IP 为 192.168.0.22 的 S7-1200 在 VLAN11。

5.4.5 实验步骤

1. 网络结构实施

将 SCALANCE XB208 和 S7-1200 安装到导轨上；利用工业以太网线缆，按照如图 5.32 所示的网络结构逻辑拓扑图将交换机、S7-1200 和上位机连接，（注意：先将上位机与 XB208

(B)的 P6 端口连接,是因为后续配置把 P5 端口划分为 VLAN10 之后,就不能再通过 P5 端口访问 XB208 的 WEB 界面了——要访问其 WEB 界面需要通过属于默认为 VLAN1 的端口),然后接通电源。

2. 配置上位机、交换机和 PLC 的 IP 地址

将上位机的 IP 地址配置为 192.168.0.100。参考"5.2 网络配置实训",利用 PRONETA 工具,将 SCALANCE XB208A 的 IP 地址配置为 192.168.0.11,将 SCALANCE XB208B 的 IP 地址配置为 192.168.0.12,将 S7-1200(A)的 IP 地址配置为 192.168.0.21,将 S7-1200(B)的 IP 地址配置为 192.168.0.22。

3. 配置 VLAN

在进行 VLAN 划分时尽量遵循"80/20"原则,即 80%的数据流量应在同一个广播域中传播,只有 20%的流量才应该被转发到网络上。系统工程师要把带宽要求高的用户或经常互相通信的用户尽可能划分到同一个 VLAN 中,以便把这些信息流量都限制在交换机内,节省出带宽供其他用户使用。

本实训中,将把上位机与 SCALANCE XB208(A)的 P4 端口相连接的 S7-1200(A)划分到 VLAN10;把与 XB208(B)的 P4 端口连接的 S7-1200(B)划分到 VLAN11。

SCALANCE XB208(A)配置 VLAN,在浏览器中输入 SCALANCE XB208(A)的 IP 地址 192.168.0.11。在打开的登录界面输入用户名和密码后,进入配置界面。在配置界面左侧"Layer2"下选中"VLAN"项,进入 VLAN 配置界面,如图 5.33 所示。

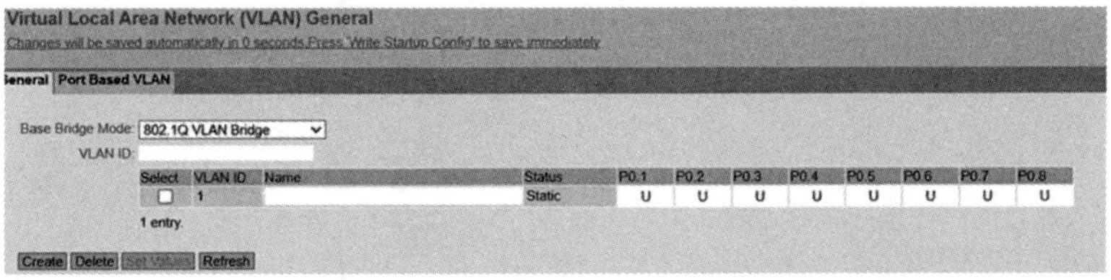

图 5.33 SCALANCE XB208 VLAN 配置初始界面

在如图 5.33 所示的界面中,在"VLAN ID"编辑框中输入 10,即创建 VLAN 10,然后点击"Create"按钮,在表格中添加 VLAN ID 为 10 的行。在 VLAN ID=10 的行中,在 P0.4 标题栏下双击,在弹出的列表中选择"U",点击"Set Values"按钮,如图 5.34 所示。

说明:连接到终端设备的端口必须设置不含 VLAN Tag,因为一般终端设备不能解释带 VLAN Tag 的帧,为此需要把连接到终端设备的端口设置为"U"。

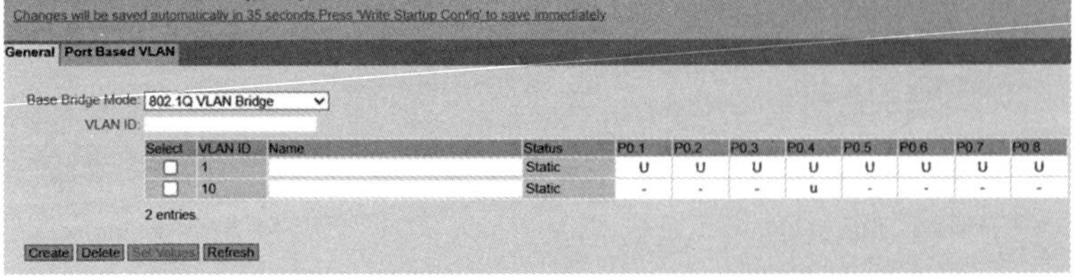

图 5.34 将 P1.4 设置为属于 VLAN10

在 VLAN 配置界面中,点击上部"Port Based VLAN"页签,在页面的表格中找到 P0.4

行，在该行的“Port VID”栏下，点击向下箭头，在弹出的列表中选择“VLAN 10”，即将 XB208 的 P0.4 端口分配给 VLAN 10，如图 5.35 所示。

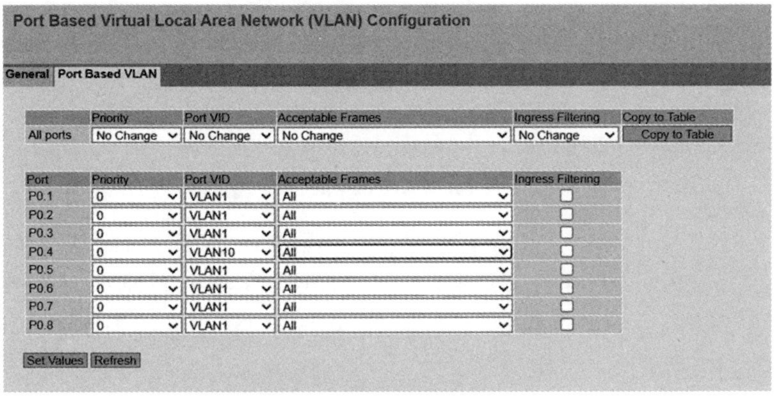

图 5.35　为端口指定 VLAN ID

设置 Trunk。点击 VLAN 配置界面的“General”页签，在 VLAN ID＝10 的行中，在 P0.5 标题栏下双击，在弹出的列表中选择“M”，最后点击“Set Values”按钮，如图 5.36 所示。

说明：交换机到交换机的 VLAN 连接（主干连接 Trunk）必须含有 VLAN Tag。为此需要将交换机的用于主干连接的端口针对该交换机所拥有的不同 VLAN ID 分别设置为 M。

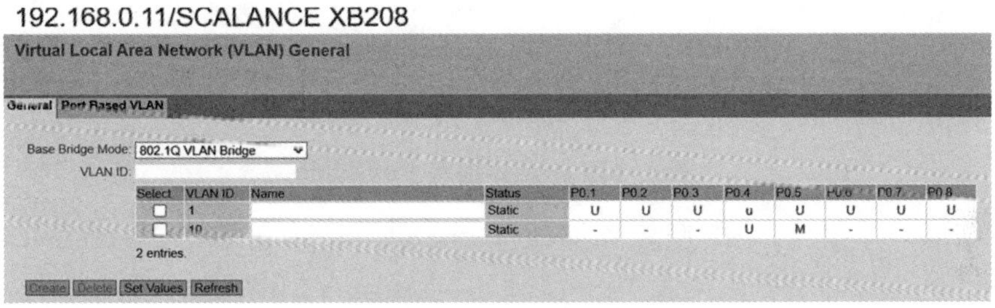

图 5.36　设置 Trunk

SCALANCE XB208(B)配置 VLAN。在浏览器中输入 SCALANCE XB208(B)的 IP 地址为 192.168.0.12。在打开的登录界面输入用户名和密码后，进入配置界面。在配置界面左侧“Layer2”下选中“VLAN”项，进入 VLAN 配置界面，如图 5.37 所示。

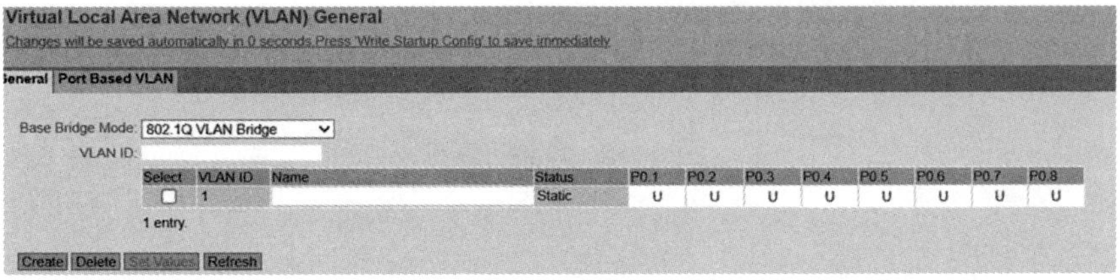

图 5.37　SCALANCE XB208 VLAN 配置初始界面

在如图 5.37 所示的界面中，创建 VLAN10，然后点击“Create”按钮，在表格中添加 VLAN ID 为 10 的行。在 VLANID＝10 的行中，在“P0.5”标题栏下双击，在弹出的列表中选择“U”；点击“Set Values”按钮。同理，创建 VLAN11，然后在“P0.4”标题栏下双击，在弹出的列表中选择“U”。配置结果如图 5.41 所示。

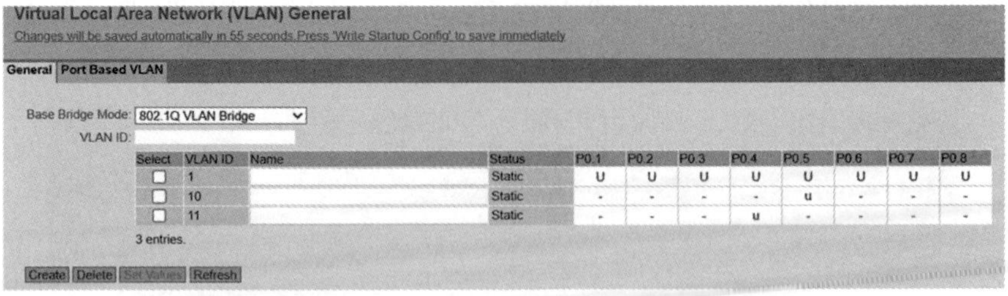

图 5.41　为 P0.5 和 P0.4 端口设置 VLAN

然后在 VLAN 配置界面中，点击上部"Port Based VLAN"页签，在页面的表格中找到"P0.5"行，在该行的"Port VID"栏下，点击"向下箭头"，在弹出的列表中选择 VLAN 10，即将 XB208 的 P0.5 端口分配给 VLAN 10。同理，将端口 P0.4 设置为属于 VLAN11，最后点击"Set Values"按钮，如图 5.42 所示。

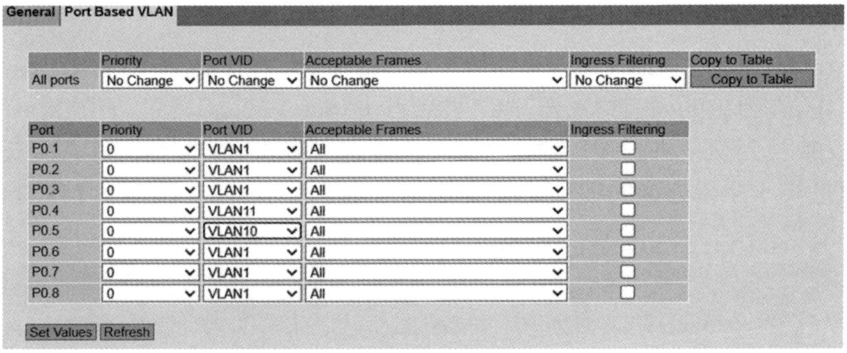

图 5.42　为端口指定 VLAN ID

设置 Trunk。点击 VLAN 配置界面的"General"页签，在 VLAN ID = 10 的行中，在"P0.2"标题栏下双击，在弹出的列表中选择"M"。同理，在 VLAN ID = 11 的行中，在"P0.2"标题栏下双击，在弹出的列表中选择"M"；最后点击"Set Values"按钮，如图 5.43 所示。

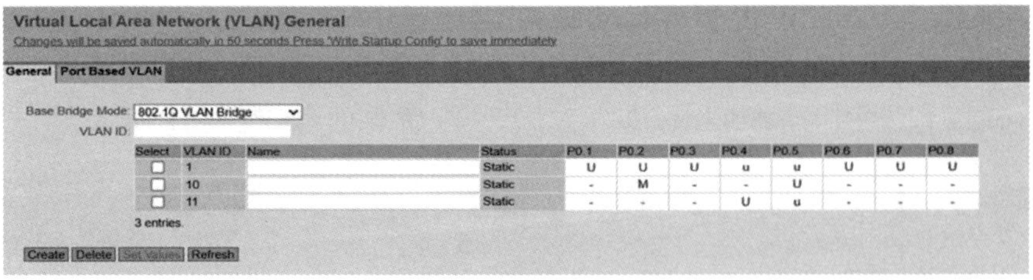

图 5.43　设置 Trunk

4. 通信测试

将上位机与 XB208(B)的 P5 端口连接，VLAN10 内部通信测试。

在上位机的"命令提示符"环境中输入指令"ping 192.168.0.21"，结果如图 5.44 所示。可以看出，由于上位机通过 XB208 的 P5 端口与其连接，S7-1200(A)通过 XB208(A)的 P4 端口与其连接，上位机和该 S7-1200 都属于 VLAN10，因此由上位机发出的报文能够到达该 S7-1200，并且上位机能够收到该 S7-1200 回复的报文。

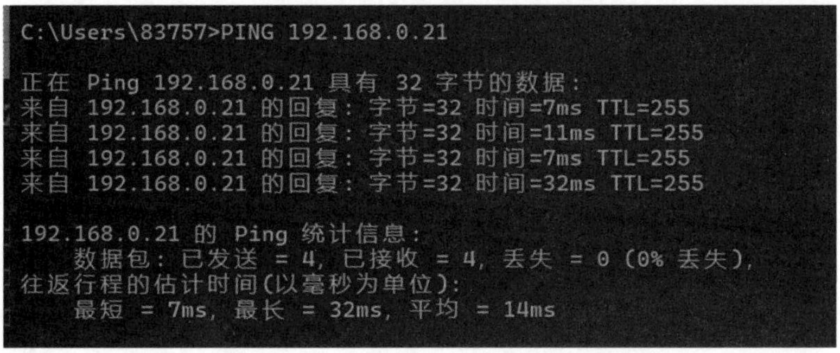

图 5.44　VLAN10 内部通信测试结果

VLAN10 与 VLAN11 之间的通信测试如下：在上位机的“命令提示符”环境中输入指令“ping 192.168.0.22”，结果如图 5.45 所示。可以看出，由于上位机属于 VLAN10，而 S7-1200(B)属于 VLAN11(因其与 XB208(B)的 P4 端口连接)，两个设备属于不同的广播域(虽然上位机与该 S7-1200 都在物理上与 XB208(B)连接)，因此该 S7-1200 是无法收到来自上位机的报文的，更不可能对来自上位机的报文进行处理和回复上位机。

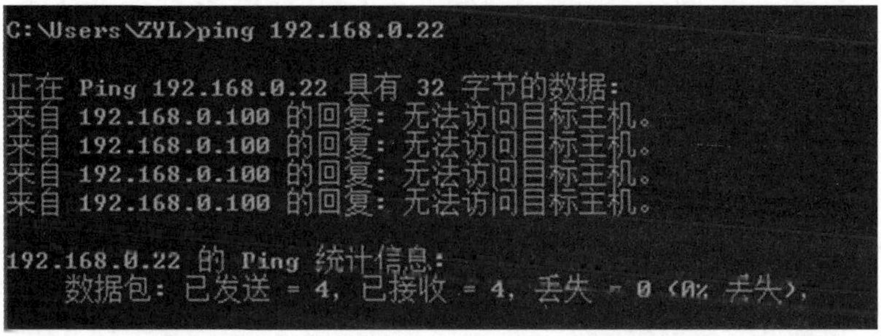

图 5.45　VLAN10 与 VLAN11 之间通信测试

5.4.6　课后作业

① 列写出应用 VLAN 的优势。

② 利用交换机其他端口进行 VLAN 划分并进行测试。

5.5　无线通信实训

5.5.1　技术背景

工业无线通信技术是 21 世纪初新兴的无线通信技术，它面向仪器仪表、设备与控制系统之间的信息交换，是对现有通信技术在工业应用方向上的功能扩展和提升。应用的行业包括石化、冶金、电力、煤炭、烟草、长距离管线、海上石油平台等各行各业。无线传送是指除了网关设备与监控系统之间以有线方式互联外，网关设备与多台无线变送器之间以无线方式传送数字信号。

工业无线通信技术是在现有智能数字仪表和现场总线技术基础上发展起来的最新技术，它不仅能传送现场设备（如各类变送器）的检测参数的测量值信号（如压力、温度的实时测量值），还可以同时传送多种类型信息，如设备状态和诊断报警、过程变量的测量单位、回路电流和百分比范围、生产商和设备标签等。

基于工业无线技术的测控系统，与传统的有线测控系统相比，具有以下一些优势：

① 低成本。传统的有线测控系统需要布线，一般环境下布线的成本是每米 30 元至 100 元，在一些恶劣环境下，可达到每米 2000 元。测控系统运行期间需要不断检测系统状态，发现错误并更换电缆。使用工业无线技术将使测控系统的安装与维护成本降低 90%，是实现低成本测控系统的关键。

② 高可靠、易维护。在有线系统中，绝大部分系统故障是由电缆或电缆的连接器件损坏而引发的，其维护复杂度大、维护费用高，使用无线技术将彻底杜绝此类故障的发生。工业无线设备可以采用电池供电，利用定时休眠等方法，可持续工作数年，维护成本极低。

③ 高灵活、易使用。使用无线技术后，现场设备摆脱了电缆的束缚，从而增加了现场仪表与被控设备的可移动性、网络结构的灵活性以及工程应用的多样性，用户可以根据工业应用需求的变化快速、灵活、方便、低成本地重构测控系统。

④ 利用基于工业无线技术的测控系统，人们可以以较低的投资和使用成本实现对工业全流程的“泛在感知”，获取传统由于成本原因无法在线监测的重要工业过程参数，并以此为基础实施优化控制，达到提高产品质量和节能的目标。

⑤ 无线网络在工业现场主要应用在设备或环境实现物理连接困，以及技术上不允许或不希望用物理连接的场合，如移动或旋转设备、运动节点、远距离设备管理、障碍物阻隔环境、高危环境等，以弥补有线网络的不足。由于有线和无线通信都支持 TCP/IP 协议，因此这两种通信方式能够有机地结合在一起，发挥各自优势。

5.5.2 实验目的

① 掌握工业无线通信网络的组网方法。

② 掌握工业无线通信网络的配置及测试方法。

5.5.3 实验准备

完成本实验所需准备的实验材料有：2 个 SCALANCE XB208；1 个 SCALANCE W734 RJ45；1 个 SCALANCE W774 RJ45；1 个 S7-1200；1 套 IO 操作面板；4 根工业以太网线缆。

5.5.4 实验内容

1. 网络结构实施

① 利用工业以太网线缆，按照如图 5.46 所示的网络结构逻辑拓扑图将交换机与无线

模块、交换机与上位机、交换机与 S7-1200 连接起来。

② 将 IO 操作面板与 PLC 相连。

通过上位机中的博途软件配置需要监控的 S7-1200 中的变量。

2. 通信测试

通过改变 IO 操作面板中的开关状态，查看开关状态数据是否通过 SCALANCE W774 和 SCALANCE W734 两个无线模块传输到上位机。

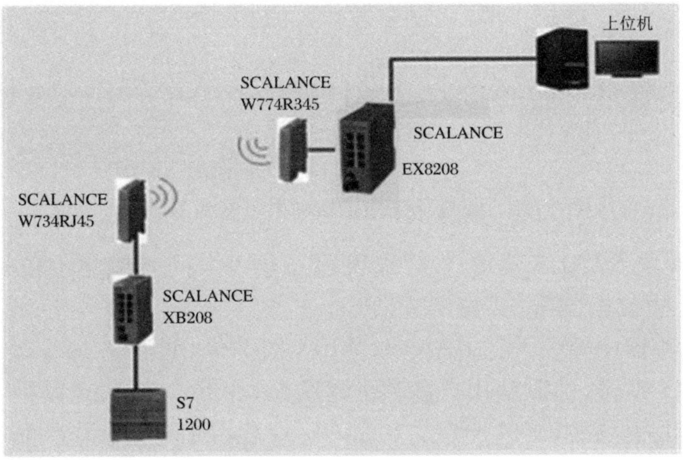

图 5.46　网络结构拓扑图

5.5.5　实验步骤

① 网络结构实施：将 SCALANCE XB208、SCALANCE W734、SCALANCE W774 和 S7-1200 安装到导轨上；利用工业以太网线缆，按照如图 5.46 所示的网络结构逻辑拓扑图将 SCALANCE XB208（PLC 侧）的 P3 端口与 SCALANCE W734 的以太网端口相连、SCALANCE W774 的以太网端口与 SCALANCE XB208（上位机侧）的 P5 端口相连、SCALANCE XB208(PLC 侧)的 P1 端口与 S7-1200 的以太网端口相连(说明：也可以用交换机的其他端口与无线模块和 PLC 相连)；接通电源。

② 为交换机、无线模块和 PLC 配置 IP 地址。

由图 5.46 可以看出两个无线模块将网络结构分为上下两个有线连接部分，由于此时上下两个部分没有物理连接且两个无线模块均未指定 IP 地址，因此将上位机与 SCALANCE XB208(上位机侧)连接用 PRONETA 设置设备 IP 地址时是无法发现下半部分网络结构中的模块的。所以需要分别为上下两个有线网络部分中的设备分配 IP 地址。

③ 为上部网络中设备分配 IP 地址，利用工业以太网线缆将上位机与 SCALANCE XB208 的空闲以太网口相连。参考“5.2 网络配置实训”，利用 PRONETA 工具将上位机的 IP 地址配置为 192.168.110.41，将 SCALANCE XB208(上位机侧)的 IP 地址配置为 192.168.110.11，将 SCALANCE W774 的 IP 地址配置为 192.168.110.21。配置完的界面如图 5.47 所示。

设备表 - 在线

#	名称	设备类型	IP 地址	子网掩码	MAC 地址	角色	IO 控	供应商名称	订货号	固件版本	硬件版
1	scalance-xb-200	SCALANCE XB-200	192.168.110.11	255.255.255.0	d4:f5:27:bc:64:c1	Device	-	SIEMENS AG	6GK5 208-0BA00-2AB2	V4.3.1	3
2	scalance-w-700	SCALANCE W-700	192.168.110.21	255.255.255.0	d4:f5:27:bc:9e:74	Device	-	SIEMENS AG	6GK5 774-1FX00-0AA0	V6.4.1	4

图 5.47　配置上部网络结构中设备的 IP 地址

④ 为下部网络中设备分配 IP 地址，利用工业以太网线缆将上位机与 SCALANCE XB208(PLC 侧)的空闲以太网口相连。参考"5.2 网络配置实训"，利用 PRONETA 工具将 SCALANCE XB208(PLC 侧)的 IP 地址配置为 192.168.110.12，将 S7-1200 的 IP 地址配置为 192.168.110.51，将 SCALANCE W734 的 IP 地址配置为 192.168.110.22。配置完的界面如图 5.48 所示。

设备表 - 在线

#	名称	设备类型	IP 地址	子网掩码	MAC 地址	角色	IO 控	供应商名称	订货号	固件版本	硬件版
1	plc_1	S7-1200	192.168.110.51	255.255.255.0	8c:f3:19:0f:d0:c4	Controller	-	SIEMENS AG	6ES7 214-1AG40-0XB0	V4.4.0	12
2	scalance-xb-200	SCALANCE XB-200	192.168.110.12	255.255.255.0	d4:f5:27:bc:64:d1	Device	-	SIEMENS AG	6GK5 208-0BA00-2AB2	V4.3.1	3
3	SCALANCE W NAT Interfac	SCALANCE W-700	192.168.110.22	255.255.255.0	d4:f5:27:bd:22:f8	Device	-	SIEMENS AG	6GK5 734-1FX00-0AA0	V6.4.1	4

图 5.48　配置下部网络结构中设备的 IP 地址

⑤ 配置无线模块 SCALANCE W774，利用工业以太网线缆将上位机与 SCALANCE XB208 的空闲以太网口相连。

在上位机的浏览器中输入 SCALANCE W774 的 IP 地址 192.168.110.21，进入其登录界面。SCALANCE W774 的默认用户名和密码均为 admin。首次登录后，会弹出界面要求修改登录密码。修改密码后，将进入 SCALANCE W774 的向导配置界面，如图 5.49 所示。

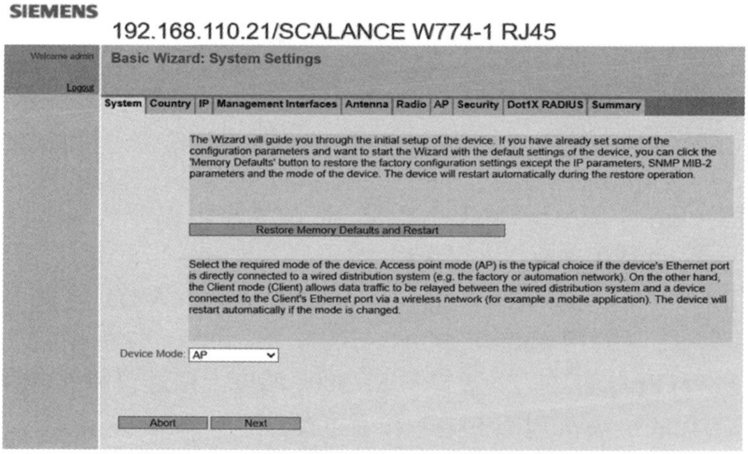

图 5.49　SCALANCEW774 的配置界面

点击配置界面右上角的，将弹出 SCALANCE W774 模块指示灯监视界面，如图 5.50 所示。由图 5.50 可以看出"R1"指示灯为白色，说明该模块的无线功能还未开启。

图 5.50　SCALANCE W774 模块指示灯监视界面

⑥ 重新登录 SCALANCE W774，将进入完整的配置界面，如图 5.51 所示。可以点击左侧“Basic Wizard”以向导的形式进行基本配置，也可以分别点击左侧“Information”“System”“Interfaces”“Layer2”和“Security”等各项，进行有针对性的配置。

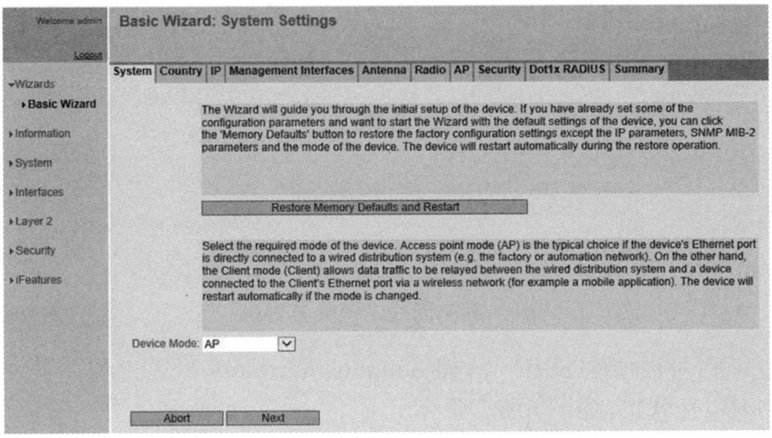

图 5.51　SCALANCE W774 完整配置界面

⑦ 点击配置界面左侧“Interfaces”的子项“WLAN”进行无线配置。

在“Antennas”标签页下，选择“Antenna Type”为“ANT795-4MA”，其他配置保持不变，如图 5.52 所示。最后点击“Set Values”按钮。

在“Basic”标签页下，选择“Country Code”为“China”，选中表格中“Enabled”标题栏下的复选框，将“max. Tx Power”值选择为 17dBm，以便“Tx Power Check”显示为“Allowed”，其他配置保持不变，最后点击“Set Values”按钮。点击配置界面右上角的，在弹出的 SCALANCE W774 模块指示灯监视界面中可以看到“R1”指示灯开始闪动（说明 SCALANCE W774 的无线功能已经启用），如图 5.53 所示。

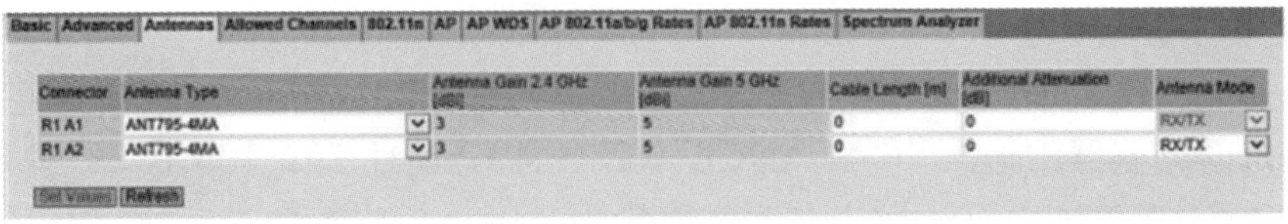

图 5.52　Antennas 配置界面

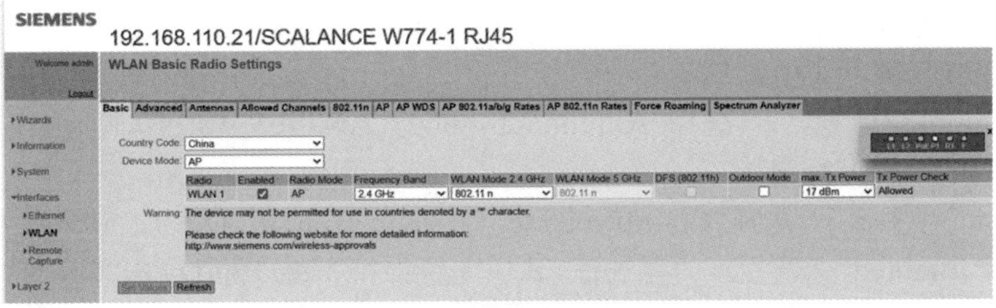

图 5.53　Basic 配置界面

在“Allowed Channels”页签，列出了选择频率带宽为 2.4G 或 5G 时可以选择的信道，可以保持默认设置，即所有信道都勾选（设备根据无线环境自适应选择信道），如图 5.54 所示；也可以勾选“Use Allowed Channels only”后，选择特定的信道。

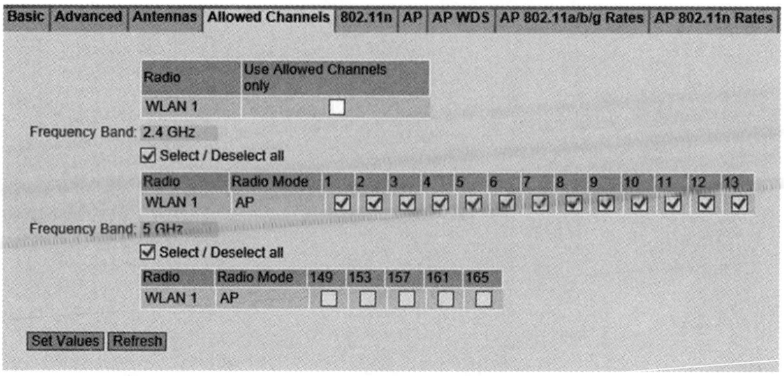

图 5.54 无线信道配置界面

在“AP”页签下，可以修改 SSID 号，如 Siemens Wireless 1，需确保要使用的 SSID 号之前的“Enabled”为勾选状态，如图 5.55 所示。

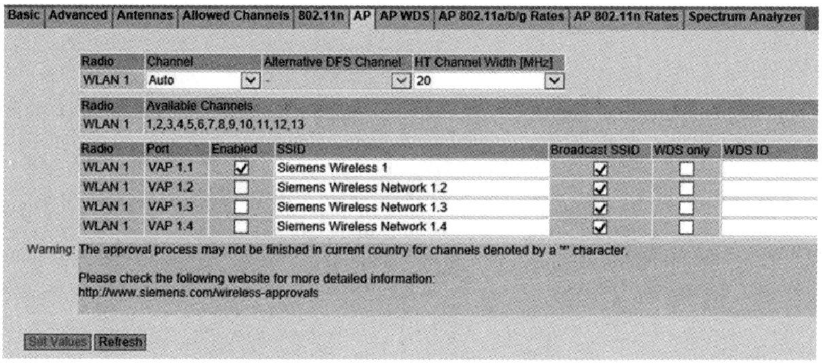

图 5.55 AP 无线 SSID 设置

⑧ 配置 SCALANCE W734。

利用工业以太网线缆(PLC 侧)与 SCALANCE XB208 的空闲以太网口相连。

在上位机的浏览器中输入 SCALANCE W734 的 IP 地址 192.168.0.22，进入其登录界面。SCALANCE W734 的默认用户名和密码均为 admin。首次登录后，会弹出界面要求修改登录密码。修改密码，重新登录后，将进入 SCALANCE W734 的向导配置界面(与 SCALANCE W774 的配置界面类似)。

点击配置界面左侧“Interfaces”的子项“WLAN”进行无线配置(其配置过程与 SCALANCE W774 的类似)。

在“Antennas”标签页下，选择“Antenna Type”为“ANT795.4MA”，其他配置保持不变，最后点击“Set Values”按钮。

在“Basic”标签页下，选择“Country Code”为“China”，选择“Device Mode”为“Client”，选中表格中“Enabled”标题栏下的复选框，其他配置保持不变，最后点击“Set Values”按钮。点击配置界面右上角的▦，在弹出的 SCALANCE W734 模块指示灯监视界面中可以看到“R1”指示灯绿色常亮(说明 SCALANCE W734 的无线功能已经启用)。

“Allowed Channels”页签页面内容保持不变；

在“Client”页签下，设置 SSID 名称为 Siemens Wireless 1，即要与 AP 设置的 SSID 名称

一样，以便该客户端能够自动连接到 AP 上，如图 5.56 所示。

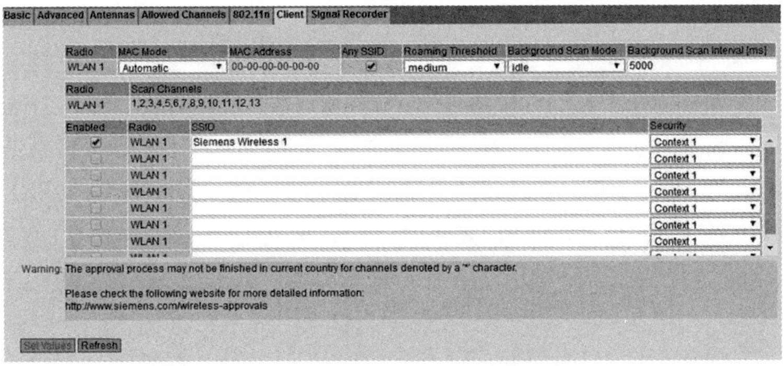

图 5.56　客户端 SSID 名称设置

⑨ 在博途中配置 PLC。

在博途中配置 PLC 的目的是利用博途软件对 PLC 中的变量进行监视，同时测试 I/O 变量在通信网络中的传输过程。

在博途软件中，在“硬件目录”中选择正确订货号的 S7-1200，添加到“设备视图”中；在“硬件目录”中选择正确订货号的信号板，拖拽到“设备视图”中 S7-1200 中信号板位置上；在“设备视图”中选中 S7-1200 模块，在博途的“属性”界面中为其配置 IP 地址和子网掩码（也可使用 PRONETA 为其配置 IP 地址和子网掩码），如图 5.57 所示。

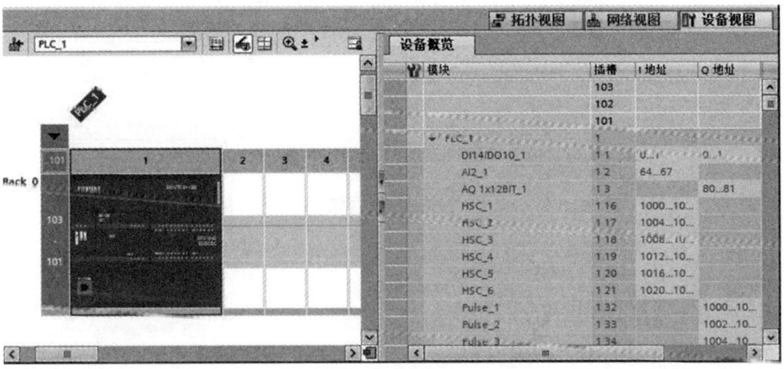

图 5.57　S7-1200 设备视图

在博途软件“项目树”中，找到“CPU 1214C”并在其树状结构的子项中找到“PLC 变量”，在“PLC 变量”的子项中，双击打开“默认变量表”。在“默认变量表”中添加需要监视的 DI、DO、AI、AO 变量。本例添加了 4 个 DI 变量，如图 5.58 所示。

图 5.58　在博途中配置需要监视的变量

⑩ 编译程序；下载程序到 IP 地址对应的 S7-1200 中。

⑪ 通信测试。

在博途软件“项目树”中，选中“CPU 1214C”项，点击工具栏中的“转到在线”按钮，然后在“PLC 变量”的子项中，双击打开“默认变量表”。在“默认变量表”中点击“全部监视”按钮。变量监视界面如图 5.59 所示。4 个 DI 变量值均为 FALSE，与实际开关状态一致。说明此时的数据传输路径为“S7-1200→SCALANCE XB208→SCALANCE W734→SCALANCE W774→SCALANCE XB208→上位机”是通的，且数据传输正确。

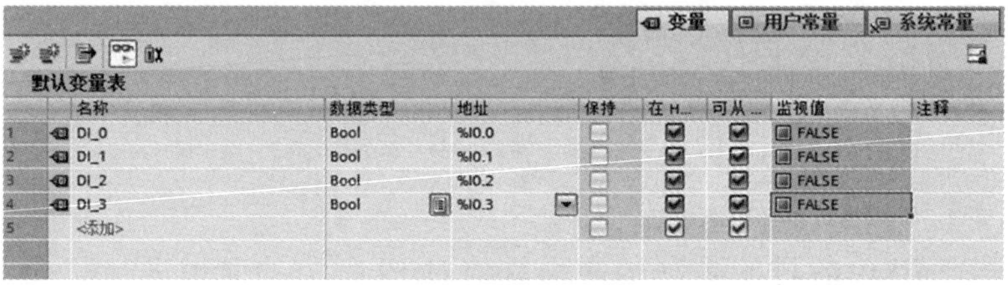

图 5.59 默认变量表初始监视界面

此时将开关 1 和开关 2 打开，可以看到默认变量表中对应变量 DI_0 与 DI_1 的值均为 TRUE，如图 5.60 所示。

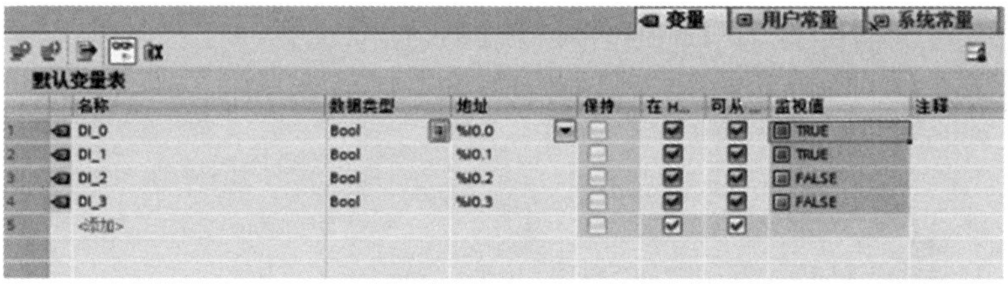

图 5.60 改变开关状态后的变量监视界面

5.5.6 课后作业

① 写出工业生产过程中使用无线通信技术的必要性。

② 了解工业无线通信技术在各领域的具体应用形式。

5.6 实时通信实训(通过 PROFINET IO 系统)

5.6.1 技术背景

对于 PROFINET 技术，本实训仅涉及 PROFINET 八个主要功能模块之一，即 PROFINET 分布式现场设备(PROFINET IO)。

1. 实时通信与 PROFINET 通信

实时是指系统在定义的时间内处理外部事件。确定性是指系统以可预测(确定的)方式进行响应。对于工业以太网,要求具备实时的确定性传输很重要,PROFINET 符合这些要求,因此,PROFINET 可以用作确定的实时通信系统,其功能如下:

① 在保证的时间间隔内传输对时间要求严格的数据。为实现此目的,PROFINET 为实时通信提供优化的通信通道,确保使用其他标准协议的通信可以在同一网络中无故障进行。PROFINET 通信是通过工业以太网进行的。

② 支持以下传输类型:工程组态数据和诊断数据及中断的非循环传输;用户数据的循环传输;PROFINET 通信是以实时方式进行的。

2. PROFINET IO

PROFINET IO 作为 PROFIBUS International 基于以太网的自动化标准,定义了跨厂商的通信、自动化系统和工程组态模式。作为 PROFINET 的一部分,PROFINET IO 是用于实现模块化、分布式应用的通信概念。

① PROFINET IO 是用于可编程控制器的 PROFINET 标准(IEC61158. x. 10)来实现的。

② PROFINET IO 具有 PROFIBUS DP 类似的组态、编程和诊断方法,而且有比 PROFIBUS 更高的实时性能。

③ PROFINETIO 在 IO 控制器和 IO 设备之间进行过程数据交换。

a. IO 控制器:用于对连接的 IO 设备进行寻址的设备。通常是运行自动化程序的控制器。

b. IO 设备:分配给某个 IO 控制器的分布式现场设备,如分布式 IO、阀终端、变频器和具有集成的 PROFINETIO 功能的交换机。智能设备也可作为 IO 设备,如控制器。

④ PROFINETIO 是一个基于快速以太网第二层协议的可扩展实时通信系统。根据标准 IEEE802.1Q,PROFINETIO 消息帧优先于标准消息帧,这可以确保自动化技术中要求的确定性。数据通过优先的以太网消息帧来传输,使用 RT 功能,可实现起始值为 250 μs 的更新时间。

⑤ 具有实时通信(RT)功能的 PROFINETIO 是集成 I/O 系统的最优解决方案。该解决方案也可使用设备中的标准以太网以及市场上可购买到的工业交换机作为基础架构部件,不需要特殊的硬件支持。

⑥ 如果希望使用全部的 PROFINET 功能,必须采用可根据标准 IEC61158 支持 PROFINET 标准的交换机。在 PROFINET 设备的集成交换机和 PROFINET 交换机中(如 SCALANCE 产品系列),可执行符合 PROFINET 标准的 PROFINET 功能,且无须对 PROFINETIO 系统中的集成进行限制即可使用该功能。

5.6.2　实验目的

① 掌握配置组态一个 PROFINET IO 系统的方法。

② 掌握 PROFINET IO 系统的通信测试方法。

5.6.3 实验准备

完成本实验所需准备的实验材料有：2 个 S7-1200；1 个 SCALANCE XB208；1 台上位机；3 根工业以太网线缆。

5.6.4 实验内容

网络规划本实验网络结构为一个星形结构，利用一个 SCALANCE XB208 将两个 S7-1200 和一个上位机互联。

① 作为 IO 控制器的 S7-1200 的 IP 地址为 192.168.0.21，通过 Portal 软件设置。

② 作为 IO 设备的 S7-1200 的 IP 地址为 192.168.0.22，通过 Portal 软件设置。

③ SCALANCE XB208 的 IP 地址为 192.168.0.12，通过 PRONETA 工具设置。

④ 上位机的 IP 地址为 192.168.0.100，通过在上位机的“Internet 协议版本 4(TCP/IPv4)属性”对话框中设置。

⑤ 网络结构实施，如图 5.61 所示。

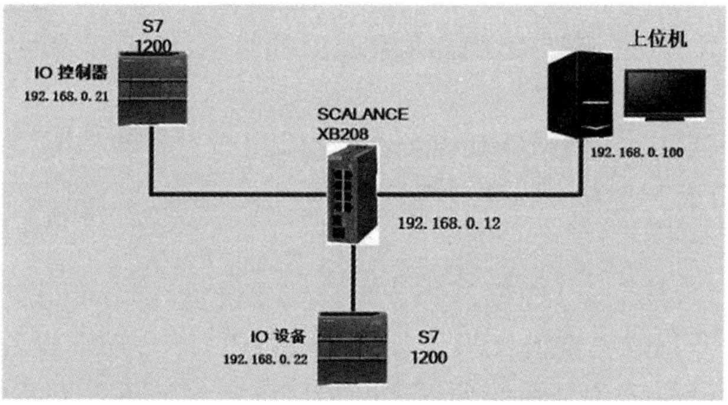

图 5.61 PROFINET IO 实验逻辑网络结构图

⑥ 在 Portal 软件中配置 PROFINET IO 系统；进行通信测试。

5.6.5 实验步骤

1. 网络结构实施

利用工业以太网线缆，按照如图 5.61 所示的网络结构图，将作为 IO 控制器的 S7-1200 与 SCALANCE XB208 的 P2 端口连接，将作为智能 IO 设备的 S7-1200 与 SCALANCE XB208 的 P4 端口连接，将上位机与 SCALANCE XB208 的 P6 端口连接。接通电源(端口可以任意)。

2. 配置上位机和交换机的 IP 地址

将上位机的 IP 地址配置为 192.168.0.100，子网掩码配置为 255.255.255.0，网关不需配置；参考“5.2 网络配置实验”，利用 PRONETA 工具，将 XB208 交换机的 IP 地址配置为

192.168.0.12。

3. 在 Portal 软件中配置 PROFINET IO 系统

① 新建项目配置 IO 控制器，在项目中通过“添加新设备”添加 S7-1200PLC，添加成功后，在设备视图中选中 S7-1200，在属性→常规→项目信息页面中将名称修改为“IO-Controller”。

② 设置 IO-Controller 的子网、IP 地址和子网掩码。在设备视图中选中 S7-1200，在属性→常规→PROFINET 接口→以太网地址中设置子网、IP 地址和子网掩码，如图 5.62 所示。

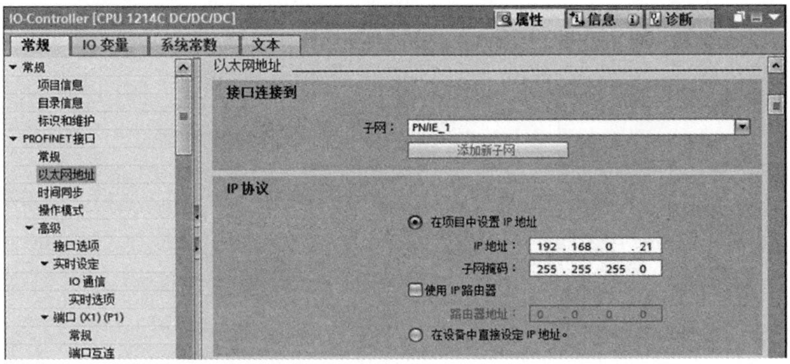

图 5.62　配置 IO 控制器的子网、IP 地址和子网掩码

③ 属性→常规→PROFINET 接口→操作模式，使用默认配置，即将该 PLC 作为 IO 控制器，如图 5.63 所示。

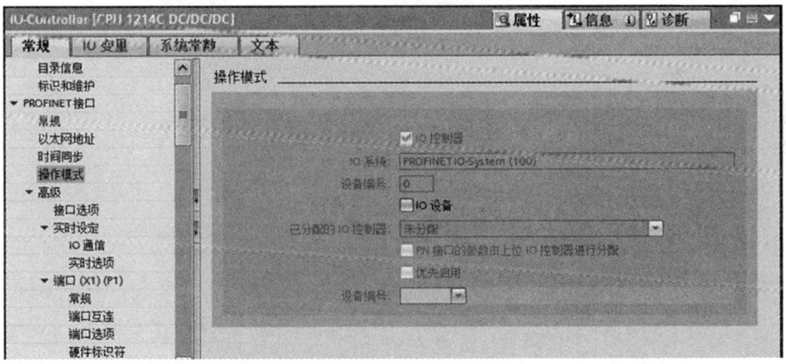

图 5.63　IO 控制器设置界面

④ 为 IO 控制器添加数据类型为 Byte 的变量，变量名称分别为 Tag_1 和 Tag_2，地址分别为%QB2 和%IB2，如图 5.64 所示。

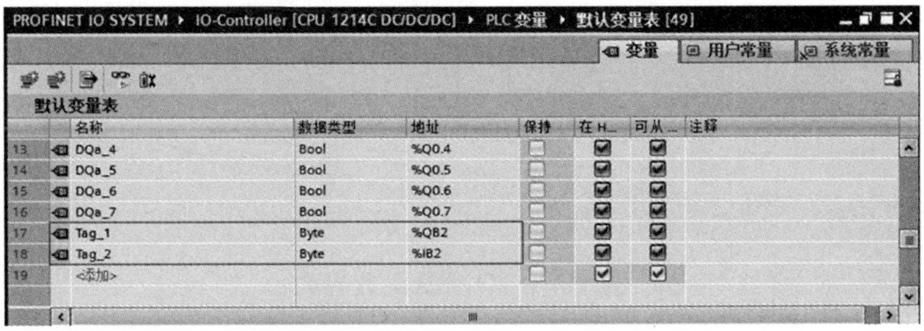

图 5.64　为 IO 控制器增加变量类型为 Byte 的变量

⑤ 添加监控表。项目树→IO-Controller→监控与强制表下双击“添加新监控表”，在新建的“监控表_1”中，在“名称”列下分别选择 Tag_1 和 Tag_2 变量，将显示格式分别设置为二进制和字符，如图 5.65 所示。

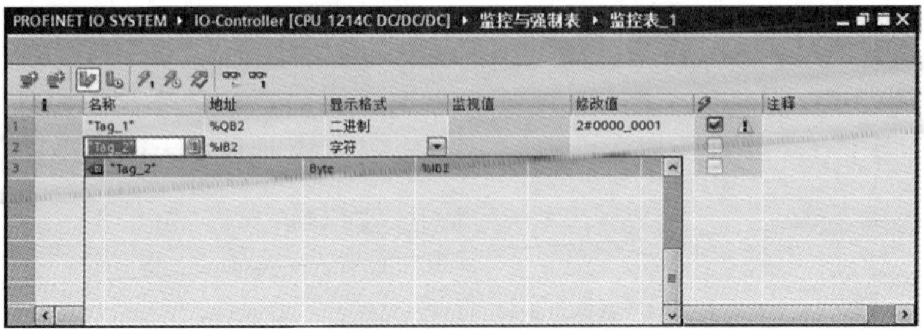

图 5.65　在 IO 控制器的监控表中添加监控变量

⑥ 配置 IO 设备。在项目中通过“添加新设备”添加 S7-1200PLC，添加成功后，在设备视图中选中 S7-1200，在属性→常规→项目信息页面中将名称修改为“IO-Device”。

⑦ 设置 IO-Device 的子网、IP 地址和子网掩码。在设备视图中选中 S7-1200，在属性→常规→PROFINET 接口→以太网地址中设置子网、IP 地址和子网掩码，如图 5.66 所示。

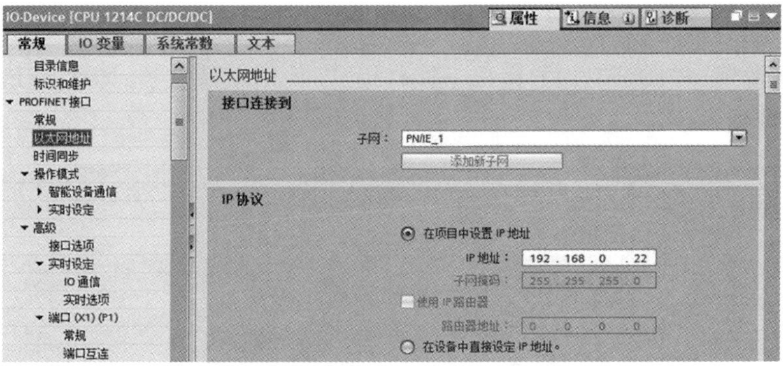

图 5.66　设置 IO 设备的子网、IP 地址和子网掩码

⑧ 在设备视图中选中 S7-1200，属性→常规→PROFINET 接口→操作模式，勾选“IO 设备”前的复选框；在“已分配的 IO 控制器”下拉列表中选择 IO 控制器“IO-Controller.PROFINET 接口_1”，如图 5.67 所示。

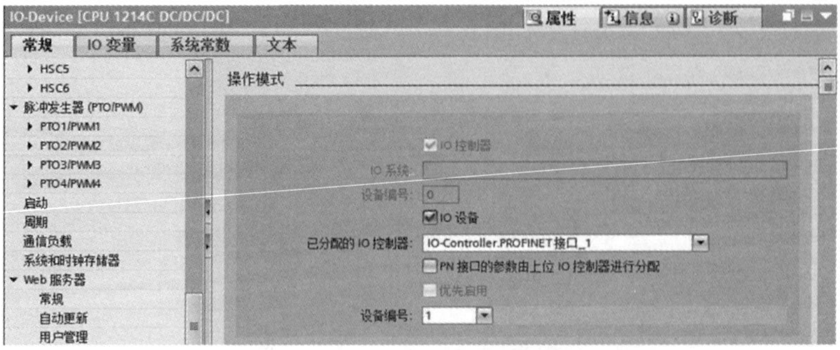

图 5.67　IO 设备配置界面

⑨ 为 IO 设备添加数据类型为 byte 的变量，变量名称分别为 Tag_3 和 Tag_4，地址分别

为%IB2 和%QB3，如图 5.68 所示。

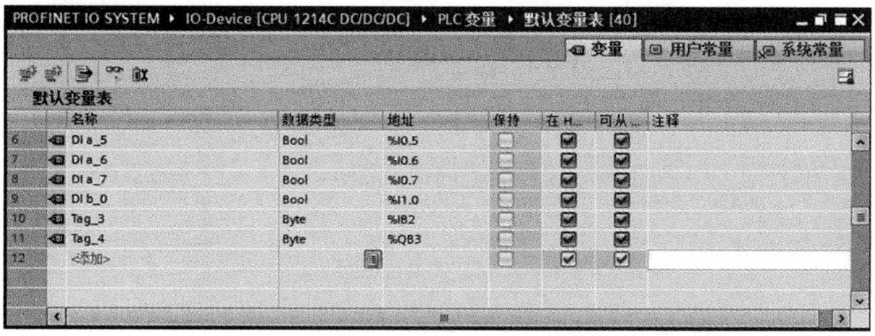

图 5.68　为 IO 设备添加变量类型为 Byte 的变量

⑩ 添加监控表。项目树→IO-Device→监控与强制表下双击“添加新监控表”，在新建的“监控表_1”中，在“名称”列下分别选择 Tag_3 和 Tag_4 变量，将显示格式分别设置为二进制和字符，如图 5.69 所示。

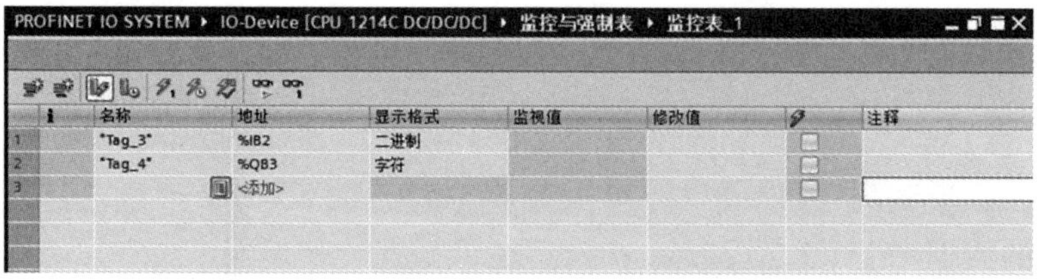

图 5.69　在 IO 设备监控表中添加监控变量

⑪ 设置传输区。在设备视图中选中 S7-1200，属性→常规→PROFINET 接口→操作模式→智能设备通信，双击“新增”添加传输区。如图 5.70 所示，增加了两个传输区，第一个传输区表达的是将 IO 控制器中地址为 Q2 的变量的数据传输到智能设备中地址为 I2 的变量中，第二个传输区表达的是将智能设备中地址为 Q3 的变量的数据传输到 IO 控制器中地址为 I2 的变量中。单击箭头，可改变传输方向。

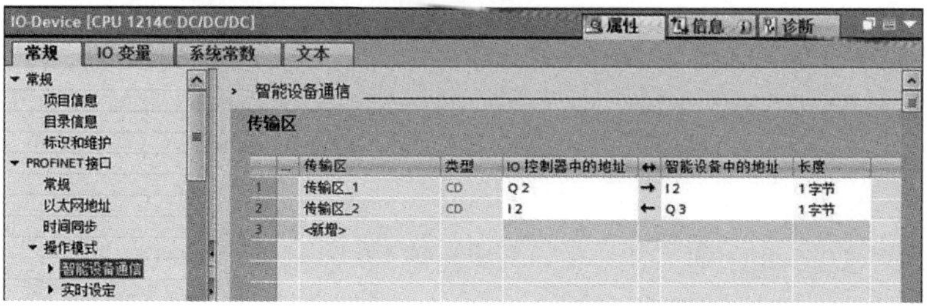

图 5.70　传输区设置

4. 通信测试

① 将 IO-Controller 和 IO-Device 各自编译下载并运行。在 IO 控制器的“监控表_1”和 IO 设备的“监控表_1”中，分别点击“全部监视”按钮。

② IO 控制器中地址为 Q2 的变量值→智能设备中的地址为 I2 的变量值传输测试：

a. 在 IO 控制器的“监控表_1”中，在“Tag_1”行的修改值处右键，选择修改为 1，如图 5.71 所示，监视值将变为与修改值一样的数值，如图 5.72 所示。

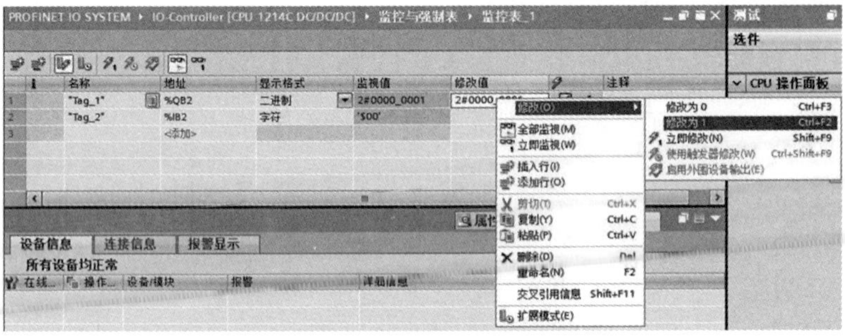

图 5.71 修改 IO 控制器中地址为%QB2 的值

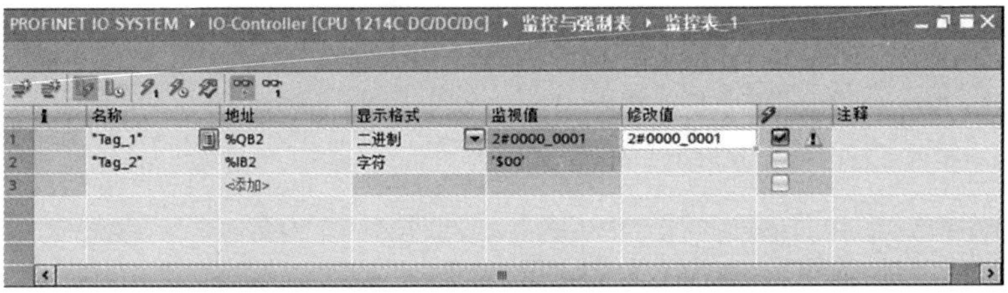

图 5.72 修改 IO 控制器中地址为%QB2 的值

b. 切换到 IO 设备的"监控表_1",可以看到 IO 设备的%IB2 地址已经收到来自 IO 控制器发送过来的数据,如图 5.73 所示。

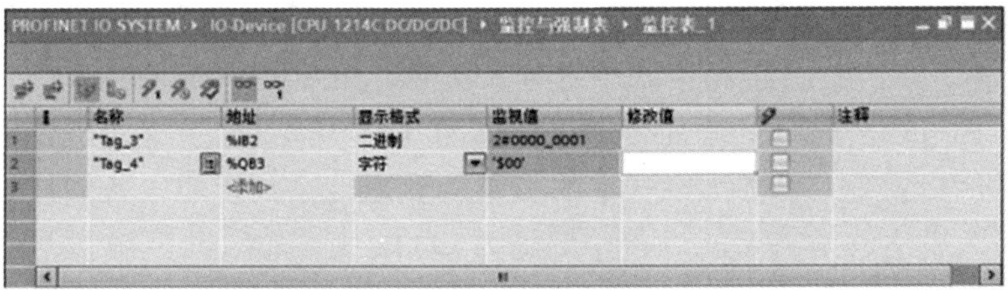

图 5.73 IO 设备地址为%IB2 的变量收到来自 IO 控制器%QB2 的值

③ 智能设备地址为 Q3 的变量值→IO 控制器地址 IB2 的变量值传输测试:

a. 在 IO 设备的"监控表_1"中,在"Tag_4"行的修改值处将修改值设置为'K',右键,在弹出菜单中选择修改→立即修改,如图 5.74 所示,监视值将变为与修改值一样的数值,如图 5.75 所示。

b. 切换到 IO 控制器的"监控表_1",可以看到 IO 控制器的%IB2 地址已经收到来自 IO 设备发送过来的数据,如图 5.76 所示。

5.6.6 课后作业

① 写出 PROFINET IO 通信的优点。

② 在原有网络结构中增加一个 IO 设备,重新配置 IO 控制器和 IO 设备并进行测试。

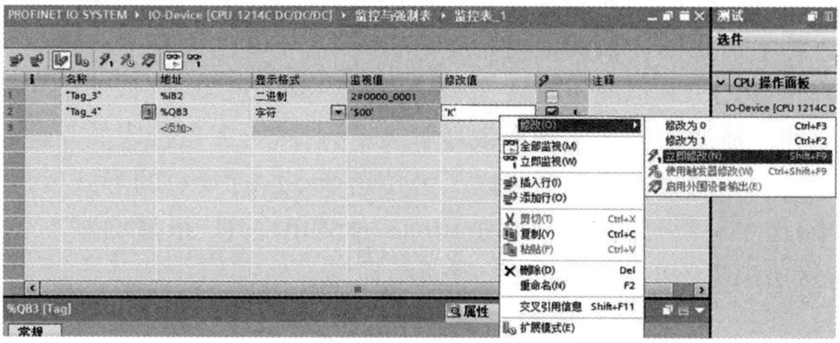

图 5.74　修改 IO 设备中地址为%QB3 的值

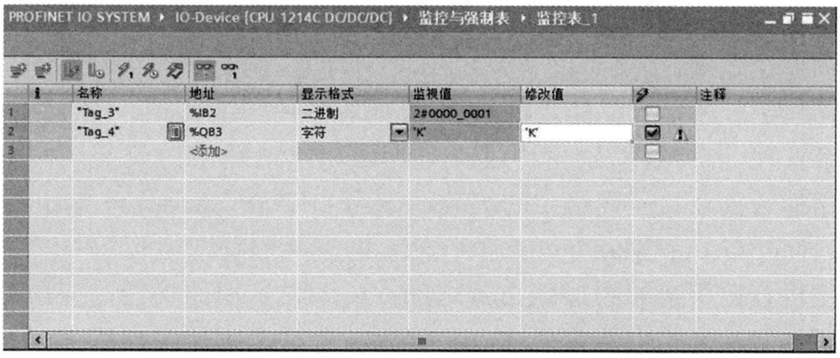

图 5.75　修改 IO 设备中地址为%QB3 的值

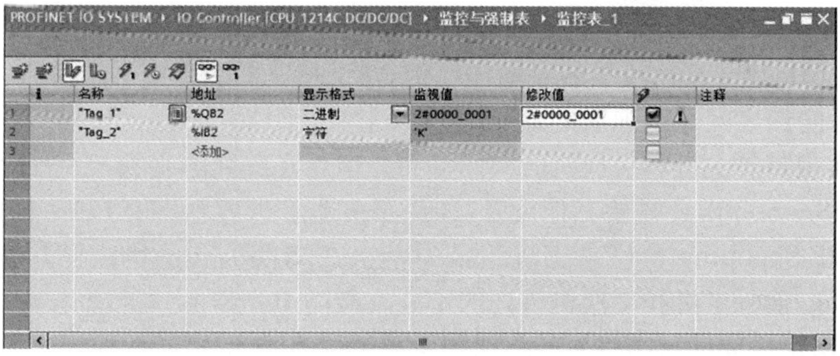

图 5.76　IO 控制器地址为%IB2 的变量收到来自 IO 设备地址为%QB3 变量的值

5.7　组播实验

5.7.1　技术背景

传统的 IP 通信有两种方式：第一种是在一台源 IP 主机和一台目的 IP 主机之间进行，即单播(unicast)；第二种是在一台源 IP 主机和网络中所有其他的 IP 主机之间进行，即广播(broadcast)。如果要将信息发送给网络中的多个主机而非所有主机，要么采用广播方式，要么由源主机分别向网络中的多台目标主机以单播方式发送 IP 包。采用广播方式实现时，不仅会将信息发送给不需要的主机而浪费带宽，也可能由于路由回环引起严重的广播风暴；采用单播方式实现时，由于 IP 包的重复发送会白白浪费掉大量带宽，也增加了服务器的负载，所以传统的单播和广播通信方式不能有效地解决单点发送、多点接收的问题。

IP 组播是指在 IP 网络中将数据包以尽力传送（best. effort）的形式发送到网络中的某个确定节点子集，这个子集称为组播组（multicast group）。IP 组播的基本思想是源主机只发送一份数据，这份数据中的目的地址为组播组地址。组播组中的所有接收者都可接收到同样的数据拷贝，并且只有组播组内的主机目标主机可以接收，而该数据网络中其他主机不能收到。组播组用 D 类 IP 地址 224.0.0.0..239.255.255.255 来标识。IP 组播技术有效地解决了单点发送多点接收的问题，实现了 IP 网络中点到多点的高效数据传送，能够大量节约网络带宽降低网络负载。

根据协议的作用范围，组播协议分为两种，一种主机与路由器之间的协议即组播成员管理协议，另一种是路由器与路由器之间协议主要是各种路由协议。组成员关系协议包括 IGMP 互联网组管理协议；组播路由协议又分为域内组播路由协议及域间组播路由协议。为了有效抑制组播数据在二层网络中的扩散，引入了 IGMP Snooping 等组播协议。

IGMP（Internet Group Management Protocol）意为因特网组管理协议。IGMP 协议运行于主机和与主机直接相连的组播路由器之间。IGMP 实现的功能是双向的，一方面通过 IGMP 协议主机通知本地路由器希望加入并接收某个特定组播组的信息；另一方面路由器通过 IGMP 协议周期性地查询局域网内某个已知组的成员是否处于活动状态（即该网段是否仍有属于某个组播组的成员），实现所联网络组成员关系的收集与维护。

IGMP Snooping 即 IGMP 侦听，其主要作用是在交换机上完成二层组播的动态注册，它使用的是 IGMP 报文。在较早的组网环境中，并没有以太网交换机的参与，路由器一般直接和主机相连，它们之间通过标准的 IGMP 协议来实现组播功能。而目前 IGMP Snooping 则不同，它的实现需要主机和交换机的共同参与。但是在单纯的交换机网络环境，除了交换机支持 IGMP Snooping，还需要其他设备，如用路由器来执行 IGMP Polls 的功能。

通过 IGMP Snooping 协议来实现组播通信。在交换机和主机之间实现 IGMP，通过 IGMP Snooping，侦听主机和交换机传送的不同类型的 IGMP 报文来动态维护二层组播组，也就是建立二层组播地址和端口号的之间关系的组播表。

在工业自动化领域中，现场通信网络通常由二层交换式局域网构成。基于组播流的通信网络设计，能够大大减小流量、节省带宽，并减轻设备，如智能设备的处理任务。

5.7.2 实验目的

① 理解组播工作原理。

② 掌握 IGMP 组播协议的实际组态与调试。

③ 了解组播的优点。

5.7.3 实验准备

完成本实验所需准备的实验材料如下：2 个 SCALANCE XM408.8C；3 台计算机（均安

装 VLC 软件);4 根工业以太网线缆。

5.7.4 实验内容

1. 网络结构实施

利用工业以太网线,按照如图 5.77 的网络拓扑结构将 2 个交换机与 3 台计算机连接起来。

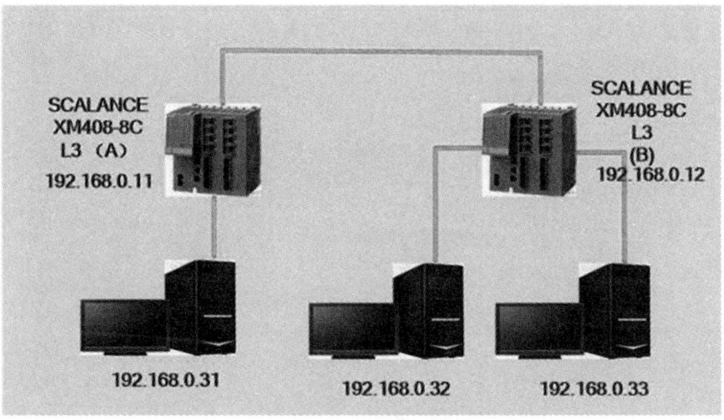

图 5.77 组播实验逻辑网络结构图

2. 设备配置

分别对两台交换机进行 IP 地址设置与组播配置;将与 SCALANCE XM408(A)连接的计算机设置为组播源,将与 SCALANCE XM408(B)连接的两台计算机设置为客户端。

3. 通信测试

组播源发送视频流,属于该组播组的客户机能够收到该视频流,而不属于该组播组的客户机则接收不到该视频流。

5.7.5 实验步骤

1. 网络结构实施

利用工业以太网线,按照如图 5.77 的网络拓扑结构将 2 个交换机与 3 台计算机连接起来(交换机的端口任意选取); 接通电源。

2. 配置计算机和交换机的 IP 地址

将与 SCALANCE XM408(A)连接的计算机的 IP 地址设置为 192.168.0.101,子网掩码为 255.255.255.0;将与 SCALANCE XM408(B)连接的两台计算机的 IP 地址分别设置为 192.168.0.102 和 192.168.0.103,子网掩码均为 255.255.255.0。

将交换机 SCALANCE XM408(A)的 IP 地址设置为 192.168.0.11,子网掩码为

255.255.255.0;将交换机 SCALANCE XM408(B)的 IP 地址设置为 192.168.0.12,子网掩码设置为 255.255.255.0。

3. 交换机 SCALANCE XM408(A)组态

在浏览器中输入交换机 SCALANCE XM408(A)的 IP 地址 192.168.0.11,并输入用户名和密码进入配置页面。在目录树"Layer 2"下选中"Multicast",在"Multicast Configuration"配置页面中选中"IGMP"页签,选 中"IGMP Snooping"和"IGMP Querier"复选框,如图 5.78 所示。交换机 SCALANCE XM408(A)的组播信息页面如图 5.79 所示,可以看到目前没有任何信息。

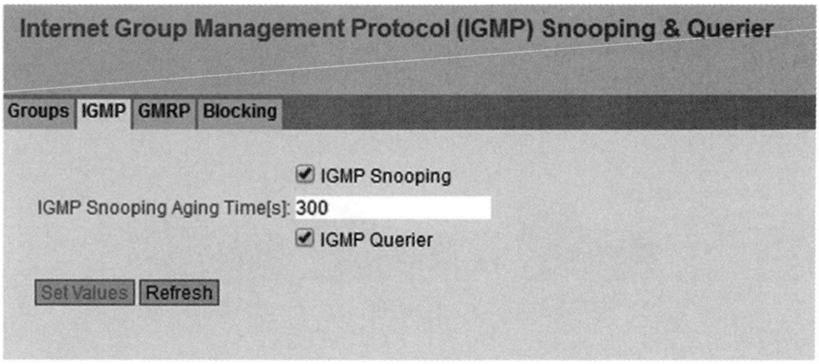

图 5.78 使能 SCALANCE XM408(A)的"IGMP Snooping"与"IGMP Querier"功能页面

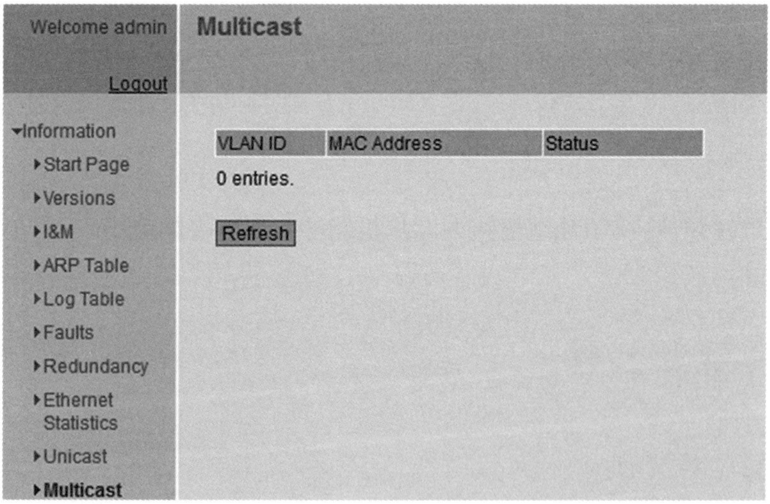

图 5.79 交换机 SCALANCE XM408(A)的组播信息页面

4. 交换机 SCALANCE XM408(B)组态

在浏览器中输入交换机 SCALANCE XM408(B)的 IP 地址 192.168.0.12,并输入用户名和密码进入配置页面。在目录树"Layer 2"下选中"Multicast",在"Multicast Configuration"配置页面中选中"IGMP"页签,选中"IGMP Snooping"复选框,如图 5.80 所示。交换机 SCALANCE XM408(B)的组播信息页面如图 5.81 所示,可以看到没有任何信息,因为此时还没有组播源发送视频流，也没有组内成员接收视频流。

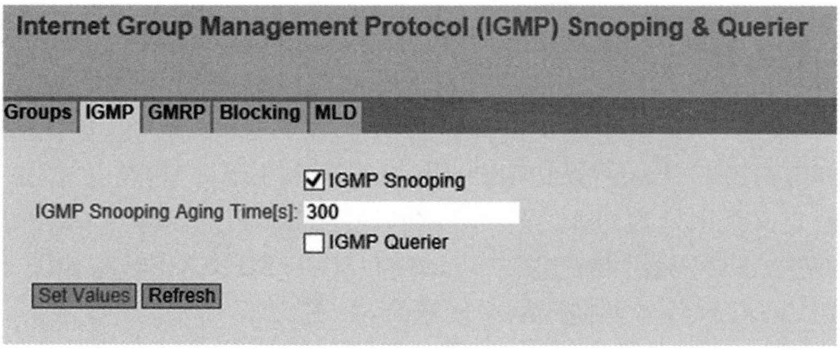

图 5.80　使能 SCALANCE XM408(B)的“IGMP Snooping”功能页面

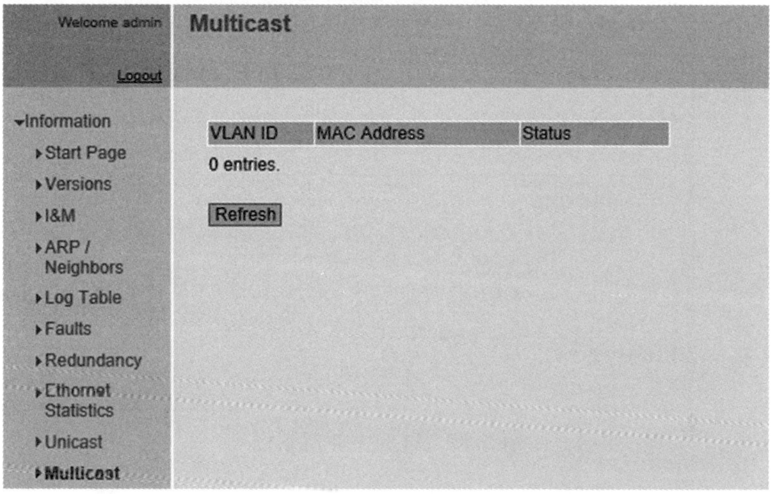

图 5.81　交换机 SCALANCE XM408(B)的组播信息页面

此时查看交换机 SCALANCE XM408(A)的组播信息页面，如图 5.82 所示，可以看到：未组播通信前（即未在组播源与客户端中设置组播前）该交换机的组播地址表中已经添加了一条信息，其中 01-00-5E-7f-ff-fa 是默认的组播地址，不是我们将要自定义的组播地址（说明：P1.2 端口是与用于组播源计算机连接的端口，该计算机也是当前用于配置该交换机的上位机）。

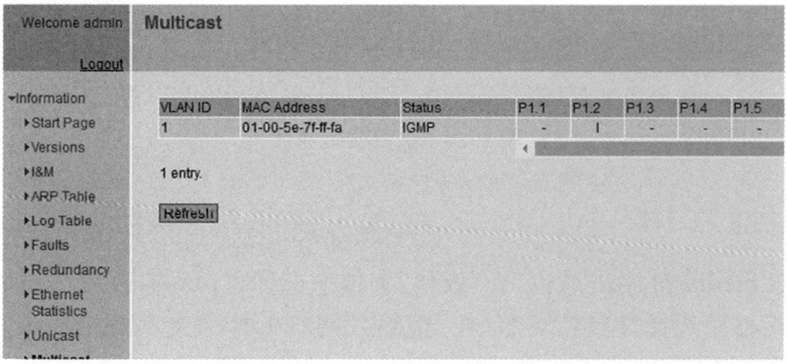

图 5.82　交换机 SCALANCE XM408(A)的组播信息页面

5. IP 地址为 192.168.0.31 计算机组播源组态

打开“VLC media player”软件，在“媒体”菜单下选择“流”子菜单，在弹出的“打开媒体”对话框中选择“文件”页签，点击“添加”按钮，选择文件，然后点击“串流”按钮，如图 5.83 所示。在弹出的“流输出”对话框中核实文件路径后点击“下一个”按钮，在弹出的页面的下拉菜单中选择“RTP/MPEG Transport Stream”，如图 5.84 所示。并点击“添加”按钮，在弹出的页面中写入自定义组播地址 239.255.0.1，端口号为 5004，流名称为 test，如图 5.85 所示。点击“下一个”按钮，在转码页面中选择“Video-H.264 + MP3(MP4)”，如图 5.86 所示。最后点击“流”按钮，VLC 软件开始向网络中发送流，如图 5.87 所示。

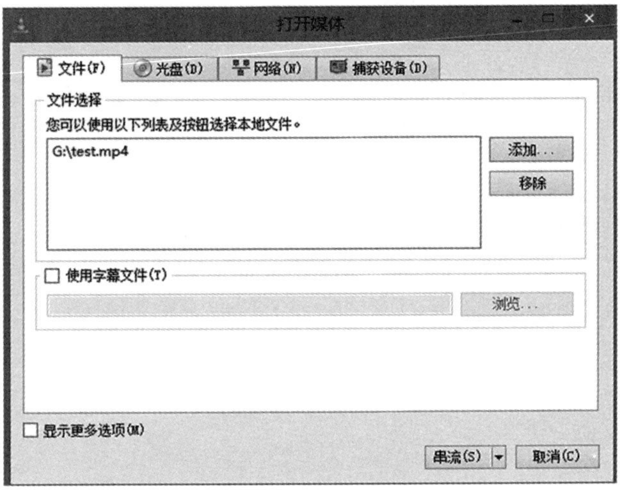

图 5.83　选择文件对话框

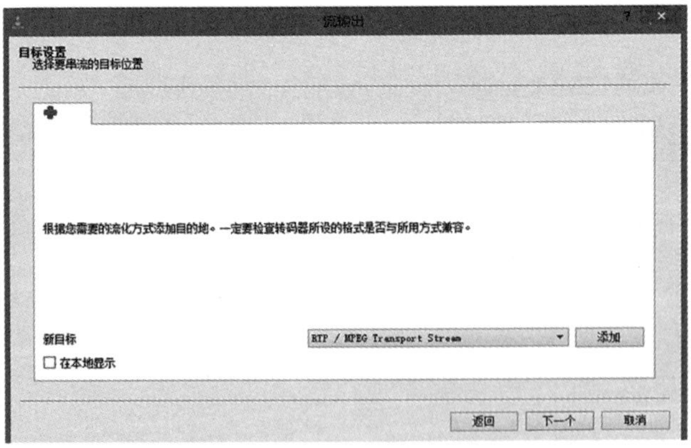

图 5.84　选择传输协议

6. IP 地址为 192.168.0.32 计算机视频接收客户端组态

打开“VLC media player”软件，在“媒体”菜单下选择“打开网络串流”子菜单，在弹出的“打开媒体”对话框中选择“网络”页签，在“请输入网络 URL”文本框中输入“rtp://@239.255.0.1:5004”，如图 5.88 所示。点击“播放”按钮，将收到来自组播源发送的视频流。

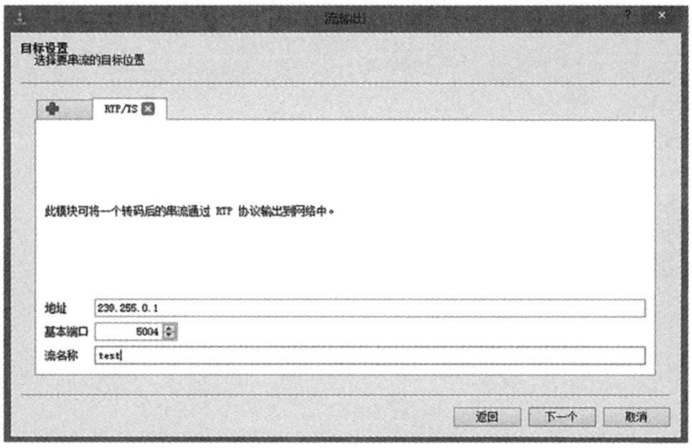

图 5.85　配置组播地址

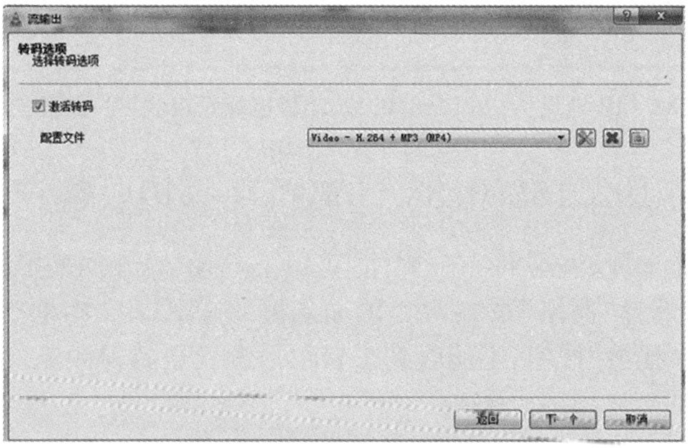

图 5.86　转码选项页面

图 5.87　组播源发送流

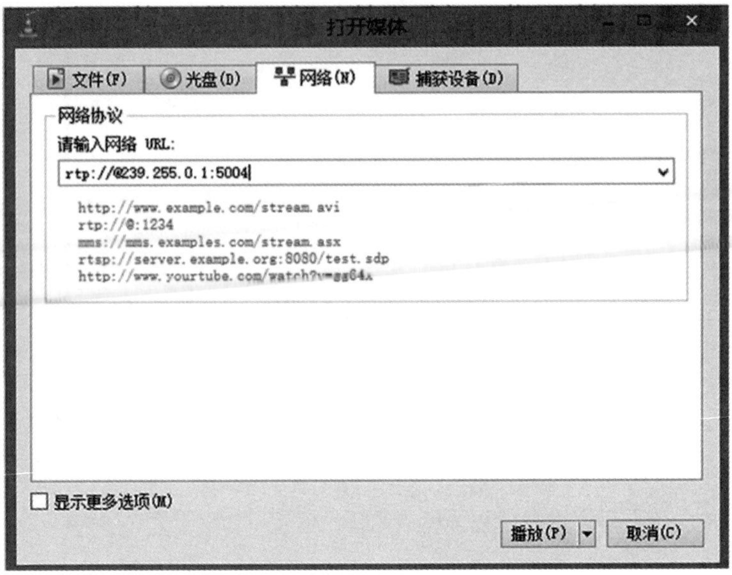

图 5.88　IP 地址为 192.168.0.32 计算机视频接收客户端组态界面

7. IP 地址为 192.168.0.33 计算机视频接收客户端组态

打开“VLC media player”软件，在“媒体”菜单下选择“打开网络串流”子菜单，在弹出的“打开媒体”对话框中选择“网络”页签，在“请输入网络 URL”文本框中输入“rtp://@239.255.0.2:5004”，点击“播放”按钮，不能收到来自组播源发送的视频流，因为该客户端没有与组播源在一个组播组中。

5.7.6　课后作业

① 写出组播技术在工业中的应用。

② 设计实验，用 IP 摄像头采集的视频作为组播中视频流。

5.8　环间冗余网络实验

5.8.1　技术背景

某些情况下，需要在不同的环网之间交换数据，因此需要利用支持在环网间构建冗余结构的交换机将不同环网进行互联，进一步增强网络的可靠性。

5.8.2　实验目的

① 理解环间冗余的工作原理。

② 掌握环间冗余网络配置及测试方法。

5.8.3 实验准备

完成本实验所需准备的实验材料如下:2 个 SCALANCE XM408.8C;4 个 SCALANCE XB208;1 个 S7-1200；10 根工业以太网线缆;1 台上位机。

5.8.4 实验内容

网络结构图如图 5.89 所示。

① 分别配置环网 A 和环网 B 的环形冗余。

② 配置环间冗余,将环网 A 中的一台 SCALANCE XM408 配置为 Standby Master,另一台 XM408 配置为 Standby Slave。

③ 通过 Portal 配置 S7-1200,包括需要监控的变量。

④ 依据如图 5.89 所示网络结构图,实施网络结构。

⑤ 通信测试:将 Standby Master 对应端口断开,检查 Standby Slave 冗余通信线路是否自动激活,并将 S7-1200 中的数据通过第一个环网,传输到第二个环网,最终传输到上位机。

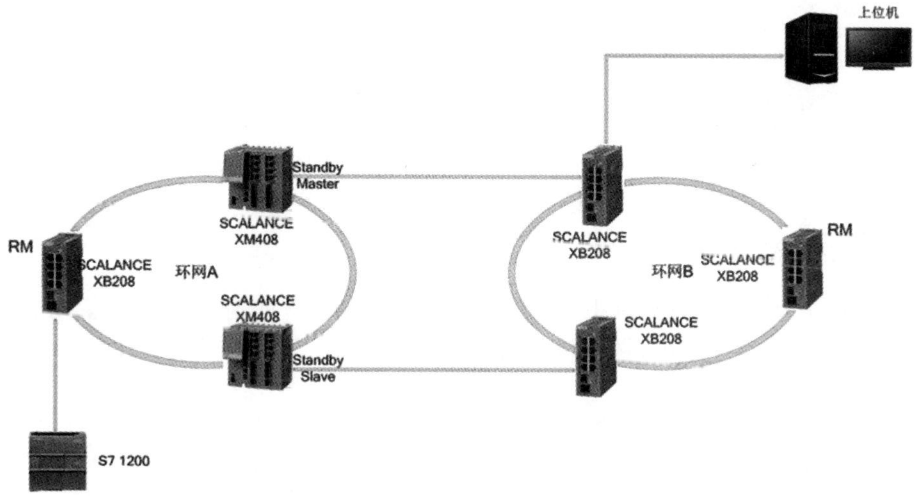

图 5.89　网络结构拓扑图

5.8.5 实验步骤

1. 配置环网 A 配置 HRP 冗余协议

其中 SCALANCE XB208 作为冗余管理器 RM,如图 5.90 所示,其余两个 XM408 交换机均作为冗余客户端,冗余端口均为 P4 和 P8,如图 5.91 所示。

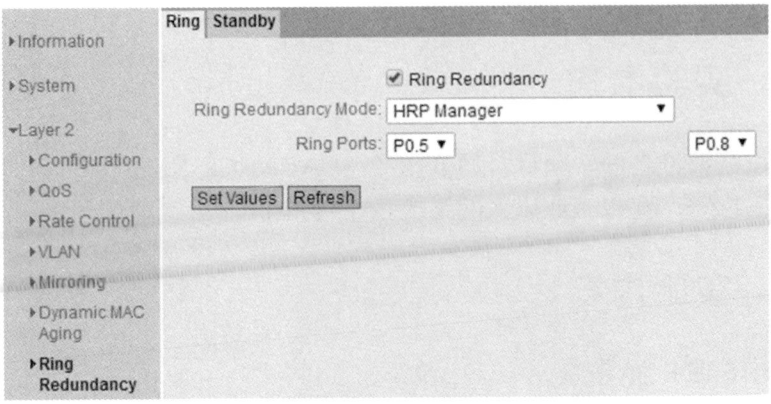

图 5.90　环网 A 中 XB208 作为冗余管理器

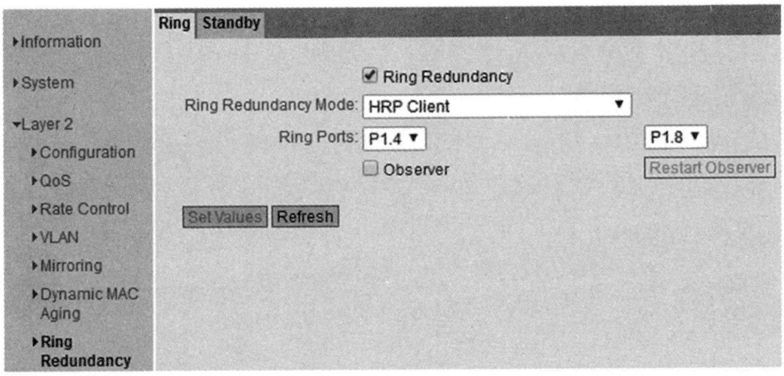

图 5.91　环网 A 中的 XM408 作为冗余客户端

2. 配置环网 B

配置 HRP 冗余协议。选择其中一个 SCALANCE XB208 作为冗余管理器 RM，如图 5.92 所示；其余两个 XB208 交换机均作为冗余客户端，冗余端口均为 P4 和 P8，如图 5.93 所示。

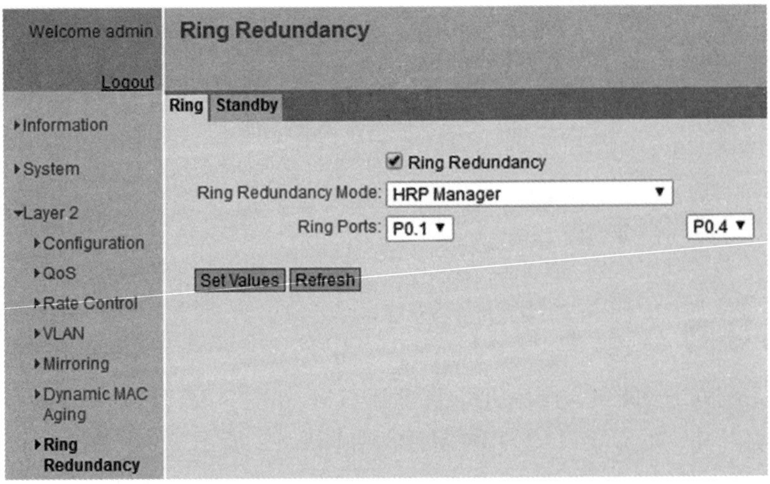

图 5.92　环网 B 中的一个 XB208 作为冗余管理器

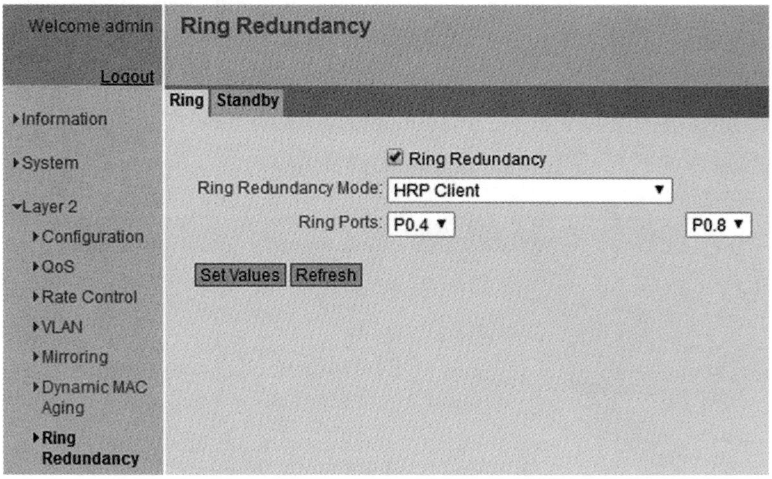

图 5.93 环网 B 中其余两个 XB208 作为冗余客户端

3. 配置环间冗余

配置环网 A 中作为 Standby Master 的 XM408.8C 交换机：选择“Standby”页签；选择“P1.6”作为环间 Standby 端口；设置“Standby Connection Name”为“STBY”；选中“Force device to Standby Master”前的复选框，强制该交换机为 Standby Master；选中“Standby”前的复选框，启动 Standby 功能，最后点击“Set Values”按钮。Standby 配置界面如图 5.94 所示说明：点击“Set Values”按钮后，交换机 XM408.8C，模块的“SB”指示灯常绿，故障灯 F 为红色（属于正常现象，因为此时还没有连接工业以太网线缆）。

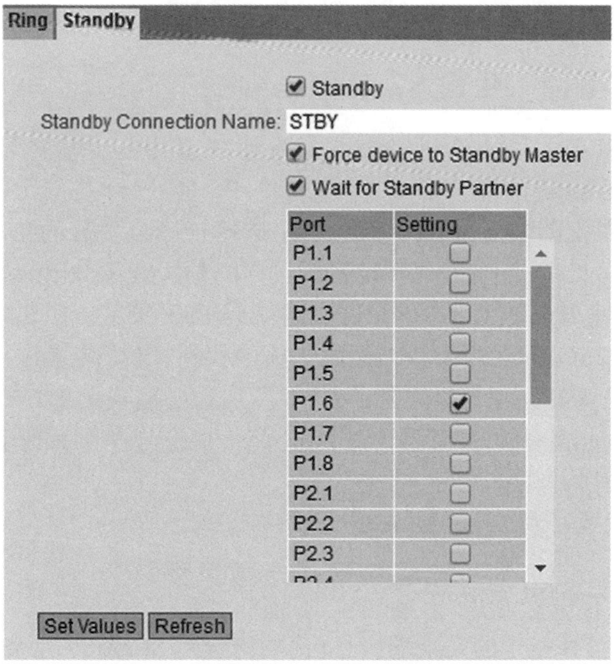

图 5.94 Standby 配置界面

配置环网 A 中作为 Standby Slave 的 XM408.8C 交换机：选择“Standby”页签，选择“P1.6”作为环间 Standby 端口；设置“Standby Connection Name”为“STBY”；选中“Standby”前的复选框，启动 Standby 功能，最后点击“Set Values”按钮。Standby 配置界面如图 5.95 所示。说明：点击“Set Values”按钮后，交换机 XM408.8C，模块的“SB”指示灯常绿，故障灯 F 为红色（属于正常现象，因为此时还没有连接工业以太网线缆）。

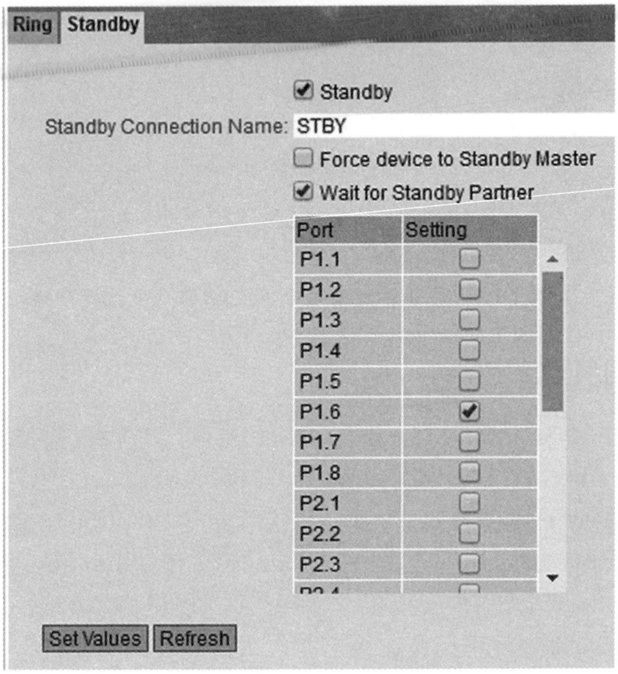

图 5.95　Standby 配置界面

4. 在博途中配置 PLC S7-1200(A)

在博途中配置 PLC 的目的是利用博途软件对 PLC 中的变量进行监视，同时测试 I/O 变量在通信网络中的传输过程。① 在博途软件中，在“硬件目录”中选择正确订货号的 S7-1200，添加到“设备视图”中；在“硬件目录”中选择正确订货号的信号板，拖拽到“设备视图”中 S7-1200 中信号板位置上；② 在“设备视图”中选中 S7-1200 模块，在博途的“属性”界面中为其配置 IP 地址为 192.168.0.41 和子网掩码 255.255.255.0；③ 在博途软件“项目树”中，找到“CPU 1214C”并在其树状结构的子项中找到“PLC 变量”，在“PLC 变量”的子项中，双击打开“默认变量表”。在“默认变量表”中添加需要监视的 DI、DO、AI、AO 变量。本例添加了 4 个 DI 变量，如图 5.96 所示（说明：这四个变量与操作面板中的“S7-1200(A)区域的 4 个钮子开关对应”）。

编译程序并下载程序到 S7-1200(A)中。

5. 网络线缆连接

根据环网 A、环网 B 指定的冗余端口号（包括指定的 Standby 冗余端口号），连接成各自环网和环间冗余网络。选取环网 A 中任一非冗余端口连接 S7-1200；选取环网 B 中与 Standby Master 的 XM408.8C 交换机连接的 XB208，任选一个非冗余端口和未被占用的端

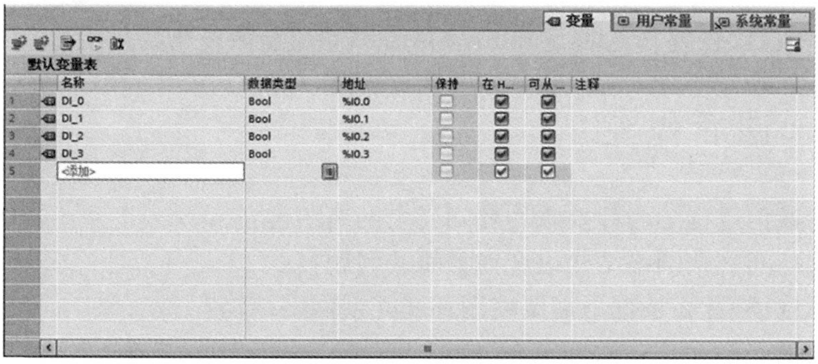

图5.96 在博途中配置需要监视的变量

口与上位机连接。注释：① 正确接完线后，可以发现所有模块的F故障灯都不亮了(说明状态正常了)。② 作为Standby MASTER的XM408交换机，SB灯闪动，即从其出发连接第二个冗余环的通道处于启用状态；而作为Standby Slave的XM408交换机，SB灯常绿不闪动，从其出发连接第二个冗余环的通道处于备用状态。③ Standby Slave交换机与第二个环连接的接口对应的指示灯绿色慢闪(说明连接处于备用状态)。

6. 环间冗余网络通信测试

① 正常通信测试。在博途软件“项目树”中，选中“CPU 1214C”项，点击工具栏中的“转到在线”按钮，然后在“PLC变量”的子项中，双击打开“默认变量表”。在“默认变量表”中点击“全部监视”按钮。变量监视界面如图5.97所示。显示DI_0与DI_2对应变量值为TRUE，DI_1与DI_3对应变量值为FALSE，与实际开关状态一致。说明S7-1200的监控数据经过环网A的传输，通过Standby Master传输到环网B，最终传输到了上位机中。

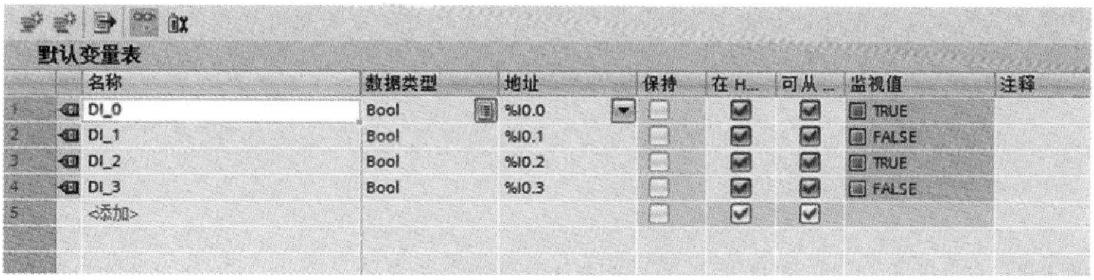

图5.97 正常通信时的变量监视界面

② 环网通信故障测试。将插入作为Standby Master的交换机XM408的P6端口的网线拔掉，模拟环网间通信线路故障或损坏。此时该XM408的SB状态指示灯变为常绿不闪；而作为Standby Slave的XM408的SB灯绿色闪动，F灯变红，该Standby Slave的环间冗余连接端口指示灯变常绿(说明此时环间冗余备用线路激活)。现在，修改S7-1200的DI输入，即在IO操作面板上将与S7-1200的地址为%I0.1的DI输入对应的开关打开，此时博途变量监视界面中DI_1对应变量值为TRUE，如图5.97所示。说明环网在网络故障情况下进行了重构，S7-1200数据在环网A中传输，然后通过Standby Slave线路传输到环网B，最终将数据传输到上位机。

③ 环网通信故障恢复测试。当从作为Standby Master的P6端口断开的线缆重新连接上时，该XM408.8C的SB指示灯恢复为绿色闪动状态(说明Standby Master线路重新激

活),而作为 Standby Slave 的 SB 灯恢复为绿色常亮,XM408 的 F 故障灯灭(说明该 XM408 检测到网络故障已经恢复),此时 Standby Slave 线路重新恢复为备用状态。

5.8.6 课后作业

① 在工业通信过程中为什么要采用环间冗余网络结构?

② 在实施环间冗余网络结构时应注意哪些问题?

③ 在实际现场,什么情况下需要使用环间冗余网络结构?

5.9 通信网络故障诊断实验——PROFINET 网络故障诊断

5.9.1 技术背景

近些年来,工业网络的规模快速增长。网络的应用已经深入到人们生产的每一个角落,成为必不可少的基础设施。随着对网络依赖性的加强,人们对网络的可靠性也提出了更高的要求:一是可靠、实时、安全的网络环境;二是当网络发生故障时,能够及时地检测出故障原因并修复。网络故障诊断对保持网络的可靠运行具有重要意义。目前工业网络技术正从传统的网络技术——现场总线向现代网络技术及工业以太网技术的方向发展。工业以太网是在传统以太网基础上根据工业实际需求发展而来,包括 PROFINET、Modbus TCP/IP、EtherCAT 等。PROFINET 由 PROFIBUS 国际组织(PROFIBUS International,PI)推出,是新一代基于工业以太网技术的自动化总线标准,在工业以太网市场占有率处于领先地位。本实验主要针对 PROFINET IO,展示针对 PROFINET 网络的诊断方法。

5.9.2 实验目的

掌握 PROFINET 网络的故障诊断方法。

5.9.3 实验准备

完成本实验所需准备的实验材料如下:1 个 SCALANCE XB208;2 个 S7-1200;1 台上位机;3 根工业以太网线缆。

5.9.4 实验内容

① 配置 PROFINET IO 系统。

② 网络结构实施,按照如图 5.98 所示的网络结构将 S7-1200 和上位机通过 XB208 连接起来。

③ 利用 Portal 诊断 PROFINET IO 网络。

④ 利用 WEB 界面诊断 PROFINET IO 网络。

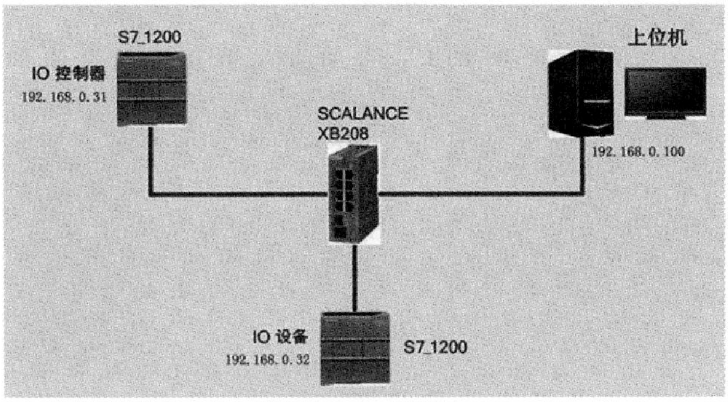

图 5.98　网络结构图

5.9.5　实验步骤

① 配置 PROFINET IO 系统。配置 PROFINET IO 系统的过程参照"实时通信实验（通过 PROFINET IO 系统）"，此处不再赘述。

② 网络结构实施。根据图 5.98 所示的网络结构，将 S7-1200 和上位机通过 XB208 连接起来。

③ 利用 Portal 诊断。PROFINET IO 网络 1、在 IO-Controller 和 IO-Device 建立正常的 PROFINET IO 通信后，进入在线状态，如图 5.99 所示。

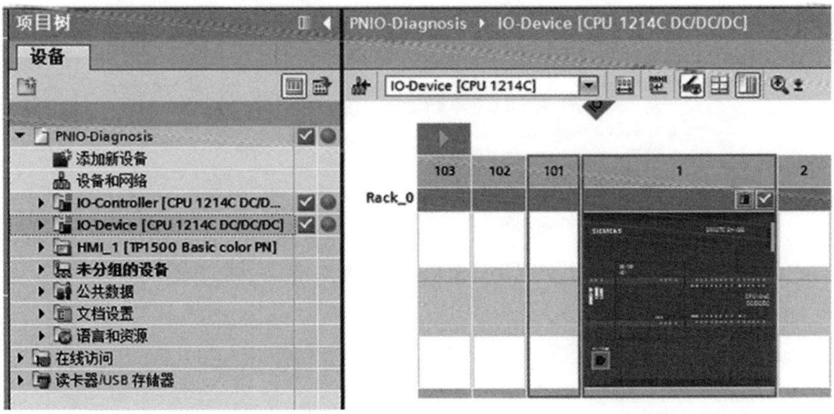

图 5.99　PROFINET IO 控制器和 IO 设备进入在线状态

④ 将 IO-Device 从 XB208 交换机断开，诊断出错误，如图 5.100 所示。

在 IO-Controller 的"分布式 I/O"下，诊断出"IO-Device 无法访问"，如图 5.101 所示。

⑤ 双击 IO-Controller 的"在线和诊断"，然后点击"诊断缓冲区"。在诊断缓冲区中可以看到诊断信息，例如"IO 设备故障-找不到 IO 设备"，如图 5.102 所示。

⑥ 通过 WEB 界面诊断 PROFINET IO 网络。在 IO-Controller 的 Web 服务器的"常规"下，启动模块上的 Web 服务器，如图 5.103 所示。

在"Web 服务器"下"用户管理"授权"查询诊断"，如图 5.104 所示。

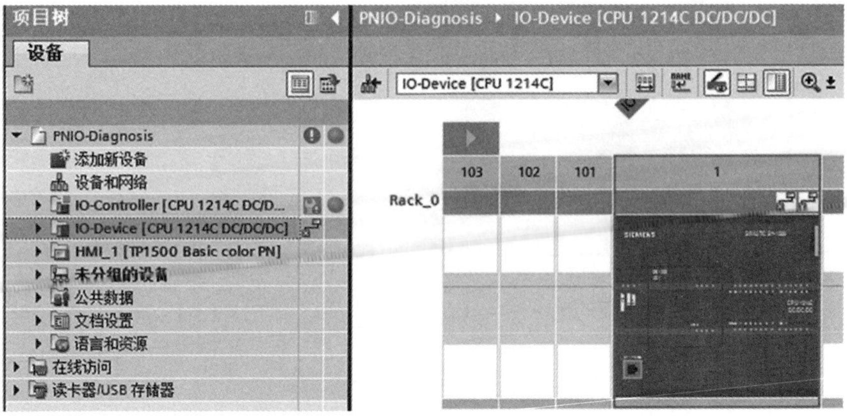

图 5.100　IO-Device 掉站后报警

图 5.101　诊断出 PROFINET IO-System 中找不到 IO-Device

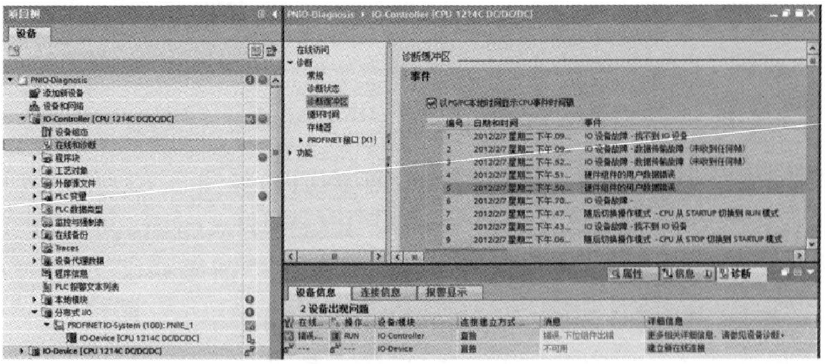

图 5.102　诊断缓冲区

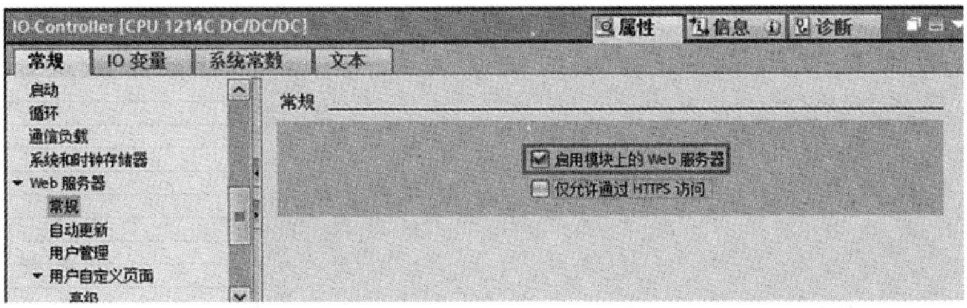

图 5.103　启动 IO-Controller 的 Web 服务器

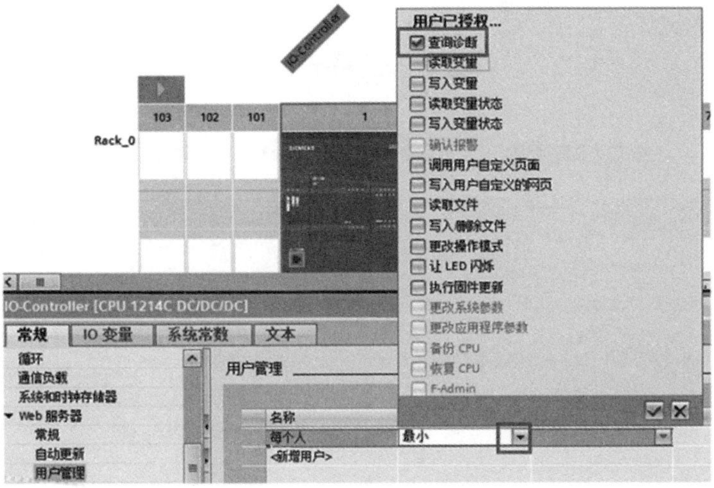

图 5.104　授权可以查询诊断

在浏览器中输入 IO 控制器的 IP 地址如 192.168.0.31，进入 IO 控制器的 Web 界面，如图 5.105 所示。

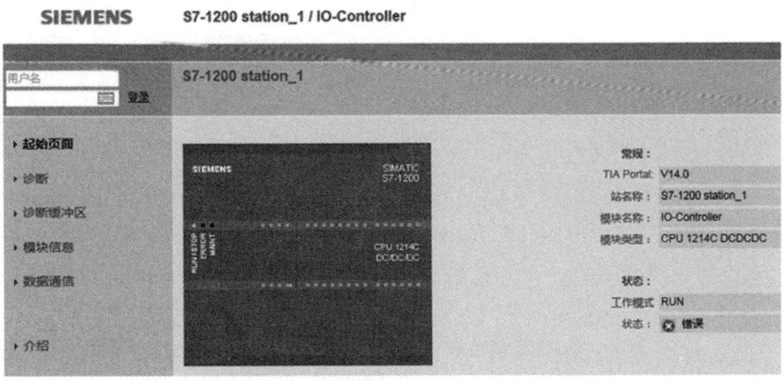

图 5.105　IO 控制器的 WEB 起始界面

点击“模块信息”如图 5.106 所示。点击“PROFINET IO-System”，可以看到诊断信息，如图 5.107 所示。

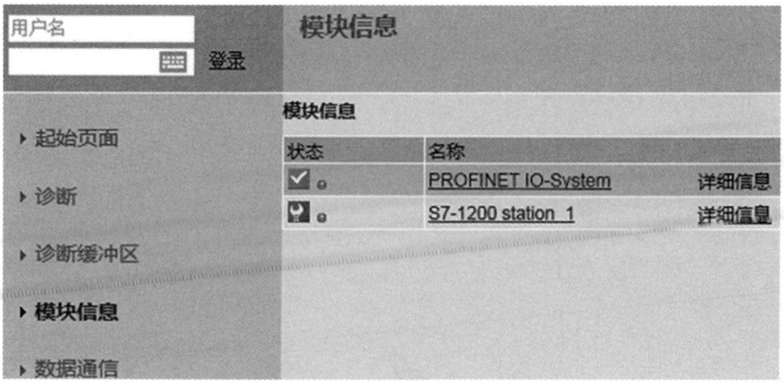

图 5.106　模块信息界面

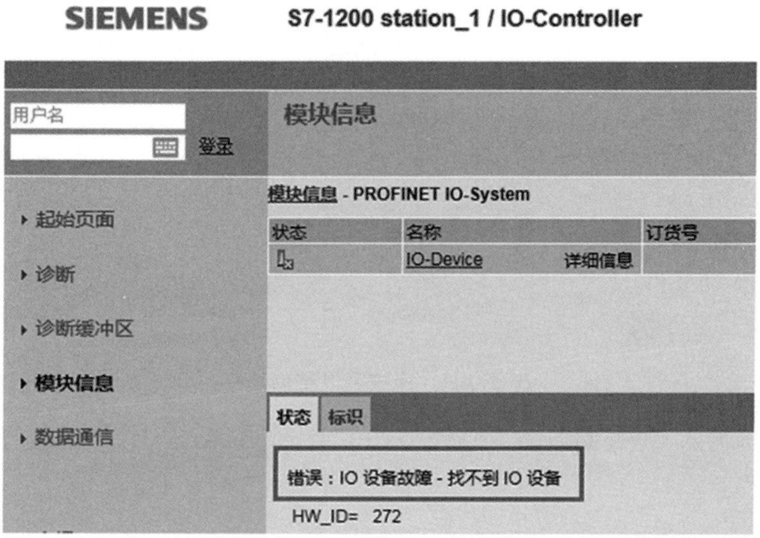

图 5.107　PROFINET IO 系统诊断信息

5.9.6　课后作业

尝试使用 HMI 进行 PROFINET IO 网络的故障诊断。

5.10　防火墙实验

5.10.1　技术背景

所谓防火墙指的是一个由软件和硬件设备组合而成、在内部网和外部网之间、专用网与公共网之间的界面上构造的保护屏障。它是一种获取安全性方法的形象说法，是一种计算机硬件和软件的结合，使 Internet 与 Intranet 之间建立起一个安全网关（Security Gateway），从而保护内部网免受非法用户的侵入。防火墙主要由服务访问规则、验证工具、包过滤和应用网关 4 个部分组成。

防火墙通常使用的安全控制手段主要有包过滤、状态检测、代理服务。防火墙能强化安全策略，有效地记录 Internet 上的活动，同时能限制暴露用户点，它隔开了网络中一个网段与另一个网段，这样能够防止影响一个网段的问题通过整个网络传播。防火墙是一个安全策略的检查站，所有进出的信息都必须通过防火墙，这样它便成为安全问题的检查点，使可疑的访问被拒绝于门外。

随着工控信息安全越来越成为各方关注的焦点，越来越多的工业企业对工控信息安全产品投入了更多关注目光。现阶段工业防火墙仍是防护工控信息安全的主流产品，作为扼守工业网络安全的重要设备，工业防火墙在运行稳定性、响应精准性以及安全防护能力上依然是工业用户普遍关注的重点。未来的防火墙的发展趋势是向高速、多功能化、更安全的方向发展。防火墙技术只有不断向主动型和智能型等方向发展，促进新一代防火墙技术产生，才能更好地满足人们对防火墙技术日益增长的需求，更好地促进我国经济的发展。

5.10.2　实验目的

① 认识硬件防火墙设备。

② 了解硬件防火墙工作原理。

③ 掌握防火墙的设置方法。

5.10.3　实验准备

完成本实验所需准备的实验材料如下：1 个 SCALANCE S615；1 个 SCALANCE XM408.8C；2 个 SCALANCE XB208；2 台 S7-1200 PLC 计算机；7 根工业以太网线缆。

5.10.4　实验内容

本实验设定的工厂网络环境与要求如下：现有一个生产车间，包括两个工艺单元，每个工艺单元分别有一个 PLC S7-1200。两个工艺单元与车间“生产监控服务器”通过交换机 SCALANCE XM408 连接。防火墙模块 SCALANCE S615 将生产网络与外部管理网络隔离开。要求实现车间内部网络可以访问外部网络，外部网络不能访问车间内部网络，防止外部的恶意攻击。在外部网络中，只有特定的用户可以访问内部网络。网络拓扑结构如图 5.108 所示。

实验内容如下：

① IP 规划。防火墙 S615 将网络分为外部网络和内部网络，其中外网网关 IP 为10.10.0.1，子网掩码为 255.255.255.0；内网网关为 192.168.2.1，子网掩码为 255.255.255.0。运行企业管理系统的计算机：IP 地址 10.10.0.100，子网掩码 255.255.255.0，网关 10.10.0.1 生产监控服务器：IP 地址为 192.168.2.100，子网掩码为 255.255.255.0，网关为 192.168.2.1，工艺单元 A 中 S7-1200：IP 地址为 192.168.2.11，子网掩码为 255.255.255.0，网关为

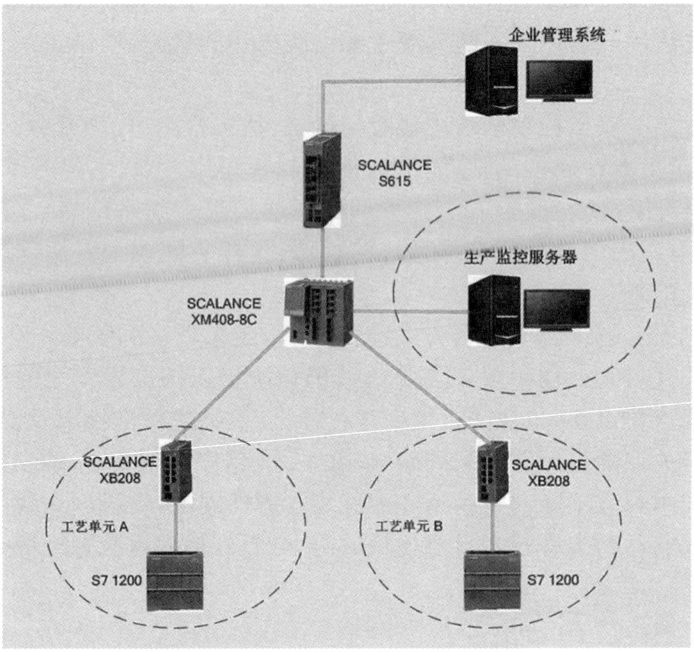

图 5.108 网络拓扑结构图

192.168.2.1,工艺单元 B 中 S7-1200:IP 地址为 192.168.2.12,子网掩码为 255.255.255.0,网关为 192.168.2.1,SCALANCE XM408 与两个 XB208 不需要特定的配置。

② 配置 SCALANCE S615。

③ 网络结构实施。

④ 通信测试。

5.10.5 实验步骤

1. 在 S615 中划分 VLAN

在 Layer 2 下的 VLAN 界面中设置基于端口的 VLAN,如图 5.109 和 5.110 所示。其中,P1.P4 端口分配给 VLAN1,P5 端口分配给 VLAN2,VLAN1 的 Name 为 INT,VLAN2 的 Name 为 EXT。

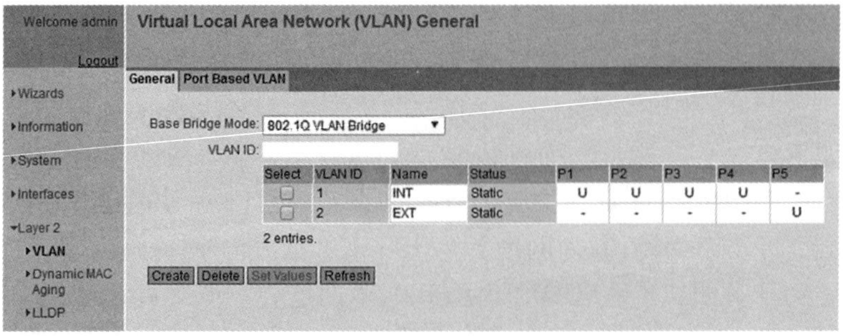

图 5.109 VLAN 设置 1

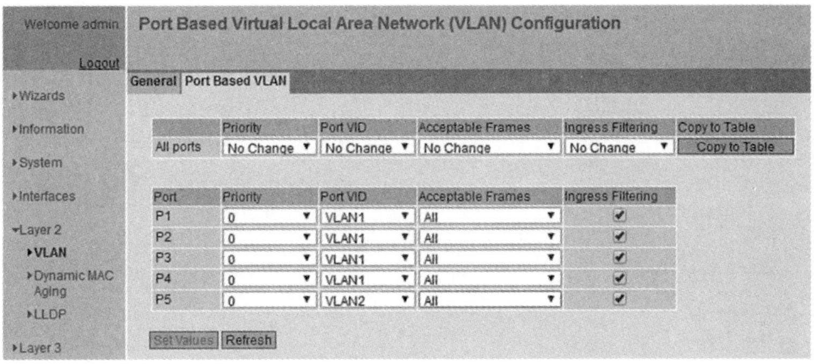

图 5.110　VLAN 设置 2

2. 在 S615 中进行子网设置

在 Layer3 下的 Subnets 的 Configuration 页签下分别配置外网和内网网关，如图 5.111、图 5.112 所示。配置完成的结果如图 5.113 所示。

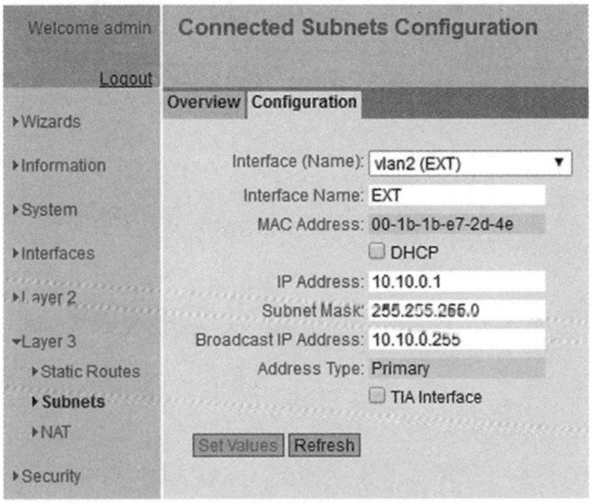

图 5.111　外网网关设置

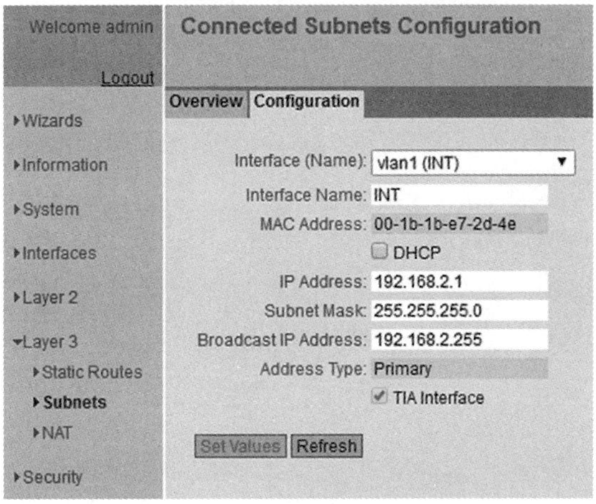

图 5.112　内网网关设置

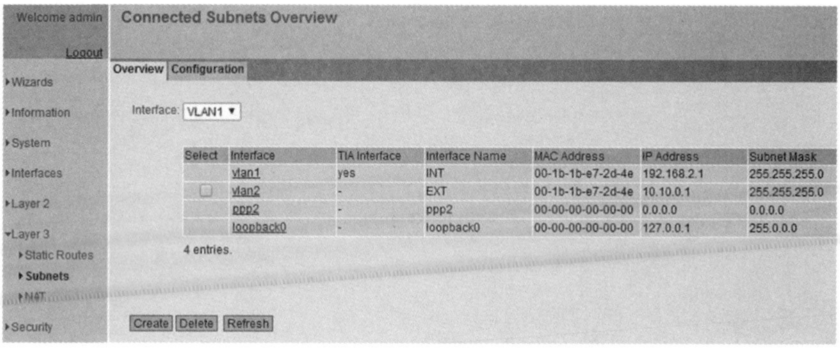

图 5.113　子网设置结果

3. 在 S615 中设置防火墙 IP 规则

激活防火墙功能，如图 5.114 所示。

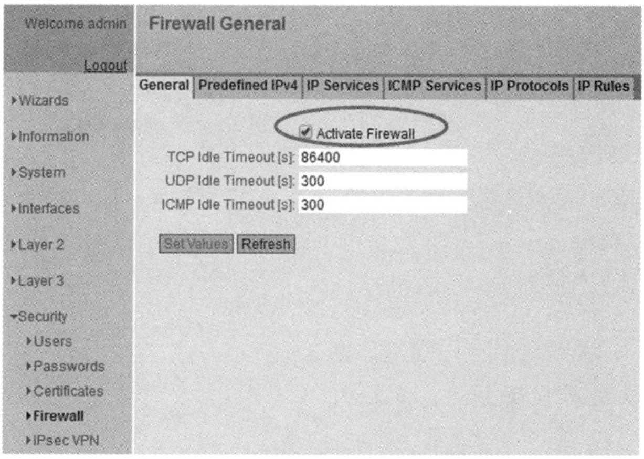

图 5.114　激活防火墙功能

在“IP Rules”页签下添加 IP 过滤规则，如图 5.115 所示。其中第一条规则表示：内网中任一主机可以访问外网的任一主机；第二条规则表示：在外网访问内网方向，外网中只有 IP 地址为 10.10.0.100 的主机能够访问内网，且仅可以访问内网 IP 地址为 192.168.2.100 的主机。

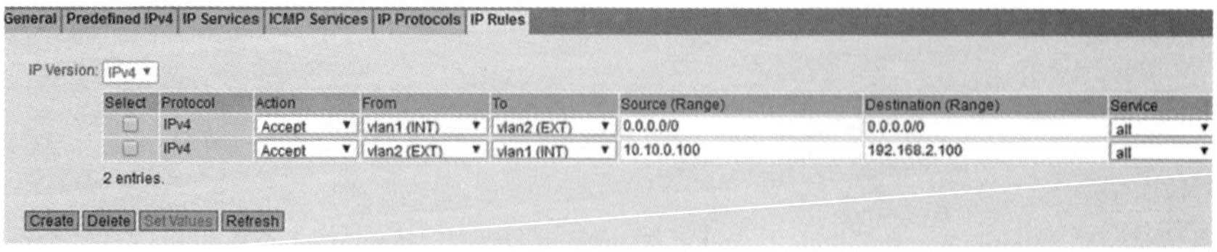

图 5.115　IP 规则

4. 网络实施

根据如图 5.108 所示网络结构图，实施网络结构，其中将“企业管理系统”计算机与 S615 的 P5 端口连接，将 XM408 与 S615 的 P1. P4 的任一端口连接。XM408 其他端口、XB208

的端口任意选用。

5. 防火墙功能测试

① 测试：内网中任一主机可以访问外网的任一主机。内网"生产监控服务器"主机 IP 地址为 192.168.2.100，外网"企业管理系统"主机 IP 地址为 10.10.0.100，前者 ping 后者的 IP 地址，是可以 ping 通的，如图 5.116 所示。

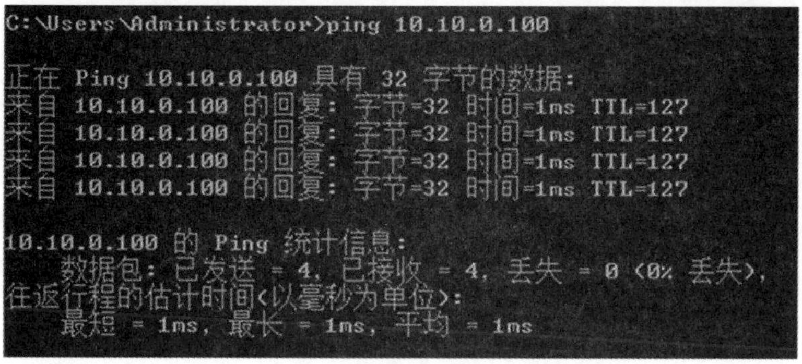

图 5.116　内网主机 ping 外网主机 IP 地址测试 1

将内网"生产监控服务器"主机 IP 地址修改为 192.168.2.101，仍然能够 ping 通，如图 5.117 所示。

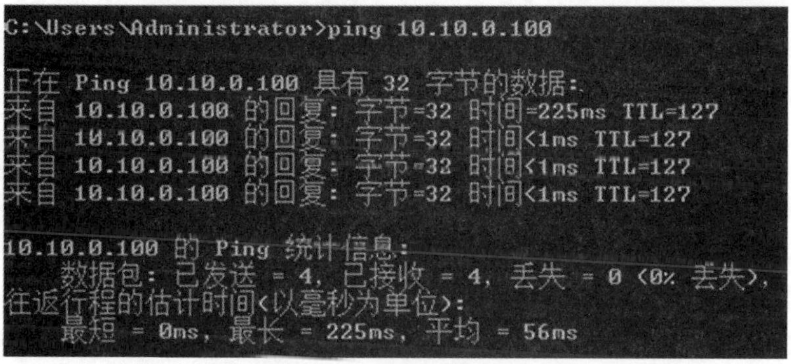

图 5.117　内网主机 ping 外网主机 IP 地址测试 2

将外网"企业管理系统"主机 IP 地址修改为 10.10.0.101，仍然能够 ping 通，如图 5.118 所示。

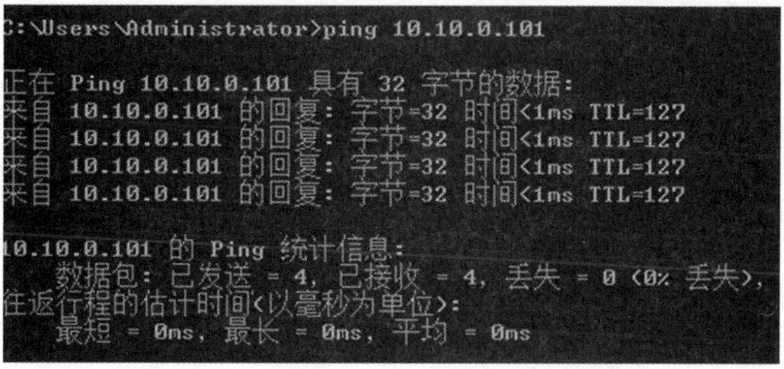

图 5.118　内网主机 ping 外网主机 IP 地址测试 3

② 测试:在外网访问内网方向,外网中只有 IP 地址为 10.10.0.100 的主机能够访问内网,且仅可以访问内网 IP 地址为 192.168.2.100 的主机。

内网"生产监控服务器"主机 IP 地址为 192.168.2.100,外网"企业管理系统"主机 IP 地址为 10.10.0.100,后者 ping 前者的 IP 地址,是可以 ping 通的,如图 5.119 所示。

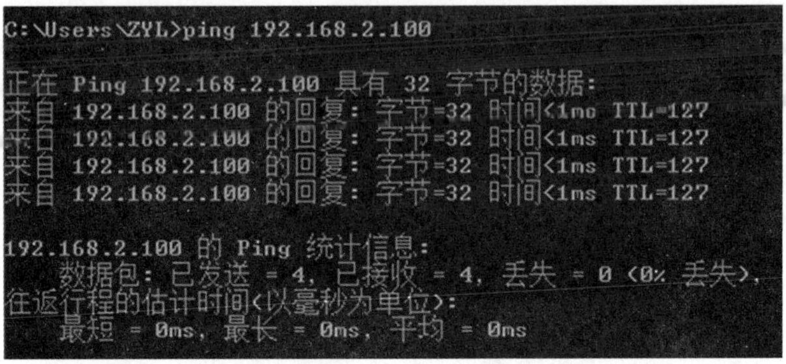

图 5.119　外网主机 ping 内网主机 IP 地址测试 1

将外网"企业管理系统"主机 IP 地址修改为 10.10.0.101,ping 内网主机 IP 192.168.2.100,ping 不通。如图 5.120 所示。

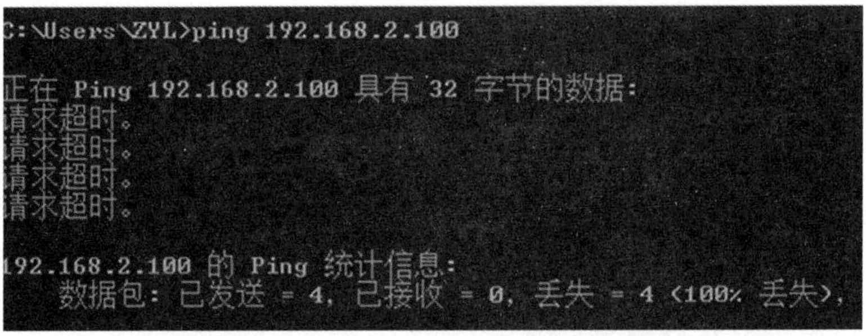

图 5.120　外网主机 ping 内网主机 IP 地址测试 2

外网"企业管理系统"主机 IP 地址为 10.10.0.100,将内网"生产监控服务器"主机 IP 地址修改为 192.168.2.101,前者 ping 后者的 IP 地址,ping 不通,如图 5.121 所示。

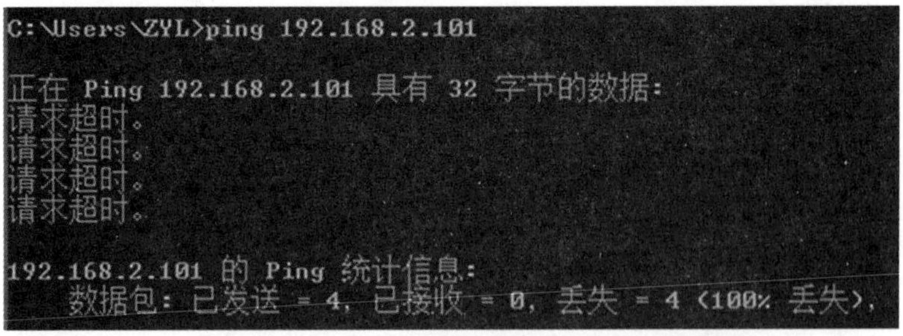

图 5.121　外网主机 ping 内网主机 IP 地址测试 3

外网"企业管理系统"主机 IP 地址为 10.10.0.100,ping 内网中工艺单元 A 中 S7-1200,ping 不通,无法访问,如图 5.122 所示。这也符合信息安全要求,因为如果外网能够访问内网 PLC 是很容易遭受攻击的。

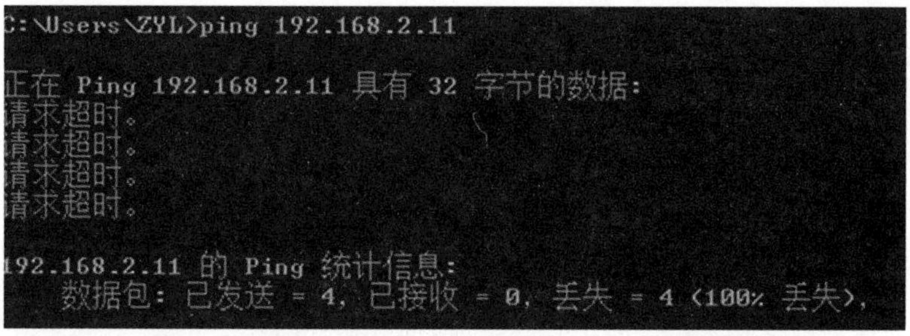

图 5.122　外网主机 ping 内网主机 IP 地址测试 4

外网“企业管理系统”主机 IP 地址为 10.10.0.100，ping 内网中工艺单元 B 中 S7-1200，ping 不通，无法访问，如图 5.123 所示。这也符合信息安全要求，因为如果外网能够访问内网 PLC 是很容易遭受攻击的。

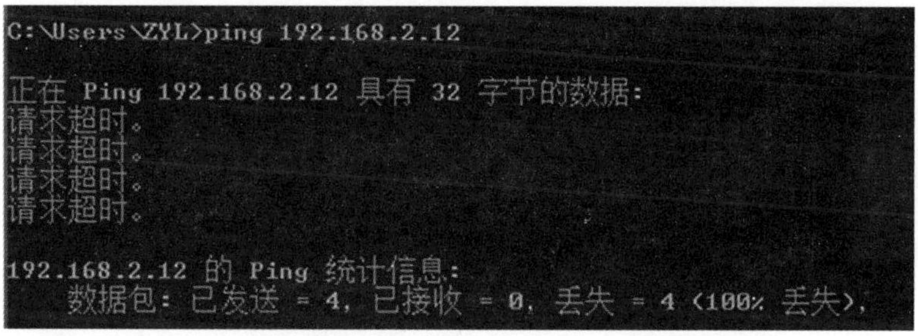

图 5.123　外网主机 ping 内网主机 IP 地址测试 5

5.10.6　课后作业

思考：既然目前已经可以在交换机中集成信息安全控制功能，为什么还需要特定的防火墙硬件模块？

参 考 文 献

［1］ 岩淑霞.工业控制网络与人机界面组态技术[M].北京:北京理工大学出版社,2019.

［2］ 郭琼.现场总线技术及其应用[M].2版.北京:机械工业出版社,2020.

［3］ 魏毅寅.工业互联网技术与实践[M].北京:电子工业出版社,2017.

［4］ 王智民.工业互联网安全[M].北京:清华大学出版社,2020.

［5］ 张帆.工业控制网络技术[M].北京:机械工业出版社,2017.

［6］ 王海.工业控制网络[M].北京:化学工业出版社,2018.

［7］ Siemens AG. S7-1200PLC 技术参考 V4.6[Z].2022.

［8］ 北京德普罗尔科技有限公司. 工业网络通信实训系统[Z].2020.